Capsizing and Stability of the Ship

선박의 전복과 복원성

| 신 찬 익 지음 |

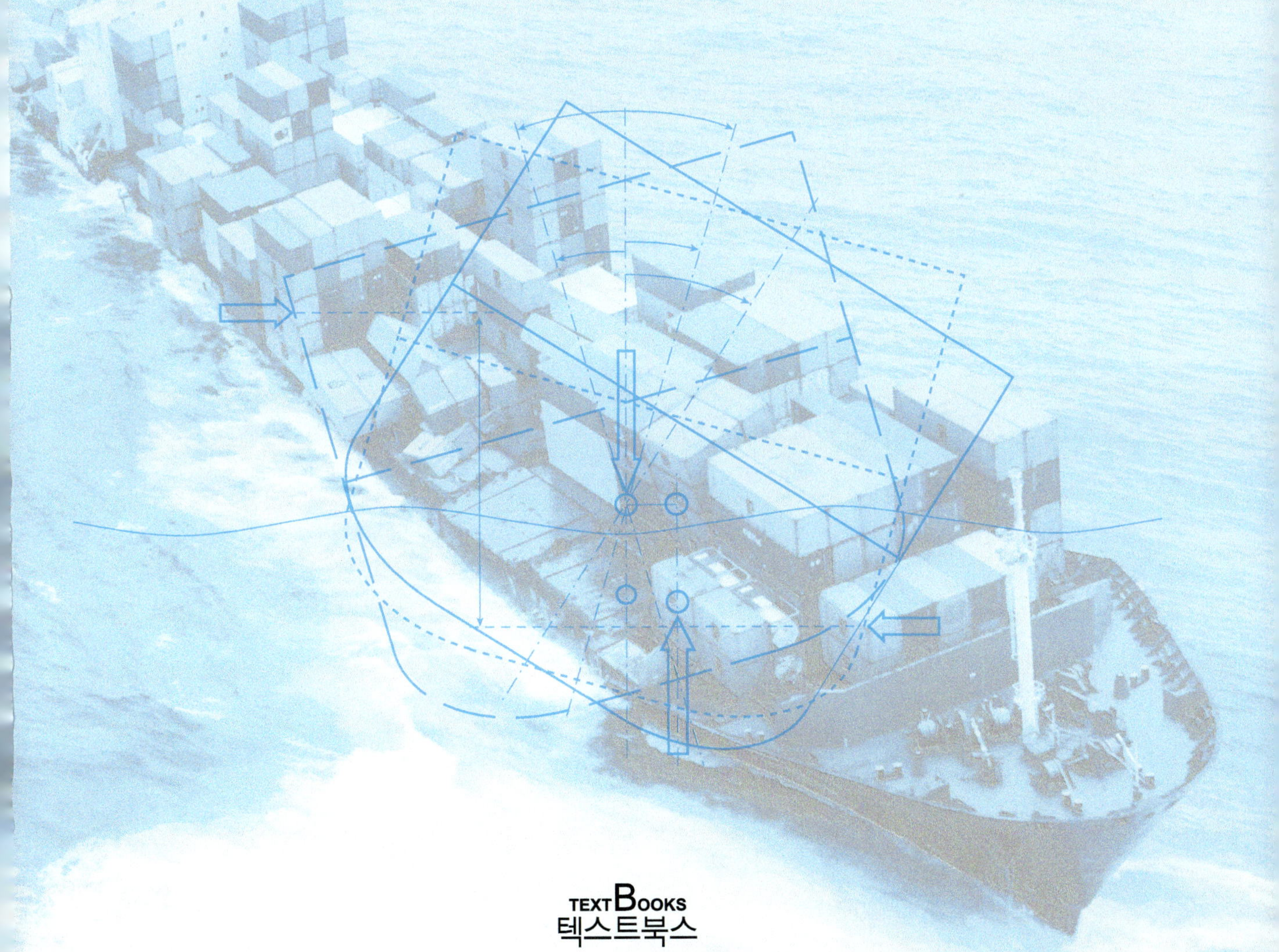

TEXT BOOKS
텍스트북스

지은이 소개

신찬익 1974.3 일본 규슈대학교 대학원공학연구과 석사 과정 수료
1974.4 일본 나가사키조선(造船)대학교(현재 나가사키종합과학대학교) 공과대학 선박공학과 조수 취임
1979.4 나가사키종합과학대학교 전임강사 승진
1983.4 동대학교 조교수 승진
1989.5 공학박사(규슈대학교)
1993.4 동대학교 교수 승진, 대학원 교수 승진
국립 나가사키대학교 비전임 강사 취임
1998.4 대학원공학연구과장
2007.5 일본선박해양공학회 공로원
2015.3 나가사키종합과학대학교 퇴직
2015.4 유한회사 실용기술연구소 소장
2015.5 나가사키종합과학대학교 명예교수

선박의 전복과 복원성

Capsizing and Stability of the Ship

발행일 2024년 10월 15일 초판 발행
지은이 신찬익
발행인 임은정 발행처 (주)텍스트북스
주소 서울시 영등포구 양평로 30길 14, 세종앤까뮤스퀘어 1109호
전화 02-702-5725 팩스 02-702-5727 웹사이트 www.textbooks.co.kr
등록번호 제2022-000098호
ISBN 979-11-91679-32-8 93550
정가 32,000원

머리말

배는 해상에서 어떠한 외력에 의해 기울어지면 직립 상태로 되돌아가려는 복원성(復原性)을 가지고 있다. 그러나 복원성은 배마다 다르고, 배는 자신이 가지고 있는 복원성이 소멸하면 뒤집히고 엎어져 전복(転覆)한다.

"배의 전복"을 방지하고 사람과 배의 안전을 확보하는 것은 조선학(造船学)적으로 보면 가장 중요한 문제 중의 하나이다.

배는 해상에 떠 있는 구조물 중 하나이기 때문에 구조물로서의 옆 안정성만을 생각하면 조선학적으로는 이미 일정한 성과를 이루었다 해도 과언이 아니다.

그럼에도 불구하고 "배의 전복" 사고가 끊이지 않는 것은 배가 크고 작은 다양한 모양을 하고 있으며, 사람에 의해 조종되어 풍파랑이 이는 넓은 바다를 주요 활동 영역으로 하는 구조물이기 때문이다. 따라서 "배의 전복" 요인은 부체로서의 구조물 자체가 가지는 특성에서 다루어지는 것과 그것을 조종하는 사람들의 심리적 특성에서 다루어지는 것이 있다고 할 수 있다.

"배의 전복" 요인에 대하여 생각할 때 조선학(造船学) 또는 선박공학(船舶工学)을 배운 사람이라면 먼저 "배의 복원성"에 관한 것을 떠올리고, *GM* (메타센터 높이)을 운운하고 생각할 것이다.

왜냐하면 "배의 복원성"은 조선학 또는 선박공학 관련 학과가 설치된 대학교 및 대학에서 저학년 때 배우는 가장 기초적이고 중요한 과목(이전 일본의 문부성 설치 기준은 필수 과목) 중 하나이며, 그 내용은 고전적이라고 해도 좋을 만큼 변화하지 않고 보편적인 내용이 포함되어 있기 때문이다. "배의 복원성"에 대하여 저자의 학생 시절의 강의 노트를 봐도 또한 최근까지 발행된 전문 참고서를 봐도 내용에 큰 변화는 없다. 반세기 동안에 바뀐 것이라고 하면 복원지레[또는 복원정(梃)]의 계산에 적분기(integrator) 대신에 컴퓨터 소프트웨어를 사용하게 된 것 정도이다.

따라서 "배의 복원성"에 대한 지식이 있으면 "배의 전복" 요인도 어느 정도 추측할 수 있을 것으로 판단한다. 게다가 전복 요인을 조선학의 가장 기본적인 "배의 복원성"에 준거하여 판단하고 있기 때문에 뭔가 자신감과 확신도 있는 것처럼 보인다.

그러나 자연의 넓은 바다에서 발생하는 "배의 전복"에 대하여 진정으로 그 주요 요인을 생각해 볼 때, 일반적인 "배의 복원성"에 관한 기초 지식만으로는 쉽게 이끌어 내기가 어렵고 대부분의 경우 복합적인 요인이 얽혀져 있다. 저자는 일본에서 "배의 전복" 사고에 관한 감정인을 오랫동안 역임하여 왔으나 그 모든 사고가 난해한 사고였다.

그 중 가장 인상에 남아 있는 것은 *GM* (메타센터 높이)이 플러스(양: +)인데도 쉽게 일어난 전복 사고였다. *GM*이 플러스가 되도록 설계한 담당자의 자료에서 "배의 복원성"에 대한 일반적인 지식은 있었지만, "배의 전복"과의 관계에 대한 지식은 없었던 듯 하다.

이것이 계기가 되어 저자가 대학 재직 중에 담당한 "선체복원론(船体復原論)"의 강의 원고와 지금까지 발행된 전문 참고서 등의 내용을 음미해 보니, "배의 복원성"과 "배의 전복"은 표리일체임에도 불구하고 대부분의 경우 복원성에 역점을 두고 있었다. "배의 전복"에 대한 설명도 있긴 하지만 거의 "배의 복원성"에 역점을 두고 있어 "배의 전복"에 관한 내용은 명확하지 않다고 느꼈다. 즉 "배의 전복"에 대해서 직접적인 언급은 거의 없고 대부분 "배의 복원성"에 대한 설명의 문장 속에서 찾아볼 수밖에 없었다.

그래서 "배의 복원성"에 대한 내용은 어느 것 하나 생략할 수 없지만, "배의 전복"과 직접 결부시켜 생각해 보면 그 중요성이 더욱 증가하고, "배의 전복을 방지하고 사람의 생명을 지키기 위한 대책"에 도달할 수 있었다.

이 책은 "배의 복원성"에 대해서는 지금까지의 보편적인 내용을 가능한 한 "배의 전복"과 연결시켜 "배의 안정성 및 안전성"을 확보하는 관점에서 정리하였고, "배의 전복"에 대해서는 "배의 복원성"에 관한 설명 속에서 찾아보는 것이 아니라 가능한 한 직접적으로 언급하고 설명하였다.

따라서 이 책에서는 배의 옆 경사(횡경사, 横傾斜)에 주목하여 논의를 진행하고, "경사"는 모두 "옆 경사"를 의미한다.

- 제1장과 제2장에서는 "배의 복원성"에 있어서 가장 기초적인 지식으로서 필요한 물체의 무게중심(重心)과 무게중심 위치 그리고 그 이동 또한 부심(浮心)과 부심 위치 등에 대하여 가능한 한 자세히 설명했다.
- 제3장과 제4장에서는 물체나 배의 안정, 불안정 및 중립에 대하여 지금까지의 전문 서적에서도 설명되지 않은 내용에 대해서도 언급하고 상세하게 설명했다.
- 제5장에서 8장까지는 "배의 복원성"에 대한 보편적인 내용을 최대한 이해하기 쉽게 그리고 "배의 전복"과의 관계도 포함하여 설명했다.
- 제9장에서는 배의 무게중심이 상하(上下: 위 또는 아래) 방향으로 이동할 경우 "배의 복원성"에 미치는 영향에 대하여 설명하고, 무게중심의 상승에 따라 배가 불안정한 상태가 되어도 전복하지 않은 경우가 있음을 설명했다.
- 제10장에서는 "배의 복원성"의 논의에서 이끌어져 나오고 "배의 전복"과 큰 관계에 있는 "잔존 복원성"에 대한 사고방식에 대하여 자세히 설명했다.

- 제11장에서는 선박의 배수량 및 건현의 변화에 따른 "복원성에 미치는 영향"에 대하여 설명했다.
- 제12장에서는 지금까지의 "배의 복원성"에서는 간단히 취급되어 온 "동적(動的) 복원성"에 대하여 "배의 전복"의 관점에서 자세히 설명했다.
- 제13장에서는 "배의 복원성"의 범위를 규정하는, 즉 전복각(転覆角)인 배 안으로 해수가 유입하는 각도에 대하여 설명하고, 이어서 "실제의 복원성 범위"에 대하여 자세히 설명했다.
- 제14장에서는 "배의 전복의 정의(定義)"에 대하여 자세히 설명했다.
- 제15장에서는 "배의 복원성"의 감소의 원인과 그에 따른 전복에 대하여 자세히 설명했다.
- 제16장에서는 실제로 발생한 소형 어선 및 대형 여객 페리 전복 사고에서 인위적인 원인에 대하여 "배의 복원성"과 "배의 전복"을 표리일체의 것으로 분석하여 그 요인을 밝혔다.
- 제17장에서는 "배의 복원성"과 "배의 전복"을 표리일체인 것으로 분석하고 이끌어 낸 요인으로부터 "배의 전복을 방지하고 사람의 생명을 지키기 위한 대책"을 제언으로 정리했다.

이 책에 쓰여 있는 내용의 기초적인 "배의 복원성"은 일본 長崎総合科学大学[나가사키 종합과학대학, 구 나가사키 조선(造船)대학교] 공과대학 선박공학과에서 2014년도까지 40여년간 강의했던 "선체복원론(船体復原論)"과 国立大学法人 長崎大学(국립대학법인 나가사키대학교) 수산대학에서 1993년부터 강의를 담당하고 있는 "해양부체안정론(海洋浮体安定論)"의 강의 내용으로 구성되어 있으며, "배의 전복"에 대해서는 "선박의 안전에 관한 강연회" 등의 강연 내용이 보다 상세하게 요약되어 있다.

이 책이 조선학 또는 선박공학을 공부하여 조선(造船) 기술자를 목표로 하는 젊은 학생뿐만 아니라 배의 항해에 종사하고 넓은 바다에서 배 조종을 목표로 하는 젊은 학생이나 조선소의 젊은 설계자 및 승선 근무하는 젊은 선원 교육에 도움이 되고, 조선학의 학문 체계의 유지 및 발전에 공헌할 수 있다면 저자에게는 더없는 행복이다.

또한 어릴 때 현해탄을 건너 일본으로 가서, 그곳에서 배운 지식이 조국에서 조선학과 배의 안전성 교육에 조금이라도 이바지할 수 있다면 저자의 한없는 영광이다. 저자를 낳은 한국과 키워준 일본에 대하여 감사드린다.

이 책은 먼저 일본의 株式会社成山堂書店에서 출판한 《船舶の転覆と復原性(선박의 전복과 복원성)》을 기본으로 하여 한국 실정에 맞게 번역하여 편집한 것이며, 한국에서의 출판은 전적으로 출판사 텍스트북스의 도움을 받았다. 여기에 진심으로 감사를 표한다.

2024월 1월 15일

신찬익 적음

차 례

제11장

제12장

제13장

제 1 장

물체의 무게중심과 평형

일반적으로 물체의 "**무게중심**(重心: center of gravity)"이라는 말은 자주 사용되고 있지만, 재차 "물체의 무게중심이란 무엇인가?" 또는 "물체의 무게중심은 어디인가?"라고 질문을 받으면 전문가가 아니면 "흠!?"하고 한숨 놓아도 좀처럼 설명하기 어렵고 요점을 정리하는 데 시간이 걸린다.

역학(力学)의 전문 서적들 중에는 질점계(質点系)의 무게중심으로부터 시작하여 강체(剛体)의 무게중심으로 논의를 넓히면서 적분학적 개념까지 도입하여 정중하게 설명하는 책도 많지만, 역학을 배우는 초보자에게는 좀처럼 그 내용을 이해하고 설명하는 것이 어렵다.

물체의 "무게중심"은 물체의 안정성을 논의할 때 가장 중요한 항목이다. 즉 물체의 무게중심 위치를 찾아내는 것은 그 물체의 안정성을 알아내는 것과 같으므로 물체의 안정성을 논의하기에는 필수적인 사항이라고 말할 수 있다.

배도 인공적인 건조물이며, 따라서 무게중심이 있다. 배도 무게중심 위치가 정해지면 안정성이 정해지기 때문에 무게중심 위치가 어디에 있는지 알아내는 것은 배의 복원성 및 안전성을 확인하는 것과 동일하다.

배를 포함한 지구상의 모든 물체는 지구가 끌어당기고 있으므로 그 물체가 움직이거나 정지해 있는 그 상태에 관계없이 "**중력**(重力)"(물리학에서는 중력과 원심력의 합력: 자세한 내용은 물리학의 전문 서적 참조)이라는 힘이 항상 작용하고 있다고 생각할 수 있다. 게다가 그 상태에 변화가 없는 경우 그 물체는 변화를 가져올 외력을 받지 않았거나 아니면 받고 있는 몇 가지 외력이 서로 상쇄하여 외력이 작용하지 않는 상태와 같은 상태라고 볼 수 있다. 이러한 상태를 "**균형 상태**" 혹은 "**평형 상태**"라 하며, 이와 같은 상태에 대한 학문을 "**정역학**(静力学)"이라고 한다.

따라서 여기서는 "**정역학**"의 범위 내에서 물체의 "**무게중심**"에 대한 기본적인 개념을 가능한 한 이해하기 쉽게 설명한다.

그 때문에 물리학 등의 질점과 강체의 개념을 사용하지 않고 공학적인 사고방식에 근거하여 일반적인 “**물건**” 혹은 “**물체**”에 대하여 간단한 것으로부터 복잡한 것으로 논의를 진행하고, 물체의 “**무게중심**”과 “**균형**” 또는 “**평형**”에 대하여 생각해 보기로 한다. 또한 이 책에서는 “**균형**” 또는 “**평형**”을 “**평형**”으로 통일하기로 한다.

1.1 중력, 무게 및 중량

물체의 “**무게중심**”에 대한 논의를 진행하는 데 있어서 필요 불가결하고 명확하게 이해해 두어야 할 용어는 “**중력**(重力)”과 물체의 “**무게**” 또는 “**중량**(重量)”이다.

지구상의 물체는 어떠한 지탱이 없이는 반드시 아래(지구의 중심 방향)로 떨어진다. 공기 저항이 없다고 가정하면 떨어지는 모든 물체는 연직 아래쪽으로 같은 가속도를 가진다. 이 연직 아래쪽 가속도를 일반적으로 **중력 가속도** g(= 9.8 m/sec^2: acceleration of gravity 또는 gravitational acceleration)라고 한다. 따라서 지구상의 물체에는 항상 중력 가속도 g가 작용하고 있으며, 이 중력 가속도 g에 의해 지구가 당기는 힘을 “**중력**(重力)”이라고 한다.

즉 물체의 질량(자세한 내용은 물리학의 전문 서적 참조)을 m이라 하면, 이 물체를 중력 가속도 g에 의해 연직 아래쪽으로 당기는 힘이 “중력”이며, 그 크기를 W로 나타내면 다음 식으로 나타낼 수 있다.

$$W = mg$$

그리고 이 물체에 작용하는 중력의 크기를 나타내는 용어로서 물체의 “**무게**” 또는 “**중량**”을 사용한다.

이상으로 “**중력**”은 **물체에 작용하는 힘**으로 “**무게**” 또는 “**중량**”은 **중력의 크기로 취급**한다.

1.2 물체의 무게중심과 “평형 조건”

“물체의 무게중심은 무엇인가?” 또는 “물체의 무게중심은 어디인가?”하고 질문을 받을 경우 공학적인 답변은 “**물체를 한점에서 지탱할 수 있는 곳!**”이다.

간단한 도형의 무게중심에 대하여 예시하면 그림 1.1과 같이 나타낼 수 있다. 그림 1.1은 대표적인 몇 가지 도형의 예이지만 이외의 어떤 형상도 마찬가지이다.

그림 1.1의 왼쪽 도형의 경우 무게중심의 위치를 알고 있어서 “무게중심 G”로 표시하기로 한다.

이런 도형인 경우 중앙 그림의 xy 평면상에 외력이 작용하지 않으면 무게중심 G의 한점을 지탱하면 평형 상태가 되고 이 상태를 지속한다. 이것은 물체의 무게 W가 무게중심 G의 한점에 집중되어 작용하고 있다고 볼 수 있다. 이것을 중력 W로 하고 지탱하는 힘을 반력 R이라 하면 무게중심 G점에서 중력 W와 반력 R은 크기가 같고 반대 방향인 수직 방향으로 작용한다. 게다가 수평 도형이 수평 상태에서 임의의 방향으로 기울어지지 않는 것은 무게

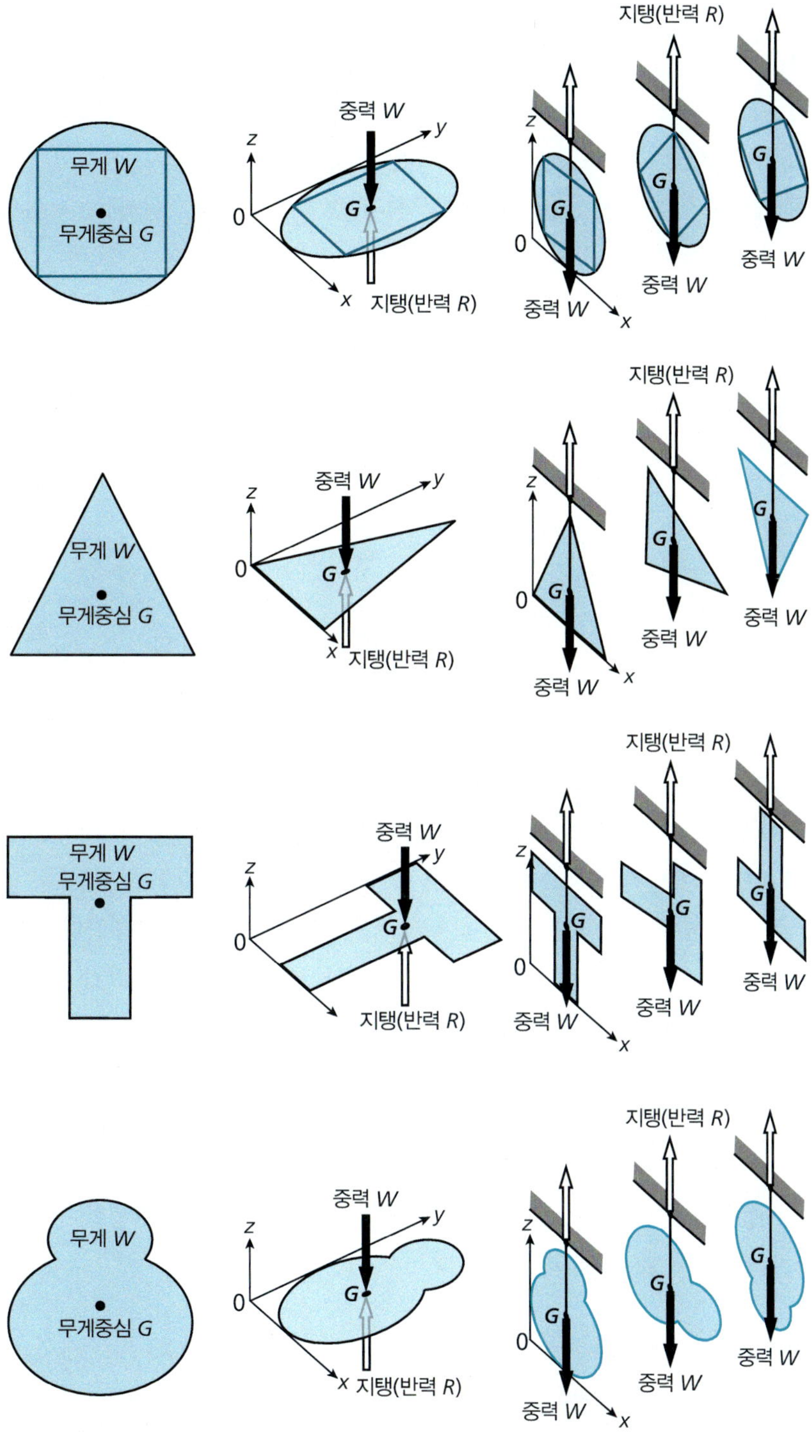

그림 1.1 간단한 도형의 중심.

중심을 지점(支點)으로 하는 무게중심 주위의 형상에 의한 모멘트의 합이 0(zero)임을 나타내고 있다.

또한 그림 1.1의 오른쪽 그림들과 같이 왼쪽 도형을 xz 평면과 마찬가지로(즉 수직 방향으로 무게중심 G의 한점에 달아 매면), 외력이 작용하지 않으면 매달린 상태에서 평형 상태를 지속한다. 이때도 물체의 무게 W가 무게중심 G의 한점에 집중하여 중력 W로 작용하고 있고, 매달린 점에 이것과 크기가 같은 반대 방향의 반력 R이 작용한다. 이 경우에도 매달린 상태에 관계없이 무게중심을 지점으로 회전하려고 하지 않는다. 즉 형상에 의한 중심점 주위의 모멘트의 합이 0이다.

이상을 정리하면 물체의 "**평형 조건**"은 다음 식으로 나타낼 수 있다.

$$\left.\begin{aligned}\sum_{i=1}^{n} F_{Vi} &= 0\\ \sum_{i=1}^{n} F_{Hi} &= 0\\ \sum_{i=1}^{n} M_i &= 0\end{aligned}\right\} \tag{1.1}$$

(1.1)식에서 F_{Vi}는 수직(vertical) 방향으로 작용하는 힘이고, F_{Hi}는 수평(horizontal) 방향으로 작용하는 힘이며, M_i는 무게중심 G 주위의 모멘트이다. 따라서 위 식은 물체에 작용하는 외력의 모든 힘의 합 Σ가 0이고 무게중심 주위의 모멘트의 총합 Σ가 0일 때 물체가 평형 상태에 있음을 보여주고 있다.

이상은 그림 1.1에서도 알 수 있듯이 여기에서는 평면적인 이차원(二次元) 물체에 대하여 설명하고 있지만 삼차원(三次元) 물체에 대해서도 똑같다고 말할 수 있다.

배의 경우 무게 또는 중량을 나타내는 데 배수량 W를 사용한다. 배수량 W의 배가 일정한 흘수로 정수면에 떠 있을 때, 배에는 부력 Δ가 작용하고 있기 때문에 배수량 W를 중력 W로 보면 "**배에는 크기가 같고, 반대 방향으로 중력 W와 부력 Δ가 작용하여 힘의 총합 Σ는 0이다**"라고 볼 수 있다.

또한 떠 있는 상태인 배에 외력이 작용하지 않는 한, 가로(옆) 방향 또는 세로 방향으로 경사가 발생하지 않고 "**배의 무게중심 G 주위의 모멘트의 총합 Σ는 0이다**"라고 볼 수 있다.

정수면에 떠서 평형 상태에 있는 배는 항상 (1.1)식이 만족한 상태에 있으며 배의 복원성은 이 상태에서 논의가 시작된다.

칼럼 *"모멘트"이란 무엇인가?*

모멘트: 짝힘으로 회전축 주위에 회전 능력을 나타내는 양. 영어로 짝힘은 couple.

짝힘: 하나의 물체에 평행하게 작용하고 크기가 같으나 작용 방향이 반대인 한 쌍의 힘. 한자말로는 **우력**(偶力)이라 함.

(a): 한 방향 힘만으로는 모멘트가 발생하지 않는다.

(b): F의 힘을 준 손에서 L 지탱점에 반력 −F가 생기면 F와 −F가 한 쌍의 짝힘이 되어 LF의 모멘트가 발생한다.

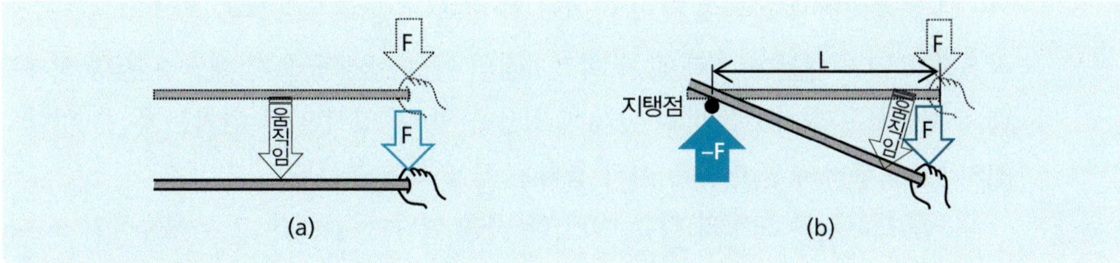

1.3 물체의 무게중심을 구하는 방법

지구상의 물체에는 반드시 무게중심이 있고 그 위치에 따라 그 물체의 안정성을 논의할 수 있다. 그러나 실제로 물체의 무게중심을 구하려고 하면 그렇게 쉬운 일이 아니다.

그림 1.2는 가장 간단한 평면 도형의 무게중심을 구하는 방법의 개념도를 나타내고 있다. 그림 1.2의 네 가지 도형의 무게중심을 구하기 위해 실에 추를 매달아 그림과 같이 회전 지점을 마련한다.

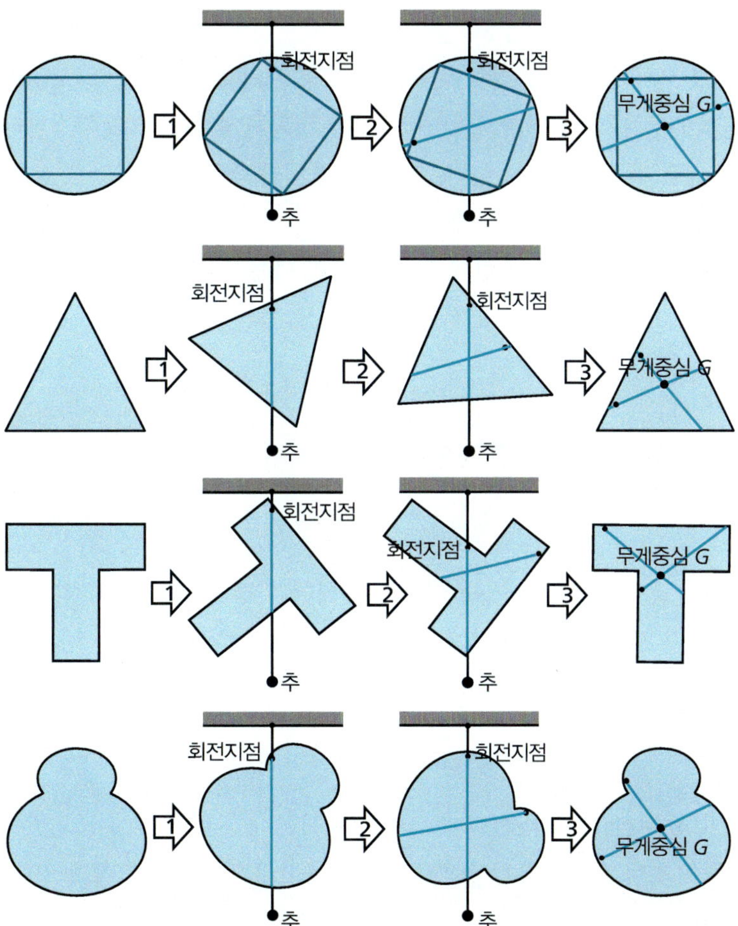

그림 1.2 평면 도형의 무게중심을 구하는 방법의 개념도.

이 회전지점에 왼쪽 도형의 임의의 한 곳을 매달아 놓으면 도형의 무게중심에는 중력이 작용하고 있기 때문에 추와 같이 회전지점의 바로 아래에 오게 매달려 평형 상태로 된다. 이때 무게중심은 회전지점 바로 아래에 있음을 알 수 있지만 그 위치는 알 수 없다. 따라서 회전지점으로부터 추를 매달은 실과 겹치는 선을 그어 놓는다.

다음으로 왼쪽 도형의 다른 어떤 한 곳을 매달아 놓으면 그 무게중심이 또 다시 회전지점 바로 아래에 오게 매달려 평형 상태로 된다. 이때도 회전지점에서 추를 매달은 실과 겹치는 선을 그어 놓는다.

그림 1.2의 왼쪽 도형의 무게중심 G는 맨 오른쪽 그림에 나타낸 바와 같이 위에서 구한 두 선이 만나는 교차점으로 구할 수 있다. 또한 임의의 어떤 곳을 매달아도 회전지점에서 바로 아래에 그은 선은 반드시 무게중심 G에서 교차한다는 것은 말할 것도 없다. 또한 임의의 도형에 대해서도 같은 방법으로 도형의 무게중심 G를 구할 수 있다. 그러나 쉽게 매달지 못하는 물체는 그림 1.3과 같이 무게를 계량하는 저울을 이용하여 무게중심 G를 구할 수 있다.

먼저 물체를 저울에 올려 그 무게 W를 구한다. 그때 무게중심을 구하려는 물체 이외의 것, 예를 들어 물체를 받치기 위한 받침대 등의 무게는 미리 측정해두고 그 무게는 뺀다.

다음으로 점 Q와 점 S를 지점으로 하는 길이의 양단 단순지지의 평판을 수평으로 설치하고 그 위에 물체를 올려놓는다. 그리고 평판의 수평을 확인하고 양단 단순지지의 Q점에서 물체의 Q점 측의 선단까지의 거리 ℓ_C를 정확하게 측정하고 확정한다. 그 후 저울에 표시된 무게 w_0를 측정하여 확정한다. 이 경우 물체를 저울에 올려놓은 상태에서 정지하고 있기 때문에 평형 상태에 있다고 말할 수 있다.

따라서 (1.1)식의 첫 번째 식에 따르면 다음 식이 성립한다. 이 경우 아래쪽 방향의 힘을 양(+), 반대로 위쪽 방향의 힘을 음(−)으로 한다.

$$\text{중력 } W + (-\text{반력 } R) = 0 \tag{1.2}$$

또한 양단 단순지지의 평판에 물체를 올려놓은 경우 다음 식이 성립한다.

$$\text{중력 } W + (-\text{반력 } r_1) + (-\text{무게 } w_0) = 0 \tag{1.3}$$

그리고 물체를 저울에 올려놓은 상태에서 정지하고 있는 경우의 지점 Q 주위의 모멘트에 대하여 생각하면 다음 식과 같이 된다. 이 경우 시계 회전 방향과 같은 방향의 모멘트를 양(+), 반대 방향을 음(−)으로 한다.

$$\text{중력 } W \times \ell_{G0} + (-\text{반력 } r_1 \times 0) + (-\text{무게 } w_0 \times \ell_0) = 0 \tag{1.4}$$

이 식은 (1.1)식의 세 번째 식의 평형식이다.

물체의 무게 W, 지점 Q에서 지점 S까지의 길이 ℓ_0, 그리고 양단 단순지지 평판에 물체를 올려놓은 때의 무게 w_0를 사용하면, 지점 Q에서 물체의 무게중심 G까지의 거리 ℓ_{G0}는 (1.4)식으로부터 다음 식으로 구할 수 있다.

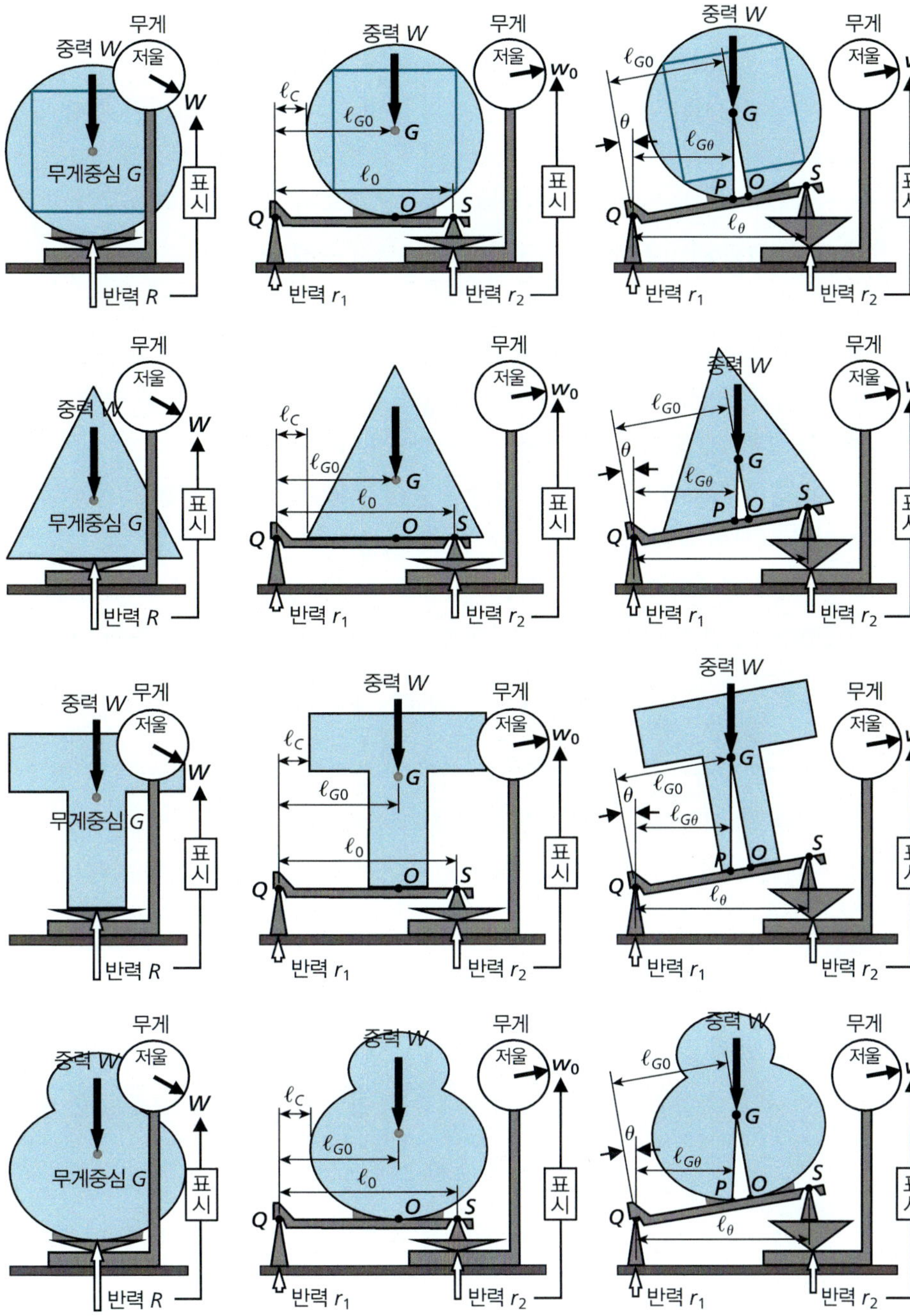

그림 1.3 저울을 이용한 무게중심을 구하는 방법.

$$\ell_{G0} = \frac{w_0 \times \ell_0}{W} \tag{1.5}$$

(1.5)식은 물체의 무게중심 G가 지점 Q에서 ℓ_{G0}의 거리에 있음을 보여주고 있다. 이 때문에 물체의 무게중심 G는 지점 Q에서 ℓ_{G0}의 거리에 있는 연직선 위에 있음을 알 수 있다.

게다가 Q점에서 물체의 Q점 측의 선단까지의 거리 ℓ_C가 알려져 있기 때문에 물체의 Q점 측 끝에서 무게중심 G까지는 $\ell_{G0} - \ell_C$로 구할 수 있다.

이 상태에서는 물체의 무게중심 G의 수평 위치는 알 수 있지만 수직 위치는 알 수 없는 상태이다.

그래서 물체를 옆으로 쓰러뜨려 놓고 그 경우의 지점 Q에서 거리 ℓ_{G0}에 연직선을 구하면 그림 1.2와 같이 두 선의 교점이 중심 G로서 구해진다.

그러나 물체를 옆으로 쓰러뜨려 놓을 수 없는 경우에는 먼저 지점 Q로부터 (1.5)식에서 구해진 ℓ_{G0}의 거리에 있는 연직선과 양단 단순지지 평판 표면의 수평선과의 교점 O를 구한다. 그 다음에 원래의 수평 상태에서 ℓ_{G0}의 거리를 구한 후 물체를 놓은 채 양단 단순지지의 평판을 그림 1.3과 같이 지점 Q 주위에 각도 θ만 경사시킨다.

이 경우 각도 θ만큼 경사한 양단 단순지지 평판 위에 물체를 올려놓은 상태에서 정지하고 있기 때문에 평형 상태에 있다고 볼 수 있다.

따라서 경사한 양단 단순지지의 평판에 물체가 있는 경우에도 (1.3)식과 같은 다음 식이 성립한다. 이 경우에도 아래쪽 방향의 힘을 양(+), 반대로 위쪽 방향의 힘을 음(−)으로 한다.

$$\text{중력 } W + (-\text{반력 } r_1) + (-\text{무게 } w_\theta) = 0$$

게다가 경사한 양단 단순지지의 평판에 물체를 올려놓은 상태에서 정지하는 경우의 지점 Q 주위의 모멘트를 생각하면 다음 식과 같이 (1.1)식의 세 번째 식의 평형식이 이루어진다. 여기서도 시계 회전 방향과 같은 방향의 모멘트를 양(+), 반대 방향을 음(−)으로 한다.

$$\text{중력 } W \times \ell_{G\theta} + (-\text{반력 } r_1 \times 0) + (-\text{무게 } w_\theta \times \ell_\theta) = 0 \tag{1.6}$$

이 경우 물체의 무게 W 그리고 양단 단순지지의 평판을 각도 θ만 경사시켰을 때의 반력 r_2에 의한 무게 w_θ를 이용하면, 지점 Q에서 지점 S까지의 수평 시의 거리 ℓ_0가 변하지 않을 경우 경사 후 지점 Q에서 지점 S까지의 수평 거리 ℓ_θ는 다음 식으로 구할 수 있다.

$$\ell_\theta = \ell_0 \cdot \cos\theta \tag{1.7}$$

(1.7)식의 ℓ_θ와 저울의 측정 값 w_θ를 이용하면, 지점 Q에서 물체의 무게중심 G까지의 수평 거리는 (1.6)식으로부터 다음 식으로 구할 수 있다.

$$\ell_{G\theta} = \frac{w_\theta \times \ell_\theta}{W} = \frac{w_\theta \times \ell_0 \cdot \cos\theta}{W} \tag{1.8}$$

이 때문에 물체의 무게중심 G는 지점 Q에서 $\ell_{G\theta}$의 거리에 있는 연직선상에 있음을 알 수 있다. 여기서 이 연직선과 양단 단순지지 평판 표면의 교점을 P라고 하면 직각 삼각형 GOP를 얻을 수 있다.

이제 각도 θ는 물체를 올려놓고 있는 양단 단순지지 평판을 경사시킨 각도이기 때문에 지점 Q에서 교점 P까지의 거리 PQ는 (1.8)식의 결과를 이용하여 다음 식으로 구할 수 있다.

$$PQ = \frac{\ell_{G\theta}}{\cos\theta} \tag{1.9}$$

(1.9)식으로 지점 Q와 교점 P와의 거리 PQ를 구할 수 있으므로, 이것을 이용하면 직각 삼각형 GOP의 한 변인 OP는 다음 식으로 구해진다.

$$OP = \ell_{G0} - PQ \tag{1.10}$$

직각 삼각형 GOP의 내각의 하나인 경사각 θ가 설정 값이기 때문에 한 변의 길이 OP가 측정 값인 w_θ를 이용한 계산 결과로서 구해졌기에, 이를 이용하면 물체의 양단 단순지지 평판에서의 교점 O에서 무게중심 G까지의 높이 OG는 (1.10)식의 OP를 이용하여 다음 식으로 구할 수 있다.

$$OG = \frac{OP}{\tan\theta} \tag{1.11}$$

이상의 원리와 방법을 응용하면 저울에 올려놓을 수 있는 물체라면 무엇이나 그 무게중심 위치를 구할 수 있다. 다만 현장에서의 측정 값의 정확도가 구하려는 무게중심 위치의 정밀도를 좌우하기 때문에 측정 시에는 상세한 주의가 필요하다.

정수면에 떠 있는 배는 크레인 등으로 매달려 올릴 수 있는 소형 배를 제외하고는 대부분의 배는 저울에 올려 그 무게를 잴 수 없다. 하지만 아르키메데스의 원리(제2장 참조)를 이용하면 소형 배로부터 수십만 톤의 대형 선박까지 그 무게(배수량)를 산출할 수 있다. 게다가 배가 조선소에서 건조될 때마다 경사시험(제4장 "**4.3절 무게중심 높이 KG를 구하는 방법**" 참조)을 실시하여 (1.11)식과 같은 생각에서 나온 식으로 메타센터 높이(metacentric height) GM을 구하고 배의 무게중심 G의 높이 KG를 산출한다.

배의 복원성 및 안정성은 경사 초기의 미소한 경사 때는 메타센터 높이 GM을 이용하여 논의되지만, 경사 초기부터 전복에 이르는 범위에서는 배의 무게중심 G의 높이 KG에 의하여 논의해야 한다(제4장 참조).

따라서 배의 무게중심 G의 위치를 항상 확인하는 것은 "배의 복원성"과 "배의 전복"을 논의할 때 가장 중요한 사항이다.

1.4 여러 물체의 무게중심 위치

지금까지는 한 물체의 무게중심에 대하여 논의해 왔지만 그림 1.4와 같은 여러 물체가 있는 경우 그것을 하나의 물체로 보았을 때 그 무게중심에 대해서도 위와 같은 논의를 할 수 있다.

논의를 알기 쉽게 하기 위해 그림 1.4에 나타낸 바와 같이 "**똑같은 물체를 나란히 놓았을 때의 그 무게중심 위치**"를 찾아보기로 한다.

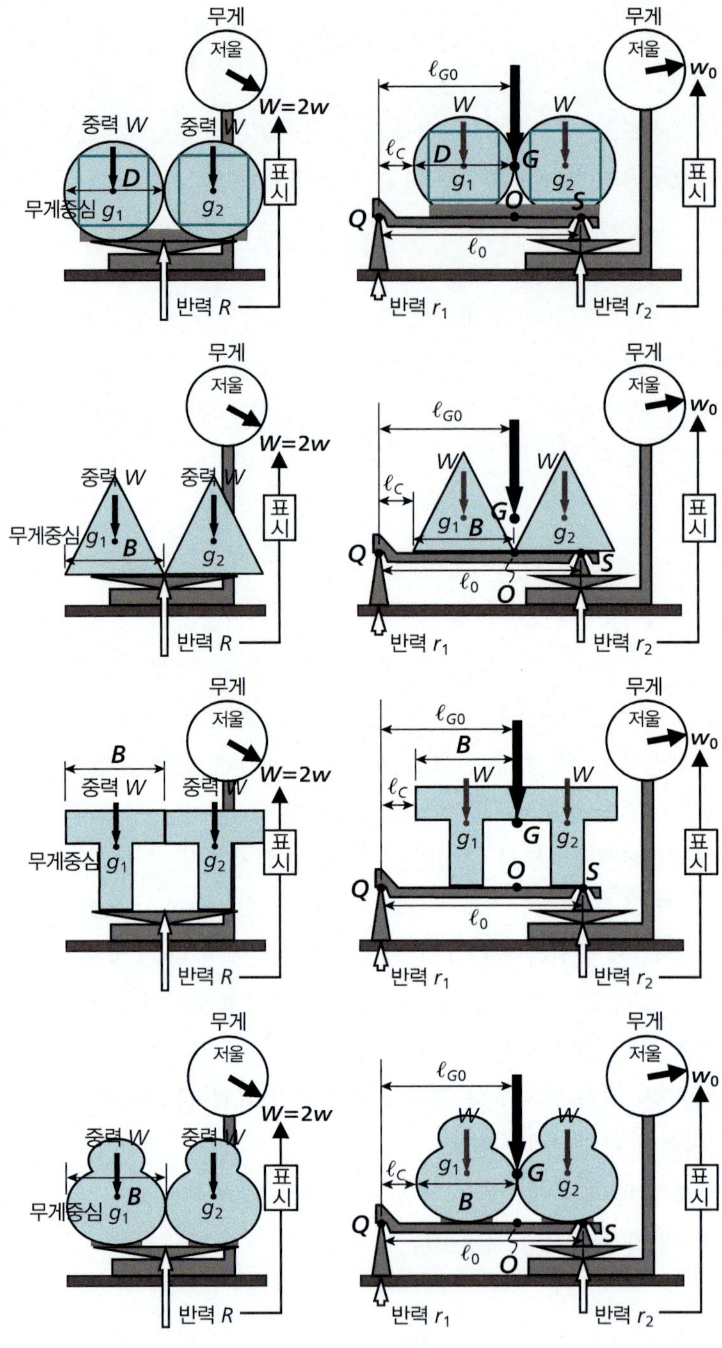

그림 1.4 저울을 이용한 무게중심을 구하는 방법(한 쌍).

원형의 직경은 $D(=B)$, 다른 물체의 폭은 B로 하고, 하나의 무게는 w로 한다. 그리고 물체 개별 중심 $g_i(i=1, 2)$의 옆 위치는 폭의 한가운데 $B/2$의 거리에 위치하고 알려진 곳이다. 그림 1.4에서 수평 방향의 힘은 없기 때문에 (1.1)식의 첫 번째와 세 번째 식을 적용하면 다음 식과 같이 된다.

여기서도 아래쪽으로 향한 힘을 양(+), 반대로 위쪽으로 향한 힘을 음(−)으로 하고, 지점 Q 주위의 모멘트는 시계 회전 방향과 같은 방향의 모멘트를 양(+), 반대 방향을 음(−)으로 한다.

$$W(=2w) + (-R) = 0 \quad \text{또는} \quad w + w + (-r_1) + (-w_0) = 0 \tag{1.12}$$

$$W(=2w) \times \ell_{G0} + (-r_1 \times 0) + (-w_0 \times \ell_0) = 0 \tag{1.13}$$

(1.13)식은 무게중심 수평 위치 ℓ_{G0}를 모른다고 가정하여 이를 구하기 위해 사용하는 식이다. 그러나 여기서는 무게중심 g_1과 무게중심 g_2의 위치를 알고 있기 때문에 이를 이용하여 무게중심 수평 위치 ℓ_{G0}를 구해 본다.

그림 1.4에서 지점 Q에서 무게중심 g_1까지의 수평 거리는 $\ell_C + \frac{B}{2}$, 무게중심 g_2까지의 수평 거리는 $\ell_C + B + \frac{B}{2}$이기 때문에 이것을 이용하면 (1.1)식의 세 번째 식은 다음 식과 같이 된다.

$$w \times (\ell_C + \tfrac{B}{2}) + w \times (\ell_C + B + \tfrac{B}{2}) + (-r_1 \times 0) + (-w_0 \times \ell_0) = 0 \tag{1.14}$$

(1.13)식과 (1.14)식은 등가식이므로 이 두 식으로 무게중심 수평 위치 ℓ_{G0}를 구하면 다음 식과 같이 된다.

$$W(=2w) \times \ell_{G0} = w \times (\ell_C + \tfrac{B}{2}) + w \times (\ell_C + B + \tfrac{B}{2})$$

$$\ell_{G0} = \ell_C + B \tag{1.15}$$

이 결과에서 다음과 같이도 생각할 수 있다.

지금 나란히 있는 "**두 물체의 오른쪽 물체를 왼쪽 물체에 겹쳤을 때의 무게중심 위치**"는 g_1에 겹쳐 (1.1)식의 세 번째 식은 다음 식과 같이 된다.

$$w \times (\ell_C + \tfrac{B}{2}) + w \times (\ell_C + \tfrac{B}{2}) + (-r_1 \times 0) + (-w_0 \times \ell_0) = 0 \tag{1.16}$$

(1.13)식과 (1.16)식은 등가식이므로 이 두 식으로 무게중심의 수평 위치 ℓ_{G0}를 구하면 다음 식과 같이 된다.

$$W(= 2w) \times \ell_{G0} = w \times (\ell_C + \tfrac{B}{2}) + w \times (\ell_C + \tfrac{B}{2})$$

$$\ell_{G0} = \ell_C + \frac{B}{2} \tag{1.17}$$

또한 나란히 있는 "**두 물체의 왼쪽 물체를 오른쪽 물체에 겹쳤을 때의 무게중심 위치**"는 g_2에 겹쳐 (1.1)식의 세 번째 식은 다음 식과 같이 된다.

$$w \times (\ell_C + \tfrac{3B}{2}) + w \times (\ell_C + \tfrac{3B}{2}) + (-r_1 \times 0) + (-w_0 \times \ell_0) = 0 \tag{1.18}$$

(1.13)식과 (1.18)식은 등가식이므로 이 두 식으로 무게중심의 수평 위치 ℓ_{G0}를 구하면

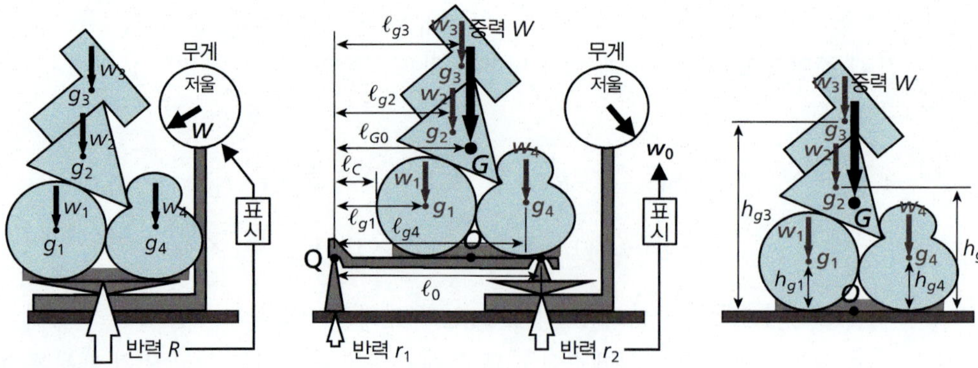

그림 1.5 저울을 이용한 무게중심을 구하는 방법(여러 물체).

다음 식과 같이 된다.

$$W(=2w)\times \ell_{G0} = w\times(\ell_C+\frac{3B}{2})+w\times(\ell_C+\frac{3B}{2})$$

$$\ell_{G0}=\ell_C+\frac{3B}{2} \tag{1.19}$$

또한 그림 1.5와 같이 하나하나의 무게중심 위치 $g_i(i=1\sim4)$는 알고 있고 무게가 각각 $w_i(i=1\sim4)$의 물체를 "**임의로 모아 놓은 경우의 전체 무게중심 위치**"를 구하기 위해 지금까지 논의한 방법에 따르면 다음과 같이 된다.

그림 1.5에서 수평 방향의 힘은 없기 때문에 (1.1)식의 첫 번째와 세 번째 식을 적용하면 (1.20)식, (1.21)식과 같이 된다. 여기서도 아래쪽 방향의 힘을 양(+), 반대로 위쪽 방향의 힘을 음(−)으로 하고, 지점 Q 주위의 모멘트에 대해서도 시계 회전 방향과 같은 방향의 모멘트를 양(+), 반대 방향을 음(−)으로 한다.

$$W(=w_1+w_2+w_3+w_4)+(-R)=0$$

$$\text{또는}\quad w_1+w_2+w_3+w_4+(-r_1)+(-w_0)=0 \tag{1.20}$$

$$W(=w_1+w_2+w_3+w_4)\times\ell_{G0}+(-r_1\times 0)+(-w_0\times\ell_0)=0 \tag{1.21}$$

(1.21)식은 전체의 무게중심 수평 위치 ℓ_{G0}가 미지일 때 이를 구하는 경우에 사용하는 식이다. 여기에서 개별 무게중심 위치 $g_i(i=1\sim4)$를 알고 있기 때문에 지점 Q에서의 수평 거리를 $\ell_{gi}(i=1\sim4)$라고 하면, 이를 이용한 (1.1)식의 세 번째 식은 다음 식과 같이 된다.

$$w_1\ell_{g1}+w_2\ell_{g2}+w_3\ell_{g3}+w_4\ell_{g4}+(-r_1\times 0)+(-w_0\times\ell_0)=0 \tag{1.22}$$

(1.21)식과 (1.22)식은 등가식이므로 이 두 식으로 무게중심의 수평 위치 ℓ_{G0}를 구하면 다음 식과 같이 된다.

$$W(=w_1+w_2+w_3+w_4)\times\ell_{G0}+w_1\ell_{g1}+w_2\ell_{g2}+w_3\ell_{g3}+w_4\ell_{g4}$$

$$\ell_{G0} = \frac{w_1\ell_{g1} + w_2\ell_{g2} + w_3\ell_{g3} + w_4\ell_{g4}}{W} \tag{1.23}$$

(1.23)식과 같은 생각에 따르면 하나하나의 무게중심 위치 $g_i(i = 1 \sim 4)$는 알고 있기 때문에 바닥에서 수직 높이를 $h_{gi}(i = 1 \sim 4)$라 하면, 이를 이용하여 물체의 무게중심 수직 높이 OG는 다음 식으로 구할 수 있다.

$$OG = \frac{w_1h_{g1} + w_2h_{g2} + w_3h_{g3} + w_4h_{g4}}{W} \tag{1.24}$$

여러 물체를 하나의 물체로 취급하는 경우 (1.1)식의 첫 번째와 세 번째 식을 적용한 (1.20), (1.23), (1.24)식을 예시하였으나, (1.20)식에서는 물체를 받드는 반력, (1.23)식에서는 무게중심 G의 좌우 방향의 위치, (1.24)식에서는 무게중심 G의 수직 높이를 구할 수 있다.

이 (1.20), (1.23), (1.24)식을 더 일반화하면 다음 식들과 같이 된다. 다만 여기서는 임의의 점(예를 들면 그림 1.5에서 지점 Q)에 원점을 두고 가로축을 x, 세로축을 y로 나타낸다.

여러 물체의 반력은 무게중심 G와 동일한 연직선에 작용하며 다음 식으로 구할 수 있다.

$$R = \sum_{i=1}^{n} w_i \tag{1.25}$$

여기서 w_i는 물체 하나하나의 무게, n은 물체의 개수이다.

또한 여러 물체의 무게중심 G의 수평 위치 x_G는 다음 식으로 구할 수 있다.

$$x_G = \frac{\sum_{i=1}^{n} w_i \cdot x_i}{\sum_{i=1}^{n} w_i} \tag{1.26}$$

다만 x_i는 물체의 개별 x 좌표, 즉 물체 하나하나의 원점에서 개별 무게중심 g_i까지의 수평 거리이다.

또한 여러 물체의 무게중심 G의 수직 높이 y_G는 다음 식으로 구할 수 있다.

$$y_G = \frac{\sum_{i=1}^{n} w_i \cdot y_i}{\sum_{i=1}^{n} w_i} \tag{1.27}$$

여기서 y_i는 물체의 개별 y 좌표, 즉 물체 하나하나의 원점에서 개별 무게중심 g_i까지의 수직 높이이다.

배를 포함하여 인공적인 구조물은 대부분 여러 부재로 구성되어 있다. 여러 부재에 의해 구성되는 구조물의 무게중심은 그림 1.4에 나타낸 바와 같은 경우 또는 도넛 모양과 L자형 부재와 같이 부재의 어디인가에 무게중심 위치를 써 놓는 것이 불가능한 경우도 있다.

배의 경우도 경사 시험에 의하여 무게중심 위치가 정해지지만 대부분의 경우 배 안의 공간에 있기 때문에 무게중심 위치를 적어 두거나 표시할 수는 없다.

배의 무게중심 G의 위치는 배의 복원성과 전복을 논의할 때 가장 중요한 사항임에도 불구하고 늘 책상 위에서 나오는 수치적인 위치이기 때문에 배의 안전 운항을 위한 조종자에게는 항상 운항 시의 무게중심 위치의 확인이 요구된다.

1.5 일부 물체의 이동과 전체의 무게중심 이동

여러 물체를 하나의 물체로 본 때, 무게중심 G의 위치가 알고 있는 경우, 그 물체를 구성하는 일부가 이동하면 전체의 무게중심 위치의 이동은 다음과 같이 생각할 수 있다.

그림 1.6에 나타낸 바와 같이 T자형 물체를 점선으로 표시된 초기 위치에서 실선으로 표시된 위치로 이동시킨 경우 전체의 무게 W에 변화는 없고 전체의 무게중심 G는 G'으로 이동한다. 이 무게중심 G에서 G'으로의 이동은 다음과 같이 구할 수 있다.

그림 1.6에서 수평 방향의 힘은 없기 때문에 (1.1)식의 첫 번째와 세 번째 식을 적용하면 다음 식과 같이 된다. 여기서도 아래쪽 방향의 힘을 양(+), 반대로 위쪽 방향의 힘을 음(−)으로 하고, 지점 Q 주위의 모멘트는 시계 회전 방향과 같은 방향의 모멘트를 양(+), 반대 방향을 음(−)으로 한다.

$$W(= w_1 + w_2 + w_3 + w_4) + (-R) = 0$$

$$\text{또는} \quad w_1 + w_2 + w_3 + w_4 + (-r_1) + (-w_0) = 0 \tag{1.28}$$

$$W(= w_1 + w_2 + w_3 + w_4) \times \ell_{G'0} + (-r_1 \times 0) + (-w_0 \times \ell_0) = 0 \tag{1.29}$$

(1.29)식은 T자형 물체가 이동한 후의 전체 무게중심의 수평 위치 $\ell_{G'0}$가 미지일 때 이것을 구하는 경우에 사용하는 식이다.

여기서 하나하나의 무게중심 위치 $g_i(i = 1, 2, 4)$ 및 g_3'는 알고 있기 때문에 지점 Q에서의 수평 거리를 ℓ_{gi}및 $\ell_{g'3}$라 하면 이를 이용한 (1.1)식의 세 번째 식은 다음 식과 같이 된다.

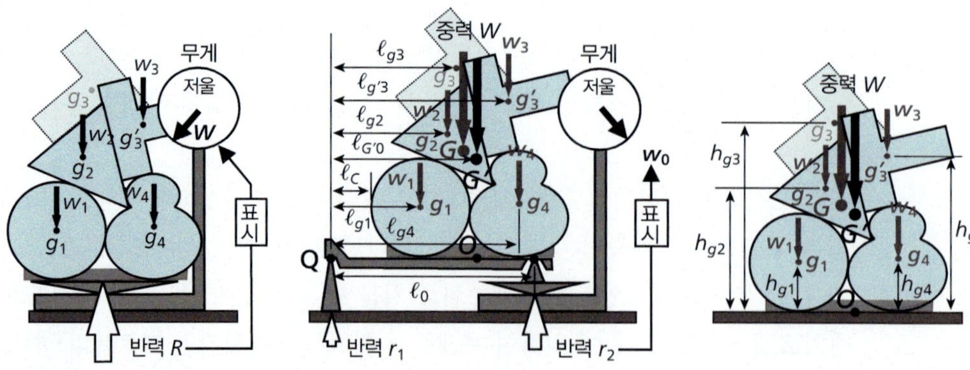

그림 1.6 저울을 이용한 무게중심을 구하는 방법(일부 이동).

$$w_1\ell_{g1} + w_2\ell_{g2} + w_3\ell_{g'3} + w_4\ell_{g4} + (-r_1 \times 0) + (-w_0 \times \ell_0) = 0 \tag{1.30}$$

(1.29)식과 (1.30)식은 등가식이므로 이 두 식으로 무게중심 수평 위치 $\ell_{g'0}$를 구하면 다음 식과 같이 된다.

$$W(= w_1 + w_2 + w_3 + w_4)\ell_{G'0} = w_1 \times \ell_{g1} + w_2 \times \ell_{g2} + w_3 \times \ell_{g'3} + w_4 \times \ell_{g4}$$

$$\ell_{G'0} = \frac{w_1\ell_{g1} + w_2\ell_{g2} + w_3\ell_{g'3} + w_4\ell_{g4}}{W} \tag{1.31}$$

(1.31)식의 T자형 물체가 이동한 후 전체의 무게중심 수평 위치 $\ell_{G'0}$와 (1.23)식의 이동 전의 전체의 무게중심 수평 위치 ℓ_{G0}의 차이가 T자형 물체가 이동한 것에 따른 무게중심 수평 방향의 이동량이다.

여기서 전체의 무게중심 G가 수평 방향으로 이동한 거리를 GG'이라 하면, (1.31)식과 (1.23)식으로부터 다음 식과 같이 된다.

$$GG'_H = \frac{w_3(\ell_{g'3} - \ell_{g3})}{W}$$

즉 이 T자형 물체의 이동에 의해 초기 지점 Q에서의 수평 거리 ℓ_{g3}의 무게중심 위치 g_3로부터 수평 거리 $\ell_{g'3}$의 무게중심 위치 g'_3으로 이동했다고 생각한다면, 그 수평 방향으로의 이동 거리는 $\ell_{GG'} = \ell_{g'3} - \ell_{g3}$로 되고 이를 이용하면 위 식은 다음 식으로 나타낼 수 있다.

$$GG'_H = \frac{w_3 \times \ell_{GG'}}{W} \tag{1.32}$$

마찬가지로 물체 하나하나의 각 무게중심 위치 $g_i(i = 1, 2, 4)$ 및 g'_3이 알려져 있기 때문에 바닥에서 수직 높이를 $h_{gi}(i = 1, 2, 4)$ 및 $h_{g'3}$라 하면 T자형 물체의 이동에 의한 수직 방향으로의 이동 거리는 $h_{GG'} = h_{g'3} - h_{g3}$가 되고, 이를 이용하여 물체 전체의 무게중심 G가 수직 방향으로 이동한 거리 OG'_V은 다음 식으로 구할 수 있다.

$$GG'_V = \frac{w_3 \times h_{GG'}}{W} \tag{1.33}$$

다만 (1.32)식에서 $\ell_{GG'} > 0$의 경우는 무게중심 G가 수평 오른쪽 방향의 G'으로 이동하는 것을 나타낸다. 또한 (1.33)식에 있어서 $h_{GG'} > 0$의 경우는 무게중심 G가 수직 위쪽 방향의 G'으로 이동하는 것을 나타낸다.

이 (1.32)식과 (1.33)식을 더 일반화하면 다음 식과 같이 된다. 다만 무게중심 G를 원점으로 가로축을 x, 세로축을 y로서 나타낸다.

물체를 구성하는 일부 w가 무게중심(원점) G에서 x축 방향으로 $\ell_{GG'}$만큼 이동하면 전체 무게중심 G의 x축 방향으로의 이동 거리 $x_{GG'}$은 다음 식으로 구할 수 있다.

$$x_{GG'} = \frac{w \times \ell_{GG'}}{W} \tag{1.34}$$

마찬가지로 물체를 구성하는 일부 w가 무게중심(원점) G에서 y축 방향으로 $h_{GG'}$만큼 이동하면 전체 무게중심 G의 y 축 방향으로의 이동 거리 $y_{GG'}$은 다음 식으로 구할 수 있다.

$$y_{GG'} = \frac{w \times h_{GG'}}{W} \tag{1.35}$$

그림 1.6에 나타낸 바와 같이 T자형 물체를 점선으로 표시된 초기 위치에서 실선으로 표시된 위치로 이동시키면 전체의 무게 W에 변화는 없고 전체의 무게중심 G는 G'으로 이동하는데, 이때의 무게중심 G에서 G'까지의 이동 거리는 (1.34)식과 (1.35)식을 이용하면 다음 식으로 구할 수 있다.

$$GG' = \sqrt{x_{GG'}{}^2 + y_{GG'}{}^2} \tag{1.36}$$

(1.36)식에 (1.34)식과 (1.35)식을 대입하면 무게중심 이동 거리 GG'은 다음 식으로 표시된다.

$$GG' = \frac{w \times \sqrt{\ell_{GG'}{}^2 + h_{GG'}{}^2}}{W} \tag{1.37}$$

여기서 $\ell_{GG'}$은 T자형 물체가 이동했을 때의 무게중심 이동의 수평 거리이며 $h_{GG'}$은 수직 거리이기 때문에 (1.37)식의 $\sqrt{\ell_{GG'}{}^2 + h_{GG'}{}^2}$는 그 중심 g의 직선 이동 거리(예를 들어 그림 1.6의 중심 g_3와 g_3' 사이 직선 거리)이다. 이것을 ℓ_g로 나타내면 (1.37)식은 다음 식으로 표시된다.

$$GG' = \frac{w \times \ell_g}{W} \tag{1.38}$$

즉 여러 물체를 하나의 물체인 것으로 보았을 때 무게중심 G의 위치를 알고 있는 경우 그 물체를 구성하는 일부가 이동했을 때 전체의 무게중심 위치의 이동 GG'은 이동한 물체 중심의 이동량 ℓ_g을 알 수 있으면 (1.38)식으로 구할 수 있다.

건축물과 같이 튼튼한 지반 위에 건설된 것은 건축물 안의 물건이 이동하면 당연히 전체의 무게중심도 이동하지만 대부분의 경우 그것이 건축물의 안정성을 위협하지 아니한다

그러나 사람이나 화물을 운송하는 자동차와 비행기 그리고 배는 그에 타는 사람이나 실은 화물이 어떠한 원인으로 이동하면 전체의 무게중심이 이동하게 되고 경우에 따라서는 안정성을 해칠 수도 있다.

배는 운항 또는 조업 중에 풍파랑 중에서 크게 기울어질 수 있으며 이러한 때 고정이 불충분한 화물이 옆으로 이동하는 사례가 있다.

배의 경우 해상에 떠 있는 구조물이지만 일반 구조물과 같이 그 크기의 대소에 관계없이 화물 등이 이동하면 그에 따라 배의 무게중심도 이동한다. 배의 무게중심 이동은 복원성을 크게 감소함과 연결되어 경우에 따라서는 최악의 전복 사고를 일으킬 수 있으므로 이러한 상태를 일으킬 화물 등의 이동이 없도록 최대한의 주의가 필요하다.

1.6 외부 물체의 부가와 전체의 무게중심 이동

무게중심 G'의 위치를 알고 있는 기존의 물체에 외부에서 물체를 부가한 경우 이를 포함한 전체 무게중심 위치는 다음과 같이 생각할 수 있다.

그림 1.7에 나타낸 바와 같이 무게 w_a의 I자형 물체를 총 무게 W의 물체에 부가한 경우 전체 무게는 $W + w_a$가 되고 W의 무게중심 G'은 G_a로 이동한다. 이 무게중심 G'에서 G_a로의 이동은 다음과 같이 구할 수 있다.

그림 1.7에서 수평 방향의 힘은 없기 때문에 (1.1)식의 첫 번째와 세 번째 식을 적용하면 다음 식과 같이 된다.

여기서도 아래쪽 방향의 힘을 양(+), 반대로 위쪽 방향의 힘을 음(−)으로 하고, 지점 Q 주위의 모멘트는 시계 회전 방향과 같은 방향의 모멘트를 양(+), 반대 방향을 음(−)으로 한다.

$$W + w_a + (-R) = 0 \quad \text{또는} \quad W + w_a + (-r_1) + (-w_{a0}) = 0 \tag{1.39}$$

$$(W + w_a) \times \ell_{G_a 0} + (-r_1 \times 0) + (-w_{a0} \times \ell_0) = 0 \tag{1.40}$$

(1.40)식은 I자형 물체를 부가한 후의 전체 무게중심 G_a의 지점 Q에서의 수평 위치 $\ell_{G_a 0}$가 미지이고 이를 구하는 경우에 사용하는 식이다.

여기서 I자형 물체의 무게중심 위치 g_a를 알고 있으므로 지점 Q에서의 수평 거리를 ℓ_{ga}라 하면, 이와 부가된 후 W의 무게중심 G'이 지점 Q에서의 수평 거리 $\ell_{G'0}$에 위치하고 있으

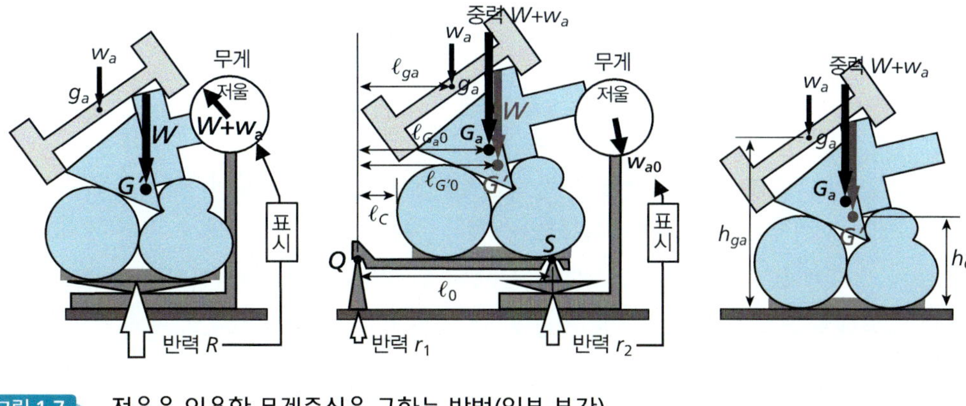

그림 1.7 저울을 이용한 무게중심을 구하는 방법(일부 부가).

므로 이들을 이용한 (1.1)식의 세 번째 식은 다음 식과 같이 된다.

$$W \times \ell_{G'0} + w_a \times \ell_{ga} + (-r_1 \times 0) + (-w_{a0} \times \ell_0) = 0 \tag{1.41}$$

(1.40)식과 (1.41)식은 등가식이므로 이 두 식에서 무게중심 수평 위치 ℓ_{G_a0}를 구하면 다음 식과 같이 된다.

$$(W + w_a) \times \ell_{G_a0} = W \times \ell_{G'0} + w_a \times \ell_{ga}$$

$$\ell_{G_a0} = \frac{W \times \ell_{G'0} + w_a \times \ell_{ga}}{W + w_a} \tag{1.42}$$

지금 I자형 물체를 부가함으로써 전체의 무게중심 G_a의 지점 Q에서의 수평 위치 ℓ_{G_a0}를 얻을 수 있지만 부가되기 이전의 무게중심 G'에서 전체의 무게중심 G_a까지의 수평 거리를 $G'G_{aH}$라 하면 ℓ_{G_a0}는 다음 식으로 나타낼 수 있다.

$$\ell_{G_a0} = \ell_{G'0} - G'G_{aH} \tag{1.43}$$

따라서 (1.43)식을 (1.42)식에 대입하여 전개하면 다음 식이 얻어진다.

$$G'G_{aH} = \frac{w_a \times (\ell_{G'0} - \ell_{ga})}{W + w_a} \tag{1.44}$$

(1.44)식에서 $\ell_{G'0} - \ell_{ga}$는 부가하는 I자형 물체의 무게중심 G_a와 부가되는 물체의 무게중심 G'까지의 수평 거리이다.

마찬가지로 부가하는 I자형 물체의 무게중심 g_a를 알고 있으므로 바닥에서 수직 높이를 h_{ga}라 하면, I자형 물체의 부가에 의한 무게중심 g_a와 부가되는 물체의 무게중심 G'까지의 수직 거리는 $h_{ga} - h_{G'}$이 된다. 이를 이용하여 부가되기 이전의 무게중심 G'에서 전체의 무게중심 G_a까지의 수직 거리를 $G'G_{aV}$라 하면 다음 식으로 구할 수 있다.

$$G'G_{aV} = \frac{w_a \times (h_{ga} - h_{G'})}{W + w_a} \tag{1.45}$$

다만 (1.44)식에서 $(\ell_{G'0} - \ell_{ga}) > 0$의 경우에는 그림 1.7에서 무게중심 G'이 수평 왼쪽 방향의 G_a로 이동하는 것을 나타낸다. 또한 (1.45)식에서 $(h_{ga} - h_{G'}) > 0$의 경우는 무게중심 G'이 수직 위쪽 방향의 G_a로 이동하는 것을 나타낸다.

이 (1.44)식과 (1.45)식을 더 일반화하면 다음 식들과 같이 된다. 다만 무게중심 G'을 원점으로 가로축을 x, 세로축을 y로서 나타낸다.

무게 W, 무게중심 위치 G'의 물체에 무게 w의 무게중심 위치 g_a인 물체를 부가한 경우 x축에서 무게중심 g_a의 좌표 점을 $\ell_{G'ga}$라 하면 물체를 추가한 후 전체 무게중심 G_a의 x축에서의 좌표 점 $x_{G'G_a}$는 다음 식으로 구할 수 있다.

$$x_{G'G_a} = \frac{w_a \times \ell_{G'ga}}{W + w_a} \tag{1.46}$$

마찬가지로 추가하는 물체 w의 무게중심 위치 g_a인 물체를 y축 방향의 $h_{G'ga}$점에 부가한 경우의 전체의 무게중심 G_a의 y축에서의 좌표 점 $y_{G'G_a}$는 다음 식으로 구할 수 있다.

$$y_{G'G_a} = \frac{w_a \times h_{G'ga}}{W + w_a} \tag{1.47}$$

그림 1.7에 나타낸 바와 같이 I자형의 물체를 부가시킴으로써 전체 무게는 $W + w_a$가 되고, 무게중심도 I자형의 물체를 추가하기 전의 G'에서 G_a로 이동하지만 이때의 무게중심 G'와 G_a 사이의 거리 $G'G_a$는 (1.46)식과 (1.47)식으로부터 다음 식으로 나타낼 수 있다.

$$G'G_a = \sqrt{x_{G'Ga}^2 + y_{G'Ga}^2} \tag{1.48}$$

(1.48)식에 (1.46)식과 (1.47)식을 대입하면 무게중심 이동 거리 $G'G_a$는 다음 식으로 구할 수 있다.

$$G'G_a = \frac{w_a \times \sqrt{\ell_{G'ga}^2 + h_{G'ga}^2}}{W + w_a} \tag{1.49}$$

여기서 $\ell_{G'ga}$는 물체를 추가하기 전의 무게중심 G'을 원점으로 한 경우 물체를 추가했을 때의 그 무게중심 g_a의 x 좌표이며, $h_{G'ga}$는 y 좌표이기 때문에 (1.49)식의 $\sqrt{\ell_{G'ga}^2 + h_{G'ga}^2}$는 무게중심 G'에서 무게중심 g_a까지의 직선 거리이다. 이것을 ℓ_a로 나타내면 (1.49)식은 다음 식과 같이 된다.

$$G'Ga = \frac{w_a \times \ell_a}{W + w_a} \tag{1.50}$$

즉 물체를 부가하기 전의 무게중심 G'의 위치를 알고 있는 경우 부가된 물체의 무게 w_a와 그 무게중심 g_a에서 무게중심 G'까지의 직선 거리 ℓ_a를 알면 물체를 부가한 후 전체 무게중심 G_a의 G'으로의 거리 $G'G_a$는 (1.50)식으로 구할 수 있다.

전혀 다르게 생각해 보면, 먼저 부가하는 물체 w_a를 직접 부가하는 위치에 부가하는 것이 아니라 부가하는 물체의 무게중심 g_a를 부가되는 물체의 무게중심 G'에 겹치도록 부가한다. 이 경우 전체 무게는 $W + w_a$로 되지만 전체의 무게중심 G_a는 부가되는 물체의 무게중심 G'와 똑같은 곳에 있다. 다음으로 부가한 물체 w_a를 부가할 위치로 이동한다. 그 이동 거리는 무게중심 G'에서 부가하는 위치에서의 물체 w_a의 무게중심 g_a 간의 직선거리 ℓ_a이다. 이 경우 전체 무게가 $W + w_a$인 물체의 일부 w_a가 무게중심 G'에서 직선 거리 ℓ_a만큼 이동한 경우와 같다. 따라서 앞 절과 같은 방법으로 (1.38)식을 적용할 수 있다. 결과적으로 (1.50)식과 같은 식이 된다.

자동차와 비행기 그리고 배는 항상 사람이나 화물을 싣고 내린다. 이때 그 무게의 대소에 관계없이 전체의 무게중심은 항상 이동하고 있다. 일반적으로 전체 무게 $W + w_a$에 비해 개별 무게 w_a가 가볍기 때문에 (1.50)식으로부터도 전체의 무게중심 이동은 작은 것으로 추측된다. 그러나 개별 무게 w_a가 전체의 무게 $W + w_a$에 큰 비중을 차지하는 경우, 즉 정원 오버나 화물 등을 제한을 초과하여 실었던 경우 전체의 무게중심이 크게 이동하게 되고, 경우에 따라서는 안정성을 해치게 한다.

배의 경우 정원이나 적재 중량 오버는 배의 복원성을 감소시키고 전복의 위험이 증가하므로 특히 주의가 필요하다.

제2장

아르키메데스의 원리

2.1 배의 무게와 부력

배는 주로 부력을 이용하여 사람이나 물건을 태워서 운반하는 것이 목적이기 때문에, 그 크기는 한 사람만 타는 작은 배로부터 몇 십만 톤의 거대한 배까지 다종 다양하다.

어떠한 크기의 배라도 배가 **정수면**(surface of still water)에 떠 있을 때 배의 수면 아래 용적의 중심, 즉 **부심**(center of buoyancy)에는 배를 뜨게 하는 일정한 **부력**(buoyancy)이 작용하고 있다. 바꾸어 말한다면 정수면에 떠 있는 배는 이 일정한 부력으로 인해 떠 있는 것이다. 또한 정수면에 떠 있는 배는 어떤 무게(weight)를 가지고 있어, 이것이 **중력**(gravity)으로서 **배의 무게중심**(center of gravity of the ship)에 작용하고 있다.

배가 정수면에 떠서 정지하고 있는 상황에서는 배의 무게중심과 부심은 서로 정수면과 직각인 연직선 위에 있고, 더구나 배의 무게중심에 작용하는 중력과 부심에 작용하는 부력은 크기는 같으며 정반대쪽으로 작용하고 있다.

일반적으로 정수면에 떠 있는 배의 무게는 수면상 위로 매달려 올릴 수 있는 소형 배 외에는 직접 측정할 수 없지만, 배의 무게와 부력의 크기가 똑같기 때문에 배에 작용하는 부력의 크기를 구하여 간접적으로 배의 무게를 구할 수 있다.

배에 작용하는 부력에 대해서는 아르키메데스의 원리(Archimedes' principle)를 이용하여 설명할 수 있고, 그 크기를 구할 수 있다. 따라서 아르키메데스의 원리를 이용하면 간접적으로 배의 무게를 구할 수 있다.

2.2 아르키메데스의 원리의 개념

물은 유동체이기 때문에 그 자체만으로는 일정한 형상을 만들어 낼 수 없다. 따라서 지구상의 물은 중력의 작용에 의해 항상 아래쪽으로 흐르고자 하며, 흐르는 물을 받아들일 수 있는 구덩이가 있으면 정지 수면을 만들어 안정된 상태가 된다. 그러므로 물을 그릇에 넣으면 반드시 정지 수면을 만들고 안정된 상태가 된다. 어떤 일정한 물의 무게를 잴 경우에는 반드시 물을 넣는 그릇이 필요하다.

어떤 일정한 물의 양에 대하여 생각하기 위해, 실제로는 존재하지 않지만 그림 2.1과 같이 **무게도 두께도 없지만 모양이 허물어지지 않는 "오뚝이 용기"**(용기는 어떤 형상이라도 좋음)를 상상하고, 다음과 같이 생각해 보자.

❶ 그림 2.1과 같이 오뚝이 용기의 무게는 없다고 가정하고 있으므로, $w_1 = 0$이다. 그리고 오뚝이 용기 안의 물의 무게를 각각 w_2, w_3, w_4만큼 넣었을 경우와 물을 가득히 넣었을 경우인 w_5에 대하여 생각해 본다. 즉 모양이 허물어지지 않는 오뚝이 용기 안에 각각 w_2, w_3, w_4, w_5 양만큼의 물이 들어 있을 경우, 지상에서는 지탱하지 않으면 밑으로 떨어진다.

❷ 그림 2.1의 저울에 올린 5가지 상태의 오뚝이 용기를 많은 물이 있는 정수면 위로 떨어뜨리면, 물이 안 들어간 오뚝이 용기는 무게가 없는 것($w_1 = 0$)으로 가정하고 있기 때문에 상태 1과 같이 수면보다 위쪽에 높이나 경사에 관계없이 임의의 위치에 머문다. 즉 오뚝이 용기 안은 공기만 있으므로 공기 중의 임의의 위치에 정지한다.

❸ 오뚝이 용기에 물의 무게가 각각 w_2, w_3, w_4만큼 들어 있는 경우는 오뚝이 용기의 자세와는 관계없이 상태 2, 상태 3, 상태 4와 같이 용기 안의 수면과 많은 물의 정수면과 일치하게 정지한다. 오뚝이 용기의 안과 밖은 같은 물이므로 용기 안의 수면이 많은 물의 정수면보다 위로 나오거나 또는 정수면 아래로 가라앉지 않는다.

❹ 오뚝이 용기에 물을 가득히 넣은 상태의 무게는 w_5이기 때문에 많은 물이 있는 곳에 넣으면 상태 5와 같이 오뚝이 용기는 물 안으로 넣었을 때의 깊이나 자세에 관계없이, 수면 위로 나오지도 않으며, 떠오르거나 가라앉지도 않고, 물속의 어디에서라도 정지한다.

❺ 상태 2, 상태 3, 상태 4와 같이 오뚝이 용기 안의 물의 양에 관계없이 그 수면이 많은 물의 정수면과 일치하게 정지하는 것이나, 상태 5와 같이 물을 가득히 넣은 상태인 무게 w_5의 오뚝이 용기가 수면 위로 나오지도 않고 떠오르거나 가라앉지도 않으며 자세와는 관계없이 물속의 임의의 곳에 정지하는 것은 오뚝이 용기 안과 밖이 완전히 같은 물이기 때문이다. 즉 많은 물이 오뚝이 용기 안의 물 몫만 늘어난 것뿐이라고 생각할 수 있다.

❻ 상태 2, 상태 3, 상태 4의 물의 무게는 각각 w_2, w_3, w_4이고 상태 5의 물의 무게는 w_5로서 각각 다른 상태로 정지하고 있는 것은 이들이 이와 같은 크기의 힘으로 지탱하고 있기 때문이라고 말할 수 있다. 이 지탱하고 있는 힘을 Δ_2, Δ_3, Δ_4, Δ_5라 하면 $w_2 = \Delta_2$, $w_3 = \Delta_3$, $w_4 = \Delta_4$, $w_5 = \Delta_5$의 관계에 있다.

❼ 또한 물이 든 오뚝이 용기가 물에 잠기는 깊이나 자세에 관계없이 서로 다른 정지 상태를 유지하는 것은 오뚝이 용기를 지탱하고 있는 힘 Δ_2, Δ_3, Δ_4, Δ_5가 항상 오뚝이 용기 안의 물의 무게중심, 즉 수면 밑의 오뚝이 용기의 용적 중심에 작용하고 있기 때문에다.

❽ 이것은 예를 들면 상태 6과 같이 물 안에 있는 물이 가득 찬 오뚝이 용기를 저울로 무게를 잴 수 없는 것을 통해 이해할 수 있다. 즉 오뚝이 용기 안의 물은 밖의 물의 일부라고

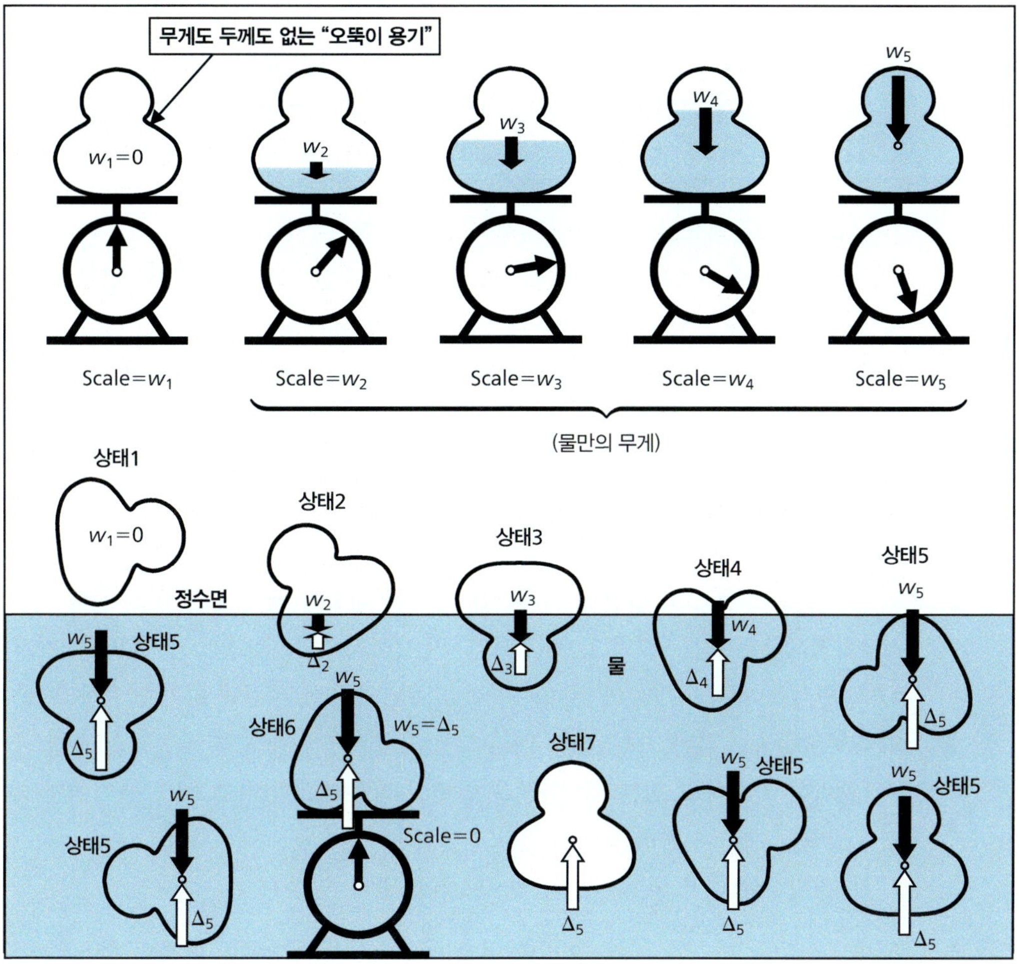

그림 2.1 물의 무게와 부력의 개념.

생각할 수도 있고, 따라서 같은 물속에서 일부의 물만 측정하려고 해도 측정하지 못하는 것과 같다. 이로부터 물이 가득 찬 오뚝이 용기가 떠 있는 자세와 관계없이 그 자리에 정지하고 있음을 이해할 수 있다.

❾ 지금 상태 7과 같이 오뚝이 용기 안의 물을 빼면 오뚝이 용기의 무게는 없어지고($w_5 = 0$), 오뚝이 용기를 지탱하고 있었던 힘 Δ_5만이 남는다. 즉 오뚝이 용기의 물을 빼서 빈 용기로 하면 지탱하고 있었던 힘 Δ_5만이 빈 오뚝이 용기에 작용하게 된다. 따라서 이 힘 Δ_5가 물 안에 있는 빈 오뚝이 용기를 수면 위로 떠오르게 한다. 그리고 그 후에 상태 1과 같은 상태로 된다.

상태 2, 상태 3 및 상태 4도 위와 같이 생각할 수 있다.

❿ 사고방식을 바꾸어 처음부터 물을 담고 있지 않은 무게도 두께도 없이 모형이 허물어지지 않는 오뚝이 용기를 물 안으로 넣으면, 거기에는 물 안으로 넣은 몫만 오뚝이 용기를

떠오르게 하는 힘 Δ가 작용한다. 그 힘은 오뚝이 용기를 물 안으로 넣으면 수면 아래로 들어간 용기의 크기만큼 물을 밀어내지만, 그 밀어낸 물의 무게(오뚝이 용기 안에서 외부의 정수면과 일치하는 수면이 되는 물의 무게)와 다름없다고 말할 수 있다. 또한 그 힘 Δ는 용기의 수면 아래 부분의 용적 중심에 작용한다는 것이다

이상을 일반적으로 정리하면 다음과 같이 말할 수 있다.

물체를 액체 안으로 넣으면 물체가 밀어낸(배수한) 액체의 무게와 같은 크기의 힘이 위쪽으로 작용한다. 이것을 **아르키메데스의 원리**(Archimedes' principle)라고 한다. 또한 이때 **위쪽으로 작용하는 힘은 액체 안에 넣은 물체의 용적 중심에 작용하고, 이것을 부력**(buoyancy)**이라고 한다.**

2.3 물속의 압력과 아르키메데스의 원리

지금 물속(수중)의 한점에 작용하는 압력에 대하여 생각해 보자. 수중에 있어서 압력이 작용하고 있는 한점을 그림 2.2와 같이 단위 길이가 미소한 삼각기둥 *ABC*라 가정한다. 이때 *AB*의 면에는 압력 p_1, *AC*의 면에는 압력 p_2, *BC*의 면에는 압력 p_3가 작용하고 있다. 또한 물의 비중량을 γ로 한다.

압력이 작용하고 있는 점(한곳)은 압력이 작용하고 있다고 해도 움직이지 않기 때문에 모든 방향에 대하여 평형 상태에 있다고 말할 수 있다.

수평방향에 대한 평형은 다음 식으로 나타낼 수 있다.

$$p_1 \cdot AB \text{ 면의 면적} = p_2 \cdot \cos\theta \cdot AC \text{ 면의 면적}$$

이 수평방향에 대한 평형식에서 *AB* 면의 면적과 *AC* 면의 면적 × $\cos\theta$는 같기 때문에 다음의 결과를 얻을 수 있다.

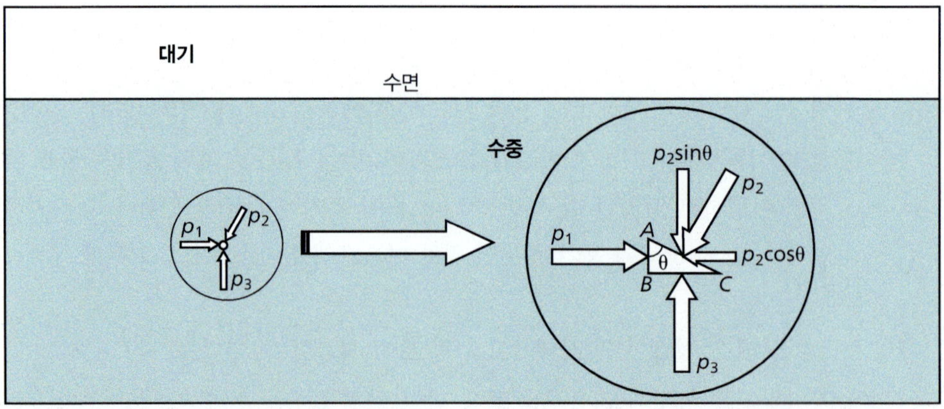

그림 2.2 수중의 한점에 자용하는 압력.

$$p_1 = p_2$$

또한 연직방향에 대한 평형은 다음 식으로 나타낼 수 있다.

$$p_3 \cdot BC \text{ 면의 면적} = p_2 \cdot \sin\theta \cdot AC \text{ 면의 면적} + \text{단위 길이의 삼각기둥 } ABC\text{의 물의 무게}$$

여기서 단위 길이의 삼각기둥 ABC의 물의 무게 $= \frac{1}{2} \cdot AB \cdot BC \cdot 1$ (단위 길이)$\cdot \gamma$

그러나 AB와 BC가 모두 미소하기 때문에 $AB \times BC \fallingdotseq 0$이 되므로, 단위 길이의 삼각기둥 ABC의 물의 무게를 고려하지 않아도 지장이 없다. 따라서 연직방향에 대한 평형은 다음 식으로 나타낼 수 있다.

$$p_3 \cdot BC \text{ 면의 면적} = p_2 \cdot \sin\theta \cdot AC \text{ 면의 면적}$$

이 평형식에서 BC 면의 면적과 AC 면의 면적 $\times \sin\theta$는 같으므로 다음과 같은 결과를 얻을 수 있다.

$$p_3 = p_2$$

이상과 같은 결과로부터 다음과 같은 결과를 얻을 수 있다.

$$p_1 = p_2 = p_3$$

이 결과는 θ가 임의의 각도이므로 어떤 방향으로 작용하는 압력에 대해서도 같은 결과를 얻을 수 있다. 따라서 **수중의 한점에 작용하고 있는 압력은 작용하는 방향에 관계없이 일정하다**고 말할 수 있다.

정지한 수중의 임의의 깊이에서의 압력은 거기에서 수면까지의 단위면적당 물의 무게를 말하고, 이것을 일반적으로 "정수압"이라고 한다. 따라서 어떤 크기를 가지고 있는 물체를 수중에 넣었을 경우 물체의 둘레에는 수심에 비례한 "정수압"이 작용한다. 더구나 이 "정수압"은 수중의 물체 둘레의 작용면에 수직으로 작용한다. 수중의 물체에 작용하는 정수압의 수평방향의 성분은 앞에서 언급한 바에 따르면 총계(모든 합)가 0(zero)이 되어 평형 상태가 된다.

수중의 물체에 작용하는 정수압의 연직방향 성분에 대하여 생각하면 다음과 같이 말할 수 있다.

물체를 수중에 넣으면 그림 2.3에서 보는 바와 같이 물체의 하면(下面: 아래쪽 면)에는 정수압의 위쪽 방향 성분이 작용하고 상면(上面: 위쪽 면)에는 정수압의 아래쪽 방향 성분이 작용한다. 일반적으로 물체는 어떤 크기를 가지고 있기 때문에 하면이 상면보다도 깊은 곳에 있어, 하면에 작용하는 정수압 쪽이 수심의 차만큼 커진다.

이때 연직방향에는 다음과 같은 힘이 작용한다.

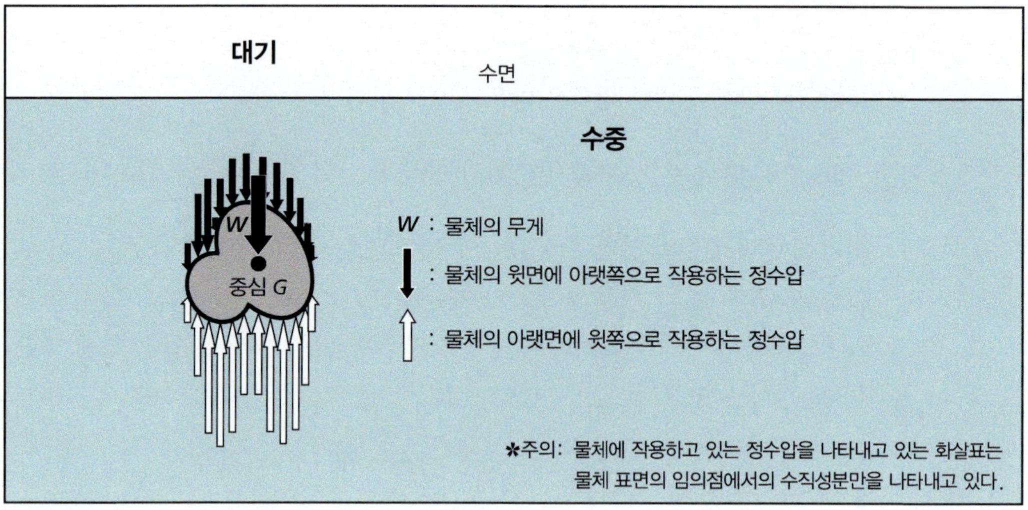

그림 2.3 수중 물체에 위쪽 및 아래쪽 방향으로 작용하는 압력.

- 연직 아래쪽 방향으로 작용하는 힘 = 물체의 무게 *W* + 물체의 상면에 아래쪽 방향으로 작용하는 정수압에 의한 힘(**F⬇**)
- 연직 위쪽 방향으로 작용하는 힘 = 물체의 하면에 위쪽 방향으로 작용하는 정수압에 의한 힘(**F⇧**)

어떤 무게를 가진 **물체가 수중에서 정지하게 되는 연직 방향의 평형 조건**은 물체에 작용하는 연직 아래쪽 방향의 힘과 물체에 작용하는 연직 위쪽 방향으로 작용하는 힘의 합이 0(zero)이 되어야 하므로 다음과 같이 나타낼 수 있다. 이 경우 아래쪽 방향의 힘을 양(+), 반대로 위쪽 방향의 힘을 음(−)으로 한다.

연직 아래쪽 방향으로 작용하는 힘 − 연직 위쪽 방향으로 작용하는 힘 = 0

이 조건을 만족하는 것은 2.2절 "아르키메데스의 원리의 개념"에서도 알 수 있듯이 수중에 있는 물체의 무게 *W*와 물체에 작용하는 부력 *⊿*가 같은 경우만이다.

지금 상기의 평형 조건식에 수중의 물체에 작용하는 연직방향의 힘을 대입해 보면 아래와 같이 나타낼 수 있다.

물체의 무게 *W* + **F⬇** + (−**F⇧**) = 0

이 식과 "수중에 있는 물체의 무게 *W*와 물체에 작용하는 부력 Δ이 같다"고 하는 조건으로부터 다음 결과를 얻을 수 있다.

물체의 무게 *W* = **F⇧** − **F⬇** = 부력 Δ(물체의 용적 $V \cdot \gamma$)

이것은 부력이 수중의 물체에 위쪽 방향과 아래쪽 방향으로 작용하는 정수압의 차에 의해 생긴다는 것을 보여주고 있다.

이상을 정리하면 **아르키메데스의 원리**(Archimedes' principle)는 **수중의 물체가 받는 부력은 그 물체에 위쪽 방향과 아래쪽 방향으로 작용하는 정수압의 차이에 의하여 생기며, 그 크기는 물체가 배제한(밀어낸) 물의 무게와 같다**는 것을 나타내고 있다.

2.4 아르키메데스의 원리와 부체와 배수량

지금까지 설명한 내용을 좌표계(座標系: coordinates)를 이용하여 수식으로 표시하면 아래와 같이 된다.

그림 2.4와 같이 수중에 있는 물체가 그 상면(上面)을 $z = F(x, y)$ 및 하면(下面)을 $z = G(x, y)$로 하는 연속한 함수로서 나타내었고, 또한 직선 $x = a$, $x = b$와 xy-평면상의 두 개의 곡선 $y = f(x)$, $y = g(x)$에 의하여 둘러싸인 영역의 입체라고 가정한다. 다만 곡선 $y = f(x)$와 $y = g(x)$는 $[a, b]$에서 연속한 함수로서, $f(x) \geqq g(x)$의 관계에 있다.

그림 2.4에 있어서 x축 위에 원점에서 x의 거리에 있는 K점을 얻고, 이 점을 통과하여 yz-

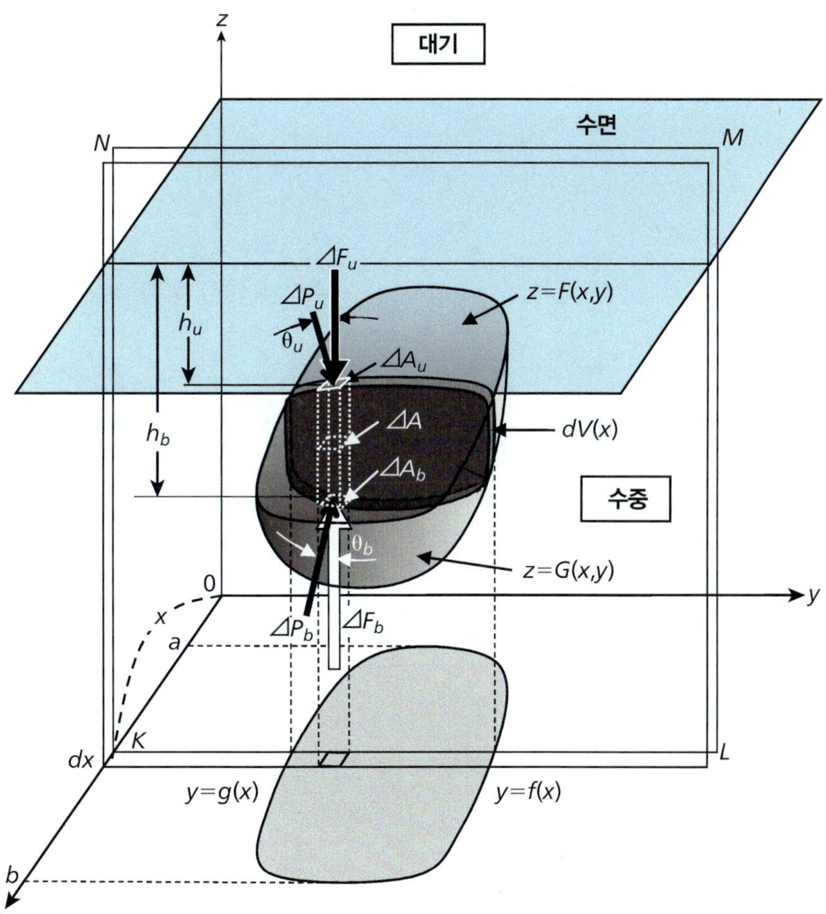

그림 2.4 수중에 있는 물체의 좌표 표시.

평면에 평행한 평면 KLMN과 K점에서 미소폭 dx의 곳에서 평면 KLMN에 평행한 면으로 수중에서 평형 상태인 물체를 절단하면 미소폭 dx를 가지는 미소용적인 $dV(x)$를 얻을 수 있다.

미소용적 $dV(x)$에 있어서 상면이 $\varDelta A_u$, 하면이 $\varDelta A_b$, 수평면(水平面)에 평행한 면이 $\varDelta A$인 미소기둥체에 대하여 생각해 보기로 하자. 미소기둥체의 상면 $\varDelta A_u$는 수심이 h_u이고 하면 $\varDelta A_b$의 수심은 h_b이므로, 상면 $\varDelta A_u$ 및 하면 $\varDelta A_b$에는 다음과 같은 정수압이 작용한다.

$$\text{상면 } \varDelta A_u\text{에 작용하는 정수압 } \varDelta P_u = \text{수심 } h_u\text{에서의 단위면적당 압력} = h_u \cdot \gamma$$

$$\text{하면 } \varDelta A_b\text{에 작용하는 정수압 } \varDelta P_b = \text{수심 } h_b\text{에서의 단위면적당 압력} = h_b \cdot \gamma$$

여기서 γ는 물의 비중량

상면 $\varDelta A_u$에 작용하는 정수압 $\varDelta P_u$의 작용 방향 및 하면 $\varDelta A_b$에 작용하는 정수압 $\varDelta P_b$의 작용 방향과 연직방향이 이루는 각을 각각 θ_u 및 θ_b라 하면, 연직 방향으로 작용하는 정수압에 의한 힘은 각각 다음과 같이 된다.

$$\text{상면 } \varDelta A_u\text{에 작용하는 정수압에 의한 연직방향의 힘 } \varDelta F_u = \varDelta P_u \cdot \varDelta A_u \cdot \cos\theta_u = \varDelta P_u \cdot \varDelta A$$

$$\text{하면 } \varDelta A_b\text{에 작용하는 정수압에 의한 연직방향의 힘 } \varDelta F_b = \varDelta P_b \cdot \varDelta A_b \cdot \cos\theta_b = \varDelta P_b \cdot \varDelta A$$

따라서 미소기둥체에는 다음과 같은 정수압에 의한 힘이 작용하고 있다.

$$\text{미소기둥체에 작용하는 정수압에 의한 힘} = \varDelta F_b - \varDelta F_u = (h_b - h_u) \cdot \gamma \cdot \varDelta A \tag{2.1}$$

(2.1)식에서 $(h_b - h_u)$는 수심에 무관계인 미소기둥체의 깊이를 나타내고 있기 때문에, 물체 표면의 임의의 위치에 있어서의 깊이로 일반화하여 나타내면 다음 식과 같이 된다.

$$h_b - h_u = F(x, y) - G(x, y) \tag{2.2}$$

(2.2)식을 이용하여 수중에 있는 물체의 전 표면에 작용하는 정수압에 의한 연직방향의 힘을 Δ라 하면 다음 식으로 나타낼 수 있다.

$$\Delta = \int_a^b \int_{g(x)}^{f(x)} \{F(x, y) - G(x, y)\} \gamma \varDelta A = \int_a^b \int_{g(x)}^{f(x)} \{F(x, y) - G(x, y)\} \gamma dxdy \tag{2.3}$$

(2.3)식은 2.3절 "물속의 압력과 아르키메데스의 원리"에서 말한 **수중의 물체가 받는 부력은 그 물체에 위쪽 방향과 아래쪽 방향으로 작용하는 정수압의 차이에 의하여 생긴다**는 것을 나타낸다. 또한 (2.3)식에 있어서 $\int_{g(x)}^{f(x)}\{F(x, y) - G(x, y)\}dy$는 수중에 있는 물체의 x축에 수직인 평면에 의한 절단 면적 $S(x)$를 가리키고 있다. 이로부터 앞에서 언급한 미소폭 dx를 가지는 미소용적의 $dV(x)$은 다음 식과 같이 나타낼 수 있다.

$$dV(x) = S(x) \cdot dx$$

따라서 결과적으로 다음 식과 같이 된다.

$$\begin{aligned} \Delta &= \gamma \int_a^b dV(x) \\ &= \text{물의 비중량 } \gamma \cdot \text{물체의 용적 } V \end{aligned} \qquad (2.4)$$

(2.4)식은 2.2절 "아르키메데스의 원리의 개념"에서 물체를 액체 안에 넣으면 물체가 배수한(밀어낸) 액체의 무게와 같은 힘이 위쪽 방향으로 작용한다는 부력 Δ를 의미한다.

중량 W인 물체를 수중에 넣으면 이 물체에 작용하는 **부력** Δ과의 사이에는 다음과 같은 세 가지의 상태를 생각할 수 있다.

❶ 중량 W < 부력 Δ

중량 W의 물체를 물속에 넣었을 때 그 물체의 용적 V의 크기에 의하여 정해지는 부력 Δ가 중량 W보다 크면 물체는 떠오른다. 그리고 물체의 일부가 수면 위로 나오기 시작하면 그 크기에 따라 수면 아래의 용적이 작아지고 부력 Δ도 감소하기 시작하지만, 감소해가는 부력 Δ가 중량 W와 같아졌을 때 물체의 일부가 수면 위로 노출한 채로 평형 상태가 되어 정지한다. 배가 수면에 떠 있는 상태와 같다. 이때 물체를 배로 간주하여 그 용적을 V라 하면 다음과 같은 관계를 얻을 수 있다.

$$\text{배의 중량 } W = \text{배의 수면 밑의 용적 } V \times \text{물의 비중량 } \gamma \qquad (2.5)$$

즉 수면에 떠 있는 상태의 배의 중량 W는 수면 아래의 배의 형상(용적 V)에 의하여 배수한(밀어낸) 물의 무게와 다름없는 부력 Δ와 똑같다고 말할 수 있다. 이 때문에 배에 의해 배수된 물의 무게를 배수 중량(weight of displacement)이라 하고, 일반적으로 배의 중량을 배수량(displacement)이라고 말한다. 그리고 (2.5)식의 배의 용적은 배의 수면 아래 형상에 의해 배수된 물의 용적 V이기도 하므로, 배수 용적(displaced volume or volume of displacement)이라고 말한다. 배의 배수량은 수면 아래의 용적을 계산으로 구하여 그것에 물의 비중량을 곱하여 얻을 수 있다.

❷ 중량 W = 부력 Δ

중량 W의 물체를 물속에 넣었을 때 그 물체에 작용하는 부력 Δ가 중량 W와 똑같은 상태를 중성 부량(中性浮量: neutral buoyancy)이라고 말한다. 이 상태에 있는 수중의 물체는 어떠한 수심에 있어도 떠오르거나 혹은 가라앉지 않고 외력이 작용하지 않는 한 수중의 그 자리에 멈춰 있다. 수중에 멈춰 있는 잠수정이나 잠수함은 밸러스트(ballast)의 조정에 의해 중성 부량의 상태를 의도적으로 만들어낸 중량 W = 부력 Δ의 상태이다.

❸ 중량 W > 부력 Δ

중량 W의 물체를 물속에 넣었을 때 그 물체에 작용하는 부력 Δ보다도 중량 W 쪽이 크면 당연히 물체는 가라앉는다. 그러나 가라앉는 물체에도 물속에서는 항상 부력 Δ가 작용하고 있으므로, 수중에서의 물체의 중량 W는 공기 중보다도 부력 Δ의 크기만큼 가벼워진다.

제3장

안정한 평형, 불안정한 평형, 중립의 평형

지구상의 물체에는 무게중심에 중력이 작용하고, 물체를 지탱하는 바닥 또는 지탱점에 중력과 크기가 같고 반대 방향인 반력이 작용하고 있다. 이때 물체에 작용하는 모든 합력과 이 힘에 의한 모멘트의 합은 0 (zero)이며, 그 상태를 평형 상태라고 한다.

물체가 평형 상태에 있어야 할 "**평형 조건**"은 이미 (1.1)식에서 나타냈지만, 다시 (3.1)식으로 아래에 나타낸다.

$$\left.\begin{aligned} \sum_{i=1}^{n} F_{Vi} &= 0 \\ \sum_{i=1}^{n} F_{Hi} &= 0 \\ \sum_{i=1}^{n} M_i &= 0 \end{aligned}\right\} \tag{3.1}$$

여기서 F_{Vi}는 수직(vertical) 방향으로 작용하는 힘, F_{Hi}는 수평(horizontal) 방향으로 작용하는 힘이며, M_i는 무게중심 G 주위의 모멘트이다.

평형 상태에 있는 물체에 외력이 작용하여 그 상태에서 약간의 변위가 있을 때에 평형 상태로 돌아가려고 하는가, 변위가 더 크게 되려고 하는가, 주어진 변위에 머무르는가에 따라 그 물체의 **안정한 평형**(stable equilibrium), **불안정한 평형**(unstable equilibrium) 또는 **중립의 평형**(neutral equilibrium)으로 분류한다.

배를 포함한 부체(floating body)의 경우도 외력을 받지 않고 수면에 떠 있을 때는 무게중심에 중력이 작용하고 부체의 수면 밑 부심에 중력과 크기가 같으면서 반대 방향인 부력이 작용하여 평형 상태에 있다. 그러나 외력이 작용하면 경사하고, 경사가 커져 부체의 안정성이 약해지면 최악의 경우에는 전복에 이르기도 한다.

따라서 **물체의 "안정한 평형", "불안정한 평형" 또는 "중립의 평형"에 대한 이해를 깊게 하는 것은 배를 포함한 부체의 안정성을 논의하는 데 필수적이다.** 이 장에서는 이에 대해 단계별로 설명하기로 한다.

3.1 안정한 평형

물체의 안정한 평형은 일반적으로는 임의의 평형 상태에서 약간의 변위만 움직여도 원래의 상태로 돌아가는 평형을 말한다.

예를 들어 그림 3.1에서 보듯이 공원에 있는 그네는 흔들리지 않는 매달린 상태에서 흔들면 원래 매달려 있는 상태로 돌아가려고 한다. 그네는 흔들리는 부분의 무게를 지탱하는 점(이후 지탱점이라 함)이 위에 있고, 그 무게중심이 지탱점보다 아래에 있기 때문에 무게중심에 작용하는 지구의 중력은 그네에 항상 수직 아래쪽으로 작용한다.

이와 같이 무게중심이 아래에 있고 지탱점이 위에 있는 것은 무게중심의 위치를 바꾸면 수직 상태가 되려고 중력과 반력의 **짝힘**에 의해 무게중심과 지탱점 사이의 수평 거리를 **지레**(lever or arm)로 하는 **복원모멘트**(restoring moment)가 발생한다.

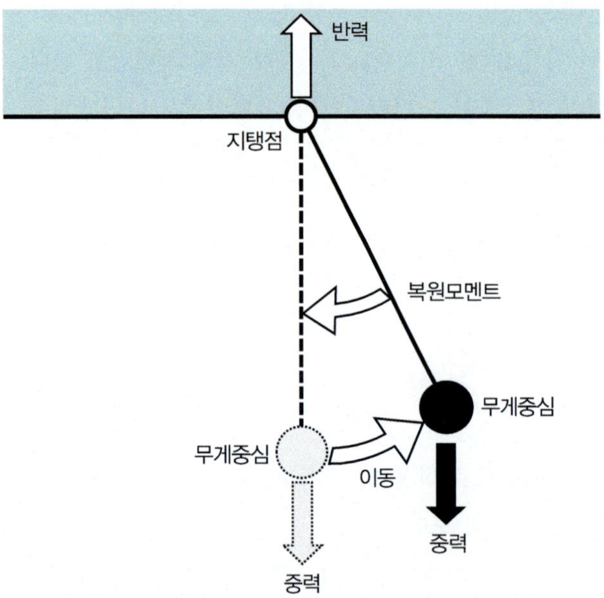

그림 3.1 안정한 평형(예: 그네).

이 경우 복원모멘트는 지탱점과 무게중심이 서로 당기는 상태에서 발생하고, 시간이 지남에 따라 연직선에서 평형한다.

또한 그림 3.2에서 보듯이 완만하고 오목한 면의 최하면에서 평형 상태에 있는 공(그림에서 동그라미)을 오목한 면에 따라 이동시키면, 공의 무게중심에는 아래쪽으로 중력이 작용하고, 오목면과 공이 접하는 지탱점에는 위쪽으로 반력이 작용한다.

그러기 때문에 이동 위치에서 원래 위치로 돌아와 평형 상태로 된다. 따라서 이러한 경

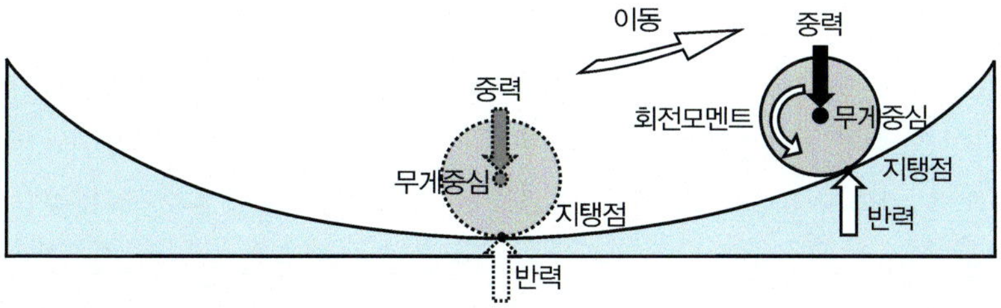

그림 3.2 안정한 평형(예: 하프 파이프).

우는 안정한 평형이라고 말할 수 있다.

이러한 경우 중력과 반력의 짝힘으로 무게중심과 지탱점 사이의 수평 거리를 **지레**로 원래(아래)의 상태로 돌아가려고 하는 회전 모멘트가 발생한다. 그리고 회전 모멘트에 의해 원래의 최하면으로 돌아와 안정한 평형 상태가 된다. 따라서 그네의 경우와는 달리 무게중심이 위쪽에 있고 지탱점이 아래쪽에 있는 것이라도 움직임에 따라 원래의 상태로 돌아간다.

또한 그림 3.3에 나타낸 것처럼 수평면에 세운 직육면체(그림에서 사각형)를 약간 경사시키면 지탱점이 바닥 전체에서 경사하는 쪽의 가장 바깥으로 옮겨진다. 이때 그림 3.3(a)와

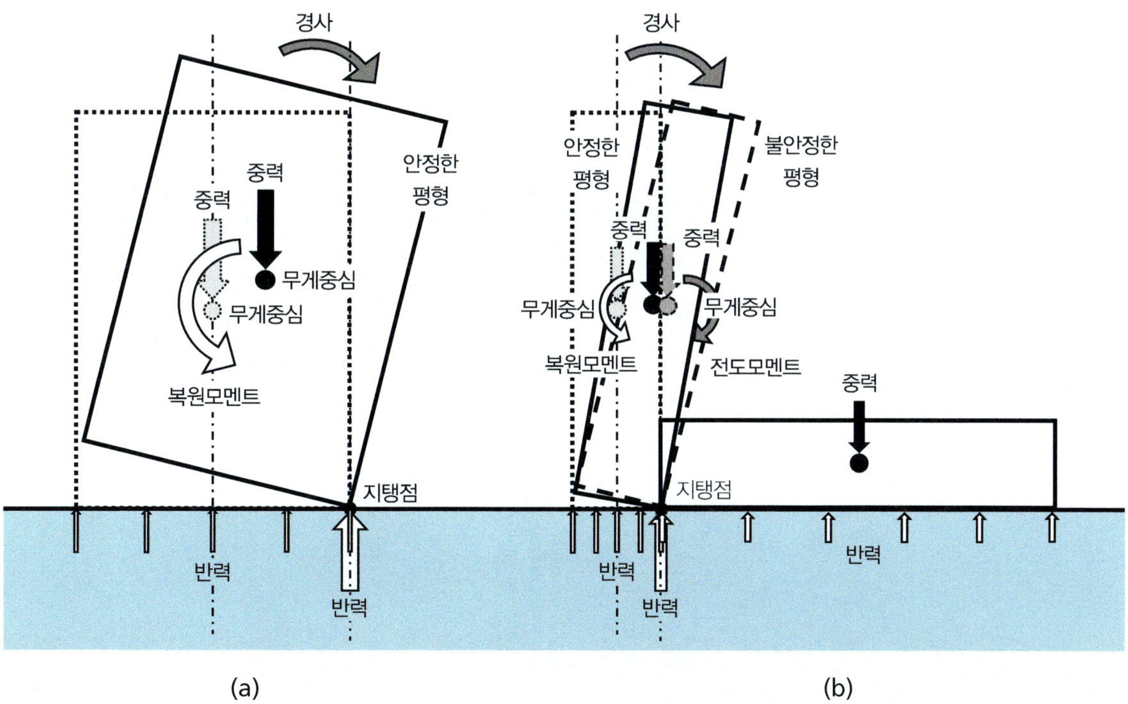

그림 3.3 안정도가 다른 평형.

(b)에 나타낸 무게중심이 지탱점에서 경사 방향과는 반대의 위치, 즉 무게중심이 지탱점을 넘지 않으면 무게중심에 작용하는 중력과 지탱점에 작용하는 반력의 짝힘에 의하여 무게중심과 지탱점 사이의 수평 거리를 지레로 복원모멘트가 발생한다.

그러나 같은 무게중심 높이인데 바닥의 폭이 다른 두 직육면체를 같은 각도로 경사시켜도 그림 3.3(b)와 같이 바닥면의 폭이 작은 직육면체는 바닥의 폭이 넓은 직육면체에 비해 작은 경사각일 때 무게중심이 지탱점을 넘기 때문에 중력과 지탱점에 작용하는 반력의 짝힘으로 무게중심과 지탱점 사이의 수평 거리를 **지레**로 하는 전도(엎어져서 넘어짐) 모멘트(선박의 경우 경사모멘트)가 발생한다. 즉 직립 상태에서 평평 상태에 있는 직육면체라도 바닥의 폭이 좁으면 아주 작은 경사일지라도 무게중심이 지탱점을 넘어 불안정한 평형 상태가 되고, 따라서 직육면체는 전도하여 전도된 상태에서 안정된다.

이상과 같은 점에서 **물체의 안정한 평형은 어떠한 평형 상태에 변화를 주어도 원래의 상태로 돌아갈 범위 내에서의 평형 상태를 말한다.** 따라서 물체의 안정성은 원래의 상태로 돌아갈 범위가 넓은지 또는 좁은지에 따라 그 우열이 결정된다.

칼럼 *"지레"란?*

일반적으로 하나의 막대를 이용하여 물체를 쉽게 움직일 수 있는 도구가 지레이다. 이 지레에는 힘을 주는 힘점, 그 힘을 받치는 받침점 그리고 그 힘이 물체에 작용하는 작용점이 있다. 힘점에서 받침점까지의 거리가 받침점에서 작용점까지의 거리보다 멀수록 힘점에 작은 힘을 주어도 받침점 주위에 회전하여 작용점에 큰 힘을 가할 수 있다. 이것이 "**지레의 원리**"이다. 이 책에서는 모멘트를 발생시키는 짝힘의 힘의 작용점 사이의 거리를 "**지레**"라고 하고 있다.

"받침점"은 "지렛목"을 말한다. "지레"는 "**지렛대**"라고도 한다.

3.2 불안정한 평형

물체의 불안정한 평형은 일반적으로 평형 상태에서 약간 움직여도 원래의 상태에서 더욱 멀어져 가려고 하는 상태인 평형을 말한다.

그림 3.4와 같이 완만한 볼록면 맨 윗면에서 평형 상태인 공(그림에서 동그라미)을 볼록

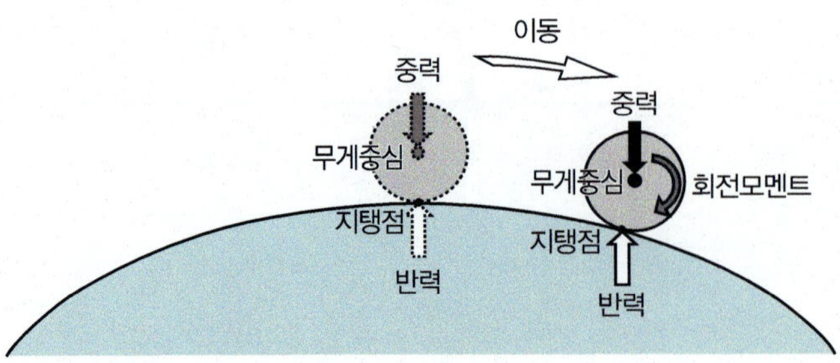

그림 3.4 불안정한 평형.

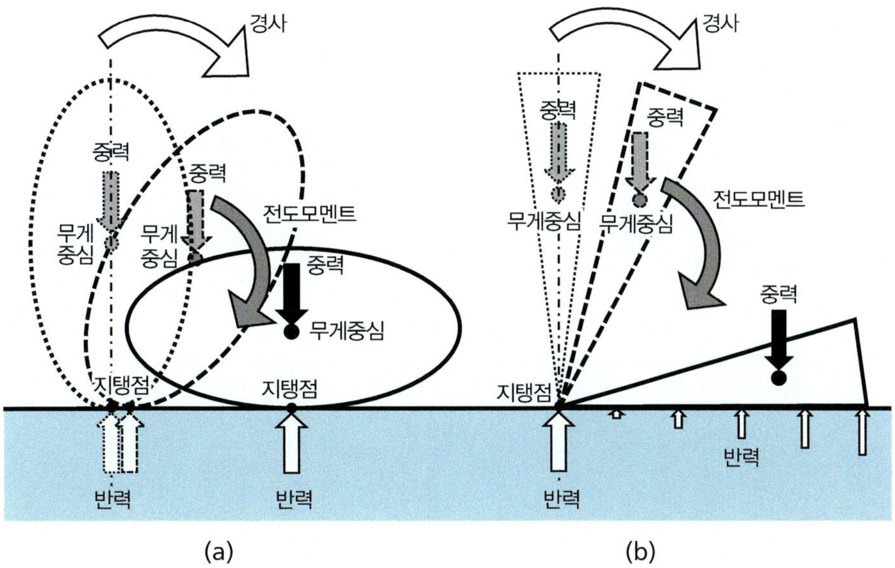

그림 3.5 불안정한 평형(예: 럭비공, 자전거).

면에 따라 조금이라도 움직이면 공의 무게중심에는 아래쪽으로 중력이 작용하고, 볼록면과 공이 접하는 지탱점에는 위쪽으로 반력이 작용한다. 이 경우 중력과 반력의 짝힘으로 의해 무게중심과 지탱점 사이의 수평 거리를 지레로 원래 상태에서 멀어지려고 하는 회전 모멘트가 발생한다. 그리고 회전 모멘트에 의해 원래 상태에서 점점 멀어지는 상태, 즉 불안정한 평형 상태가 된다.

예를 들어 그림 3.5와 같이 럭비공을 세우려고 하거나, 스탠드 없이 자전거를 세우려고 해도 이러한 경우에는 모두 쓰러지려고 한다. 그림 3.5에서 보듯이 바닥이 둥글거나(a), 매우 작다면(b), 게다가 무게중심이 높다면 조금이라도 경사시키면 지탱점은 약간 이동하거나 또는 원래 위치에 머물러 있으면서 무게중심의 위치가 지탱점보다 경사 쪽으로 이동하게 된다.

따라서 무게중심에 작용하는 중력과 지탱점에서의 반력에 의한 짝힘으로 무게중심과 지탱점 사이의 수평 거리를 지레로 하는 전도 모멘트(음의 복원모멘트)가 발생한다. 따라서 경사는 점점 커져 시간이 지남에 따라 다음의 안정한 평형 상태가 될 때까지 쓰러진다.

또한 그림 3.6(a)와 같이 바닥이 V자형인데다가 중심까지 높다면, 그림 3.5처럼 조금이라도 기울이면 경사가 점점 커지고 다음 지탱점이 있어도 무게중심이 지탱점을 넘기 때문에 무게중심과 지탱점 사이의 수평 거리를 지레로 전도 모멘트가 발생하여 쓰러진다.

그러나 그림 3.6(b)와 같은 경우는 바닥의 V자형이 폭 방향으로 퍼지고 있어 약간의 경사로 그림 3.6(a)와 같이 전도 모멘트가 발생하여 경사가 증가하나 V자형 바닥 경사 상태에서 경사가 멈추고 안정된 평형 상태가 된다.

이상과 같은 점으로 볼 때 **물체의 불안정한 평형이란 어떤 평형 상태에서 원래의 상태로 돌아갈 수 없는 범위 내에서 원래 상태에서 멀어져 가려고 하는 상태를 말한다.**

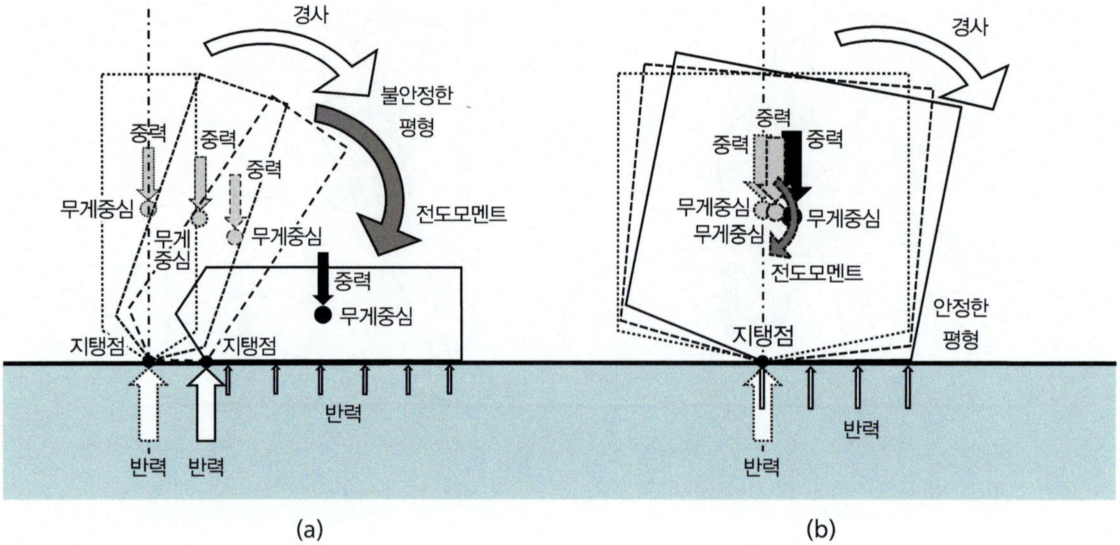

그림 3.6 불안정도가 다른 평형.

물체가 불안정한 평형의 원래 상태에서 멀어져 가는 상태라도 반드시 전도 또는 전복과 같이 옆으로 완전히 쓰러진다고는 말할 수 없다. 단지 작은 경사 상태로 머물 수도 있다.

따라서 물체의 불안정성이란 반드시 원래 상태에서 멀어져 가려고 하는 상태이지만, 그 동작의 강약 및 범위에 관계없이 다음의 안정한 평형 상태로 이행하는 상태를 말한다.

3.3 중립의 평형

물체의 중립의 평형이란 일반적으로 평형 상태에서 어떻게 움직여도 움직인 위치에 멈추어 있어 원래 상태로 돌아가려고도 그 이상 멀어져 가려고도 하지 않는 평형 상태를 말한다.

예를 들어 그림 3.7에서 보듯이 운동장이나 체육관(모두 수평면이라고 가정)에서 공(밀도가 균일한)이 구르면 굴러가던 공이 임의의 자리에서 멈춰 버린다.

밀도가 균일한 공을 생각해 보면 그 중력이 작용하는 무게중심은 공의 한가운데에 있다. 이 공을 평면에서 구르면 평면과 접하는 점(이것이 지탱점)과 무게중심은 항상 연직선 위에 있으므로 어디서 멈추어도 멈춘 곳에서 평형 상태로 된다.

또는 배, 비행기 및 선풍기에 사용하는 프로펠러를 자유롭게 회전시킨 후 정지시키는 경우, 프로펠러가 늘 임의의 위치에 멈추면 프로펠러의 무게중심은 회전축의 중심선에 있고 중립의 평형이라고 볼 수 있다.

그러나 프로펠러의 무게중심이 회전축의 중심선에서 조금이라도 떨어져 있으면 회전 정지 상태 때 그 무게중심은 항상 회전축의 중심선 수직 아래쪽에 오도록 프로펠러의 날개가

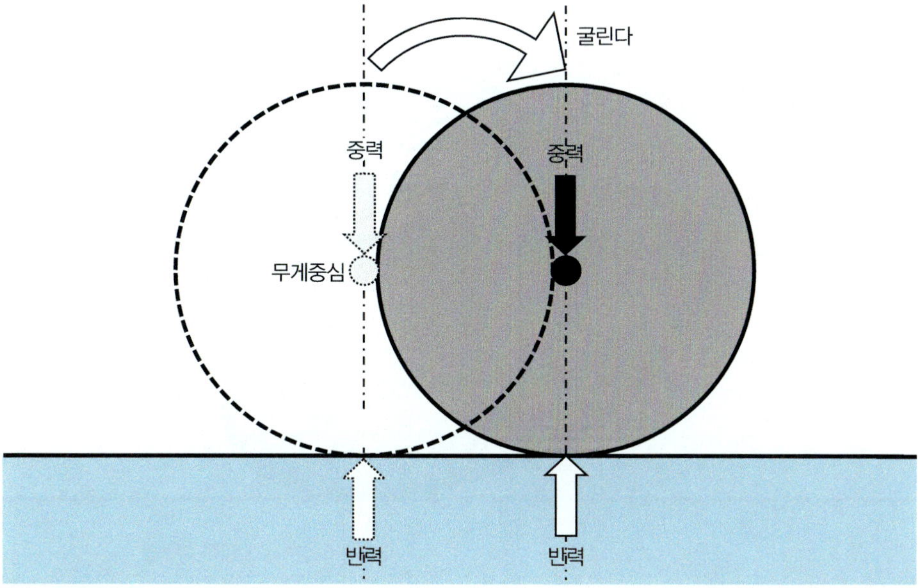

그림 3.7 중립의 평형.

같은 위치에 놓여 멈춘다. 이렇게 프로펠러의 무게중심이 회전축의 중심선에 없는 경우 중립의 평형이 아니라 무게중심이 회전축 주위를 돌게 되어 진동의 원인이 된다. 이것을 교묘하게 응용하여 사용하고 있는 예가 휴대폰 등에서 사용되는 진동기이다.

3.4 오뚝이 장난감의 평형

그런데 오뚝이 장난감은 위에서 논의한 세 가지 평형 중 어떤 평형 상태일까? 물론 기울여도 반드시 원래의 상태로 일어서기 때문에 안정한 평형 상태라고 말할 수 있다.

그림 3.8과 같이 "오뚝이"는 전체 무게로 보면 무게중심을 아주 낮게 하고, 기울였을 때 지탱점이 기울이는 측에 매끄럽게(연속하여) 이동하도록 바닥이 크고 둥글게 만들어져 있다. 즉, "오뚝이"의 지탱점은 곡률이 다른 구면(**지탱점 이동면**이라 함)상의 한점이라 할 수 있다. 이것은 어떤 경사 상태에서도 무게중심에 작용하는 중력과 지탱점에 작용하는 반력의 짝힘에 의하여 무게중심과 지탱점 사이의 수평 거리를 지레로 하는 복원모멘트가 원래의 상태로 일어나는 방향으로 작용하도록 만들어져 있음을 보여주고 있다.

"오뚝이"의 지탱점 이동면을 배 또는 부체의 부심 궤적(면)으로 여기는 경우 "오뚝이"를 기울여도 넘어지지 않고 일어나는 원리로부터 배를 포함한 부체를 어떤 일정한 각도로 경사시켜도 전복하지 않고 복원한다는 것을 이해할 수 있다.

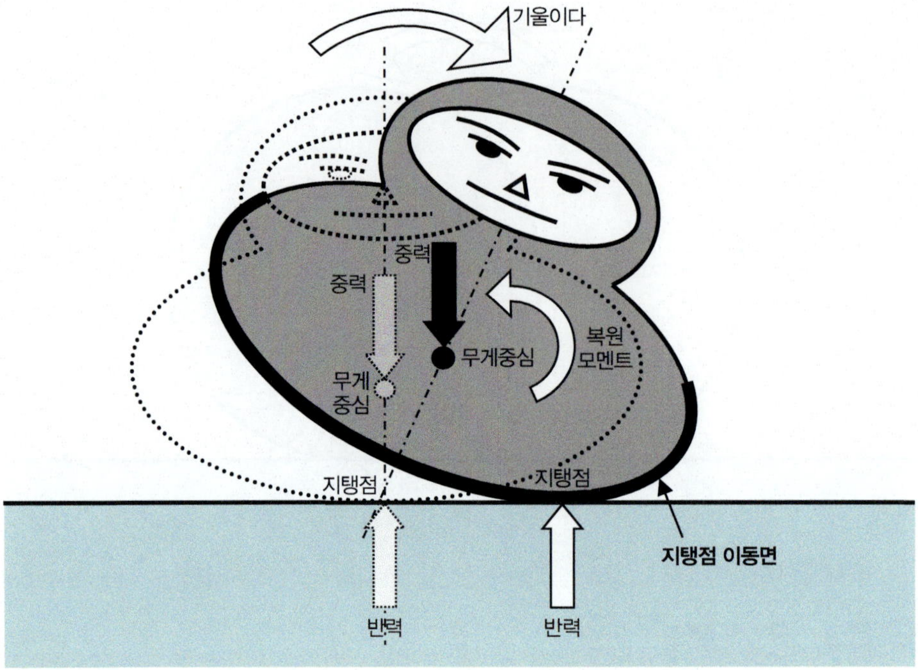

그림 3.8 오뚝이 장난감.

제4장

배의 옆 안정성

배는 특수한 선형을 제외하고는 일반적으로 좌우 대칭으로 만들어지기 때문에 정수면(surface of still water)에 직립 상태(upright condition)로 떠 있을 때 그림 4.1과 같이 배의 무게중심 *G*와 부심 *B*는 함께 **수면선**(Water Surface Line: WSL)과 직각인 배 중심의 연직선 위에 있다. 배의 무게중심 *G*에 작용하는 중력 *W*와 부심 *B*에 작용하는 부력 Δ는 크기가 같고 그 방향은 반대이다. 이런 상태에서 배가 정지하고 있는 상태를 "**평형 상태**(equilibrium)"라고 한다.

평형 상태인 배에 어떠한 여러 힘이 작용하여 배를 옆으로 경사시키는 경우 원래의 평형 상태로 돌아가려고 하는 상태를 "**안정한 평형**(stable equilibrium)", 경사가 더 커져 가는 상태를 "**불안정한 평형**(unstable equilibrium)", 원래로 돌아가지도 않고 더 크게 경사하지도 않으

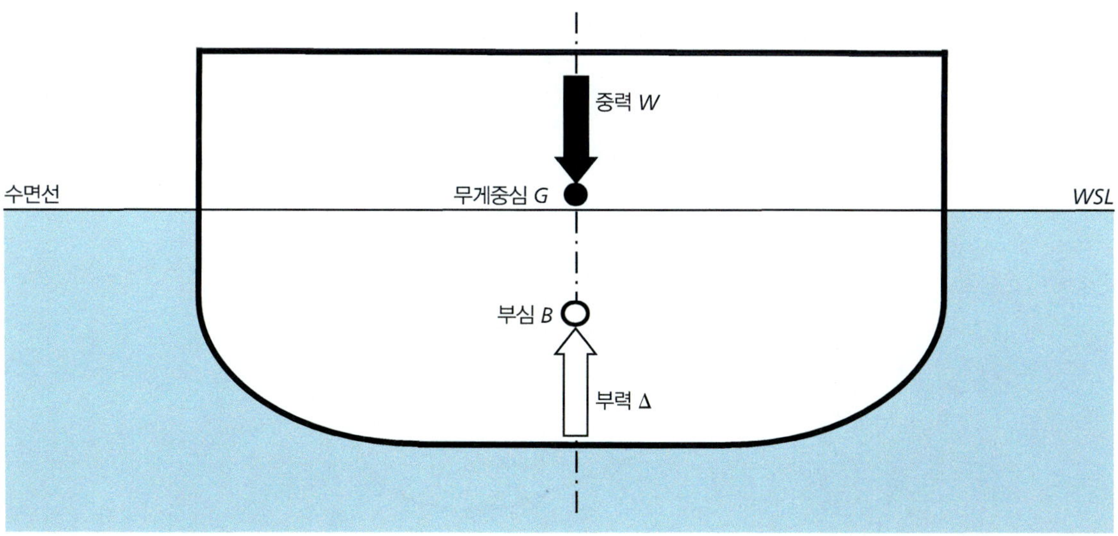

그림 4.1 배의 평형 상태.

며 그대로 상태를 계속하려고 하는 상태를 **"중립의 평형(neutral equilibrium)"**이라고 한다.

이러한 배의 "안정한 평형", "불안정한 평형", "중립의 평형"은 배의 중력 W가 작용하는 배의 무게중심 G와 이를 지탱하는 반력인 부력 Δ가 작용하는 부심 B와의 상대적인 위치에 따라 정해진다.

일반적으로 **배의 무게중심 G는 배가 기울어져도 움직이지 않는 것으로 취급하고 부심 B는 배의 경사에 따라 변화하는 수면 아래 모양에 의하여 이동한다.** 이 배의 경사에 따라 이동하는 부심 B의 위치를 정확하게 구하는 것으로 무게중심 G에 작용하는 중력 W와 부심 B에 작용하는 부력 Δ의 짝힘(couple)에 의한 모멘트를 얻을 수 있다.

배가 경사할 때 중력 W와 부력 Δ의 짝힘에 의한 모멘트가 경사를 원래 상태로 되돌리려고 작용하는 경우 이를 "복원모멘트(restoring moment or righting moment)"라고 한다.

따라서 배의 경사에 따라 경사의 모든 범위 내에서 "복원모멘트"의 양(+)음(−)을 구하고, 이를 음미하는 것이 배의 복원성 또는 안정성을 논의하는 데 있어서 가장 중요한 사항이다.

4.1 부심궤적(locus of buoyancy)과 메타센터(metacenter) M

지금 배가 정수면에 있어서 직립 상태의 평형 상태에서 옆으로 조금씩 기울어가는 경우에 대하여 고찰한다. 다만 배는 **건현 갑판**(freeboard deck)을 포함한 완전 수밀인 상태를 취급한다.

배가 경사각 θ만큼 기울어지면 배수량 W는 변하지 않지만 수면 밑의 배 형상은 변하기 때문에 그림 4.2에서 보듯이 부심 B는 배의 중심선에서 떨어져 B_θ로 이동한다. **배의 경**

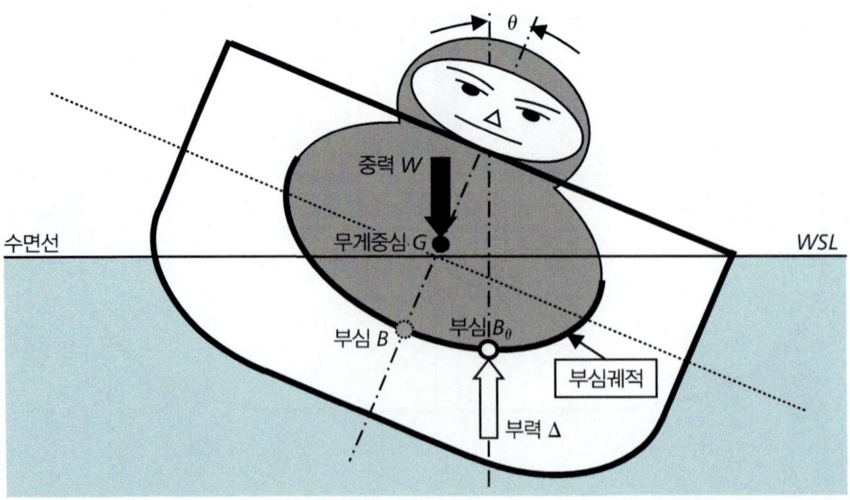

그림 4.2 배의 경사 상태와 부심궤적.

사각의 변화와 더불어 부심도 이동하지만, 이 부심이 이동하는 궤적을 "부심궤적(locus of buoyancy or curve of buoyancy)"이라고 한다. 이때 **배에 작용하는 부력 Δ는 어떠한 경사 상태에서도 새로운 부심 B_θ를 통하여 정수면에 수직으로 그리고 위쪽으로 작용한다.**

이 부심궤적은 오뚝이 장난감의 크고 둥근 밑바닥의 역할과 비슷하다. 따라서 배의 경우도 부심궤적이 옆으로 넓은 만큼 복원성이 크고 안정한 평형이라고 말할 수 있다.

배가 직립한 평형 상태에서 경사가 커져 가면 부심은 부심궤적의 곡선 위를 이동한다. 배가 임의의 경사 상태에 있을 때 부심이 위치하는 부심궤적 곡선의 미소(칼럼 참조) 부분의 곡률 중심을 "메타센터(metacenter)"라고 한다. 이 메타센터는 항상 부력 Δ가 정수면에 수직으로 그리고 위쪽으로 작용하는 부력 작용선 위에 있다(칼럼 4.3 참조).

또한 **부심에서 부심궤적의 곡률 중심까지를 "메타센터 반경(metacentric radius)"이라 한다.** 일반적으로 **배의 직립 상태와 경사 상태에서의 메타센터는 명확하게 구별하여 사용한다.**

이제 배의 **직립 상태**에 대하여 생각해 보자. 배가 직립한 평형 상태에서 **미소 경사각 $\varDelta\theta$만 경사한 경우** 그림 4.3과 같이 배의 무게중심 G는 움직이지 않지만, 부심 B는 배의 중심선에서 떨어져 B_θ로 이동하고 부력 Δ는 부심궤적 곡선 위에 있는 새로운 부심 B_θ를 통하여 정수면에 수직으로 그리고 위쪽으로 작용한다.

그림 4.3에서 보듯이 배가 직립 상태에서 경사 초기에 미소각 $\varDelta\theta$만 경사했을 때 부심 B_θ를 통해서 정수면에 수직으로 작용하는 부력 작용선과 배의 중심선의 교점을 M이라 하면, 이 M은 직립 상태일 때의 부심궤적의 곡률 중심과 거의 일치한다. 이 때문에 **배가 직립 평형 상태에서 미소 경사진 경우의 M은 정점에 있다고 취급하며, 이때의 M을 "초기 메타센터(initial metacenter)"라고 한다.**

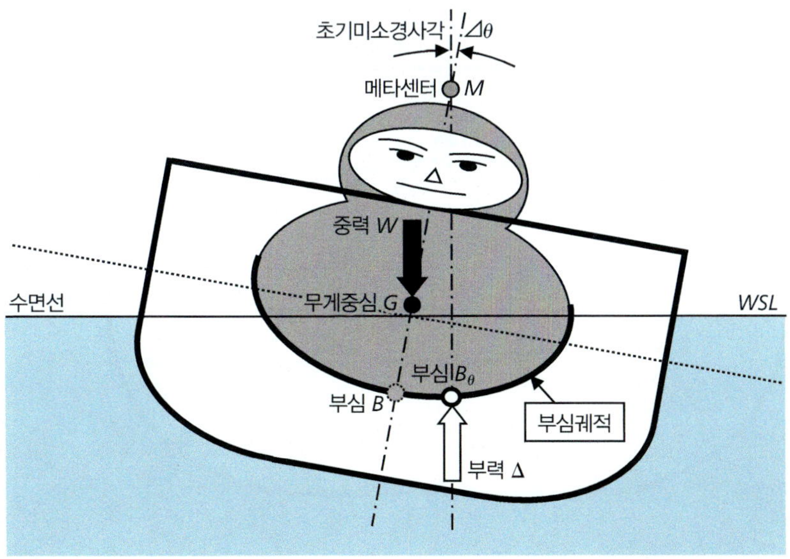

그림 4.3 메타센터 M의 정의.

"메타센터 M"은 원래 부심궤적의 곡률 중심을 말하지만, 특별한 일이 없는 한 배가 직립 상태에서 미소한 경사각 $\Delta\theta$만 경사한 경우의 "초기 메타센터"를 말한다. 따라서 이 책에서도 메타센터 M이라고 말할 경우 초기 메타센터를 가리킨다.

한편 **배가 직립 상태에서 미소 경사 이외의 경사 상태**에서의 메타센터를 "**프로 메타센터**(pro-metacenter) M_p"라 하고 메타센터 M과는 다른 것으로 취급한다. 자세한 내용은 제6장에서 논의하고 있다.

그리고 "**메타센터 반경**"은 경사 초기의 미소각 $\Delta\theta$만 경사한 경우에 사용하는 것이 대부분이므로 직립 상태의 부심 B에서 메타센터 M까지로 하고, BM으로 나타낸다.

또한 배의 무게중심 G의 위치에서 메타센터 M까지의 수직 거리를 "**메타센터 높이**(metacentric height) GM"이라 해서 취급한다.

배를 직립 상태에서 경사각 180°까지 경사시킨 경우의 **부심 위치**, **메타센터 M과 프로 메타센터 M_p**의 위치를 표시한 개념도를 그림 4.4에 나타내었다.

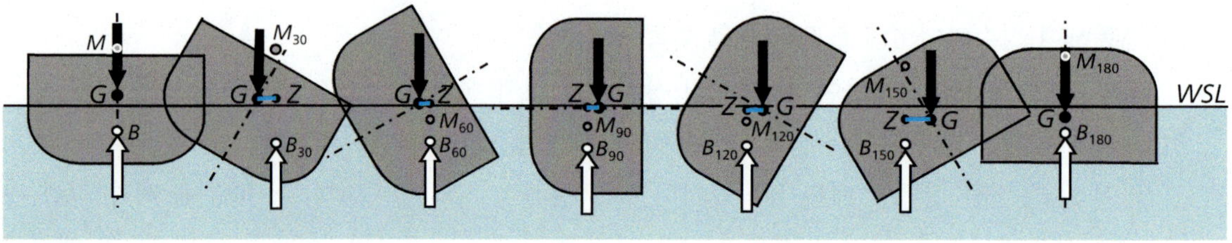

그림 4.4 부심 B_θ 및 프로 메타센터 M_p의 위치.

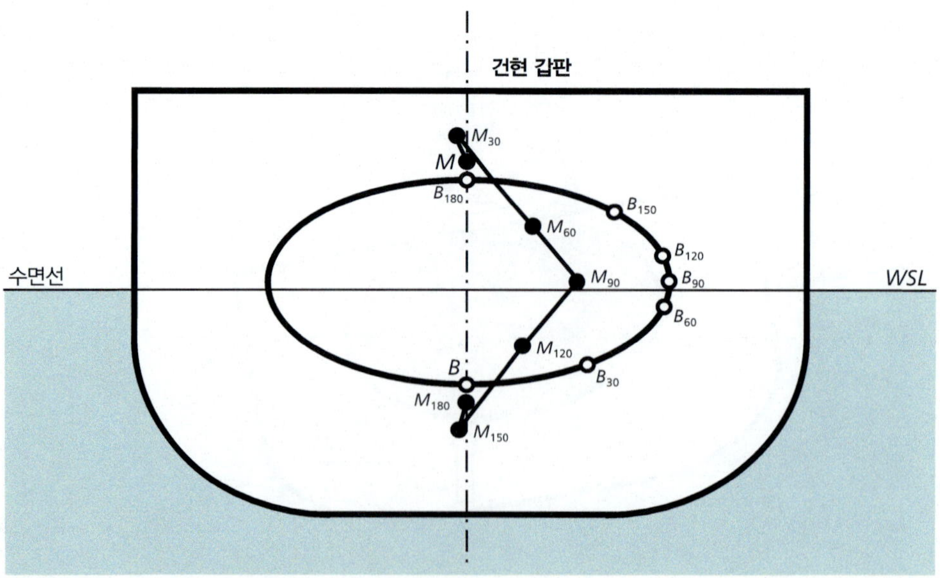

그림 4.5 부심 B_θ와 프로 메타센터 M_p의 궤적.

그림 4.5는 각 경사 상태의 부심 B_θ 및 프로 메타센터 M_p를 모아 표시한 것이다. B와 M은 직립 상태에서의 부심과 메타센터의 위치이며, B_i, M_i (i = 30, 60, 90, ...)는 30°, 60°, 90°, ⋯ 경사 상태에서의 부심 B_θ 및 프로 메타센터 M_p의 위치이다.

칼럼 *"건현 갑판"이란?*

선박만재흘수선기준 제2조(정의) 11

11. "건현 갑판"이라 함은 다음 각 목의 1에 해당하는 갑판을 말한다.
   가. 외기 및 해수에 노출된 최상층의 전통 갑판으로서 그 노출부에 있는 모든 개구에 상설 폐쇄 장치를 가지고 있고 하방의 선측에 있는 모든 개구에는 상설 수밀폐쇄장치를 가진 것을 말한다.
   나. 소유자의 요청에 의하여 최상층 갑판 아래의 하층 갑판을 건현 갑판으로 하는 경우에는 다음 요건에 적합한 하층 갑판으로서 기관구역과 선수미격벽과의 사이에 연속되고 선측에서 선측까지 도달하는 갑판을 말한다.
      (1) 하층 갑판이 계단형인 경우에는 그 갑판의 최하단선이 그 갑판의 상부 갑판의 선과 평행으로 연장한 선을 건현 갑판으로 본다.
      (2) 화물구역 내에 있어서는 현측에서 적절히 보강된 스트링거와 상갑판까지 연장된 각 수밀 격벽의 횡방향으로 설치된 스트링거로 구성되어야 한다. 이 경우 스트링거는 강선의 구조 기준에 적합한 것이어야 한다.
      (3) 하층 갑판이 건현 갑판으로 지정될 경우 건현 갑판 위의 선체부분은 이 기준에 의한 선루로 간주한다.
   다. 연속되지 아니하는 건현 갑판 및 계단으로 이루어진 건현 갑판은 다음에 의한다.
      (1) 건현 갑판에 길이가 1미터 이상인 요입부가 선측까지 연장된 경우에는 그림 5와 같이 상부 갑판과 평행하게 연속되는 노출 갑판의 최하단선을 건현 갑판으로 한다.

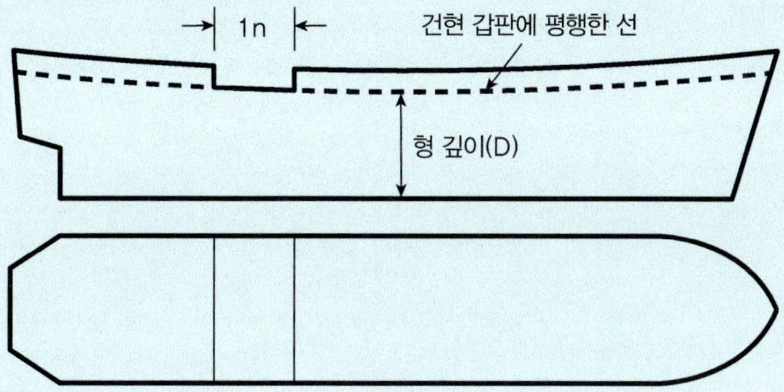

그림 5

      (2) 건현 갑판의 요입부가 선측까지 연장되지 않은 경우에는 상부 갑판을 건현 갑판으로 한다.
      (3) 건현 갑판으로 하는 노출 갑판 아래의 선측에서 선측까지 연속되지 아니한 요입부는 노출 갑판 상의 모든 개구에 풍우밀폐쇄장치가 설치된 경우에는 이를 무시할 수 있다.
      (4) 노출된 요입부에 대하여 배수 및 복원성 산정 시 자유표면 효과를 충분히 고려하여야 한다.
      (5) (1)~(4)의 규정은 준설선, 호퍼바지 또는 대형의 개방된 화물창을 가진 유사한 형태의 선박에는 적용하지 아니하며, 각각 별도로 고려하여야 한다.

칼럼 미소(微小)

"아주 작음"을 의미하나, 이 책에서는 "무한히 또는 한없이 **작음**"를 의미한다.

칼럼 메타센터(metacenter)

메타(meta-)는 상태의 변화를 의미한다. 즉 메타센터(metacenter)는 부력 작용점(부심: center of buoyancy)이 변화한 중심을 의미한다. **프로 메타센터**(pro-metacenter)는 *pro*-가 "대신, 대용, 부" 등을 의미하므로, "메타센터 대신!"을 의미한다.

4.2 메타센터 반경 *BM*을 구하는 방법과 메타센터 *M*의 위치

배의 메타센터 *M*은 부력 Δ가 작용하고 있는 부심 *B*가 마치 변화한 것 같은 부력 작용점이라고 볼 수 있기 때문에 배의 직립 상태에서 초기 경사의 안정성을 생각할 때 그 위치를 정확하게 구하는 것은 매우 중요한 일이다.

지금 배의 중심선과 기선(base line 또는 keel line)과의 교점을 *K*라고 하면 메타센터 *M*의 위치는 다음 식으로 구할 수 있다.

$$KM = KB + BM \tag{4.1}$$

*KB*는 선박계산법(부체 정역학)에 그 계산 방법이 나와 있기 때문에, 여기서는 **부심 *B*로부터 메타센터 *M*까지를 나타내는 "메타센터 반경**(metacentric radius) *BM*"을 구하는 방법에 대하여 설명한다.

그림 4.6에서 보듯이 배가 직립 상태로 떠 있을 때 수면선은 WSL_0이며, 부력 Δ는 부심 *B*에 작용한다.

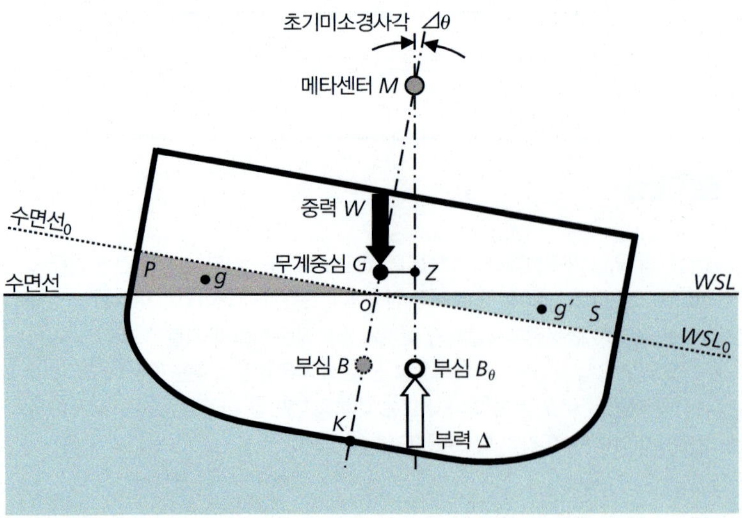

그림 4.6 배의 경사에 의한 노출부와 몰입부.

이 배가 직립 상태로부터 **미소한 경사각 $\varDelta\theta$만 경사한 경우** 부력 Δ는 부심 B_θ에 작용한다. 이때 배는 P의 부분이 노출하고 S의 부분이 몰입하게 된다. 배는 경사하여도 배수량은 변하지 않기 때문에 노출부 P의 용적 v_e와 몰입부 S의 용적 v_i는 서로 같다. 따라서 다음 식과 같이 나타낼 수 있다.

$$v_e = v_i \equiv v$$

배의 경사에 의한 부심 B의 B_θ로의 이동은 배의 노출부 용적 v_e가 몰입부 용적 v_i로 이동하기 때문에 생기는 것이다. 따라서 노출부 용적 v_e의 무게중심을 g, 몰입부 용적 v_i의 무게중심을 g'이라고 하면 부심의 이동과 용적 무게중심의 이동은 평행이며, 배의 배수 용적을 V라고 하면, 다음 식이 이루어진다.

$$BB_\theta \mathbin{/\!/} gg', \quad V \times BB_\theta = v \times gg' \tag{4.2}$$

직립 상태의 수면선 WSL_0와 미소각 $\varDelta\theta$만 경사한 후의 수면선 WSL의 교점을 o라고 하면 (4.2)식은 다음과 같이 나타낼 수 있다.

$$\begin{aligned} BB_\theta &= \frac{v \times gg'}{V} = \frac{v \times (go + og')}{V} \\ &= \frac{v_e \times go}{V} + \frac{v_i \times og'}{V} \end{aligned} \tag{4.3}$$

여기서 $v_e \times go$와 $v_i \times og'$을 구하기 위하여 그림 4.6의 몰입부의 일부(미소한 길이 dx 부분)를 직립 상태의 수면선 WSL_0를 수평으로 하여 그림 4.7과 같이 정의하여 고찰한다.

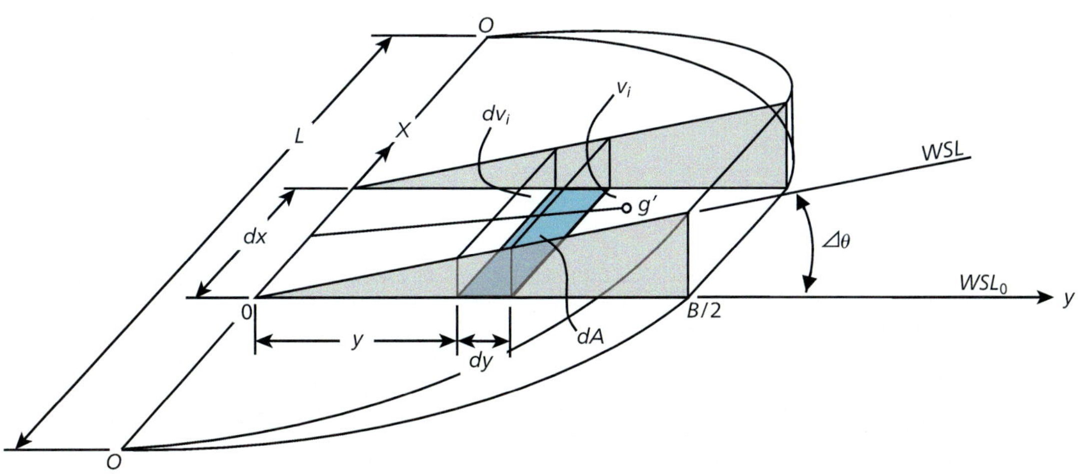

그림 4.7 몰입부의 정의.

그림 4.7에서 몰입부의 $v_i \times og'$은 다음 식으로 구할 수 있다.

$$v_i \times og' = \int y \cdot dv_i$$

$$= \int y \cdot (y \cdot \tan\varDelta\theta) \cdot dA = \tan\varDelta\theta \int_L \int_0^{B/2} y^2 \cdot dxdy$$

$$= \frac{1}{2}\tan\varDelta\theta \cdot I \tag{4.4}$$

여기서 I는 배가 직립 상태로 떠 있을 때의 수선면[계획만재흘수면선(designed load waterplane)에 의한 선체의 수평 절단 형상인 수선면]의 부면심을 지나는 세로축 주위의 단면 2차 모멘트이다(선박계산법 참조). 또한 **배의 미소 경사 상태**, 즉 $\varDelta\theta \to 0$ 상태를 고찰하고 있기 때문에 그림 4.7에서 정의하고 이끌어 낸 위의 식에서 $\tan\varDelta\theta \to \varDelta\theta$라 해도 문제없다.

똑같은 생각으로 $v_e \times go$를 구하면 다음 식과 같이 된다.

$$v_e \times go = \frac{1}{2} \cdot \varDelta\theta \cdot I \tag{4.5}$$

(4.4)식과 (4.5)식을 이용하면 (4.3)식에서 주어진 부심 이동 BB_θ는 다음 식으로 구할 수 있다.

$$BB_\theta = \frac{I}{V} \cdot \varDelta\theta \tag{4.6}$$

지금 **배의 직립 상태로부터 미소 경사 상태를 다루고 있기에** 부심의 이동 BB_θ는 부심궤적의 미소 부분에 있어서 그 곡률 중심이 메타센터 M이며, 메타센터 반경이 BM이므로 다음 식으로 나타낼 수 있다.

$$BB_\theta = BM \cdot \varDelta\theta \tag{4.7}$$

따라서 (4.6)식과 (4.7)식으로부터 "**메타센터 반경**(metacentric radius) BM"은 다음 식으로 구할 수 있다.

$$BM = \frac{I}{V} \tag{4.8}$$

메타센터 반경 BM이 구해지면 (4.1)식으로부터 메타센터 M의 기선 K으로부터의 높이 KM을 구할 수 있다.

이상과 같이 **기선 K에서 메타센터 M까지의 높이 KM은 정수면에 떠 있는 배의 수면선 밑 용적 중심인 부심 B의 위치 KB와 그때의 배의 수선면의 2차 모멘트에 의한 메타센터 반경 BM에 의해, 즉 배의 수면선 밑 형상에 의하여 정해져 버린다.** 따라서 배를 건조한 후 임의의 흘수로 떠 있는 배의 M의 위치, 즉 KM은 설계자의 계산이 맞았는가 틀렸는가에 관계없이 정해져 버린다.

따라서 배의 설계자는 KM을 신중하고 정확하게 구하여 배의 무게중심 G의 위치와의 관계로 초기 미소 경사 시의 부체의 복원성(안정성)을 판단해야 한다.

4.3 무게중심 높이 KG를 구하는 방법

배는 인공적인 구조물이므로 배 건조에 필요한 강재 및 기기 그리고 의상품 등의 개별 중량 및 무게중심 위치가 알려진 경우 배의 무게중심 G의 위치는 계산으로도 구하기가 가능하다. 그러나 이러한 하나하나를 일품으로 간주하여 무게와 무게중심 위치를 구하고 그 데이터베이스를 구축하여, 그 많은 물품으로 구성된 배의 무게중심 G의 위치 계산에 사용하는 것은 실용적이지 않다.

그래서 조선소에서는 배가 진수한 후 **배의 무게중심 G의 위치를 산정하기 위하여 필요한 사항을 측정하기 위한** "**경사시험**(inclining experiment)"을 실시한다. 대부분의 경우 경사시험에 의해 구해지는 것은 선박의 완성 시의 경하 중량에 대한 필요 사항이며, 이를 통해 **산출되는 배의 무게중심 G의 위치도 경하 중량에 대한 것**임을 주의해야 한다.

경사시험 실시 요령에 대해서는 동시에 실시하는 "**복원성시험**(stability experiment)"과 함께 "선박복원성규칙 제4조, 제6조"에 규정되어 있다. 먼저 경사시험을 실시하기 위하여 다음과 같은 **준비**를 한다.

❶ 바람, 파랑, 조류 등 외력의 영향이 최대한 적은 장소, 예를 들면 도크 등에 선정하고, 옆경사가 자유로운 상태가 되는 선수와 선미 방향으로 계류한다.

❷ 배의 완성 시에 탑재할 설비 및 기타 물품은 배 안의 지정된 곳에 탑재한다.

❸ 배가 완성한 때에 탑재하지 아니하는 설비나 복원성 시험에 필요하지 아니한 설비는 선내에서 철저히 제거한다.

❹ 부득이한 사정으로 ❷ 및 ❸에 따르기 곤란한 경우에는 제자리에 탑재하지 아니하였던 설비나 제거하지 못한 물품에 대해서는 그 중량 및 탑재 위치에 대하여 상세한 자료를 작성한다.

❺ 배 안의 모든 탱크를 비우거나 채우고 또한 탱크 이외의 배 안의 물과 기름 등을 제거한다.

❻ 부득이한 사정으로 탱크를 비우거나 채우기 곤란할 때에는 탱크 내의 액체의 자유표면에 의한 영향을 정확하게 산정할 수 있는 자료를 작성한다.

❼ 배 안에서 이동되기 쉬운 탑재물은 복원성시험 실시 중에 이동하지 아니하도록 고정한다.

❽ 배의 계획 트림 이외의 트림을 가급적 적게 한다.

❾ 경사시험 시에 배를 경사시키기 위한 중량물과 경사를 측정하기 위한 측정기구를 탑재한다. 그러나 중량물은 무게가 정확히 측정된 것이고, 측정기구는 선체 경사가 정확하게 측정할 수 있는 것을 말한다.

그리고 “**경사시험**”은 다음과 같이 실시한다.

❶ 경사시험 시의 정확한 배의 배수량을 확정하기 위해 선수 흘수, 선미 흘수 및 선체 중앙부 ⊗의 양 현측 흘수를 측정한다. 이때 바닷물 온도 및 비중량도 측정한다.

❷ 그림 4.8에 보이듯이 배를 경사시키기 위한 중량물 w와 경사를 측정하기 위한 진자 눈금자 및 수조의 측정기구를 제자리에 배치한다. 수조는 직접적인 측정기구는 아니지만 진자의 흔들림을 억제하기 위해 사용한다.

❸ 선체가 직립 상태임을 확인하고 그때 진자의 위치를 눈금자에서 읽어 기록한다. 이때 눈금자는 진자의 실과 직각이 되도록 설치해야 한다.

❹ 배가 직립 상태에 있는 갑판상의 중량물 w를 정확히 ℓ만 옆 이동시킨다. 이때 배의 무게중심 G는 G'으로 이동한다. 그 이동량 GG'은 “**1.5절 일부 물체의 이동과 전체의 무게중심 이동**”의 (1.38)식에 따르면 다음 식으로 구할 수 있다.

$$GG' = \frac{w \times \ell}{W} \tag{4.9}$$

❺ 배의 무게중심 G가 G'으로 이동하면 배는 θ만큼 경사한다. 이 경사각 θ를 눈금자의 표면에서 진자의 이동량 s를 읽어내면 다음 식으로 구할 수 있다.

$$\tan\theta = \frac{s}{h} \tag{4.10}$$

다만 h는 진자의 지탱점에서 눈금자 표면의 눈금까지의 거리이며, s는 진자의 이동량이다.

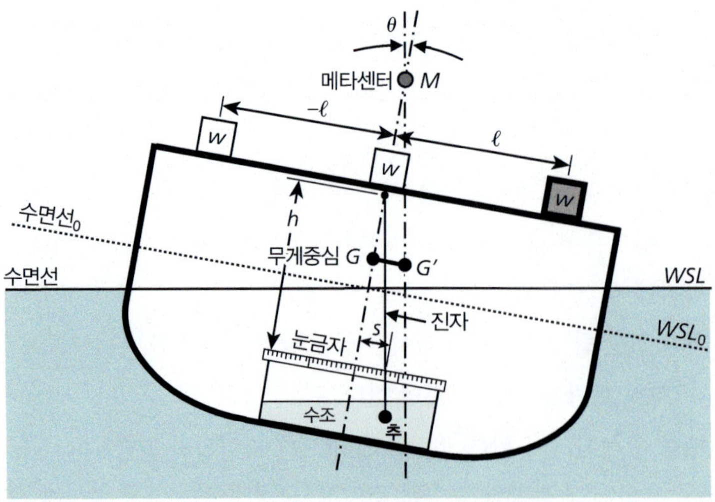

그림 4.8 경사시험.

❻ 한편 경사각 θ가 미소 경사의 경우는 그림 4.3에 나타낸 바와 같이 메타센터 M은 정점에 있다고 간주해도 지장이 없고, 그림 4.8에서 삼각형 MGG'은 직각 삼각형이기 때문에 다음 식이 성립함을 알 수 있다.

$$\tan\theta = \frac{GG'}{GM} \tag{4.11}$$

❼ 이상 (4.9), (4.10), (4.11)식으로 메타센터 높이 GM은 다음 식으로 구할 수 있음을 알 수 있다.

$$GM = \frac{w \times \ell}{W \times \tan\theta} = \frac{w \times \ell}{W \times \dfrac{s}{h}} \tag{4.12}$$

❽ 또한 반대 현측으로의 경사는 이동한 중량물 w를 원래 위치로 되돌린 후 반대 현측으로 정확하게 $-\ell$만 옆 이동시켜 진자의 이동량 $-s$를 읽어 (4.12)식을 사용하여 GM을 구할 수 있다.

이상과 같이 경사시험은 중량물 w를 몇 번 옆 이동시켜, 그 이동 거리 ℓ과 매번 읽은 진자의 이동량 s를 사용하여 메타센터 높이 GM을 산정한다.

경사시험에서 유의해야 할 점은 (4.11)식이 배의 경사각 θ가 작은 경우에만 만족하고 배의 경사가 커지면 GM의 산정 오차가 커지기 때문에, 배의 경사가 작아도 진자 이동량 s를 정확히 읽을 수 있도록 궁리가 필요하다.

또한 진자의 이동량 s를 읽는 것은 (4.10)식으로부터 배의 경사각 θ를 구하는 것이 목적이기 때문에 반드시 진자를 이용할 필요는 없다. 경사계를 이용하여 배의 경사각 θ를 구할 수도 있고, U 튜브에 물을 붓고 물의 움직임을 읽어 경사각 θ를 구할 수도 있다.

경사시험에서 메타센터 높이 GM이 산정되면 배수량등 곡선도(조선기하학 제4장 참조)에서 경사시험 시에 측정한 흘수에 대한 KM의 값을 구한다. 배수량등 곡선도에서 KM의 값은 (4.1)식과 같이 각 흘수 아래의 부심 위치 KB와 메타센터 반경 BM을 계산하여 나타내고 있지만 실제로 존재하는 KM은 직접 확인할 수 없다. 따라서 배수량등 곡선도에서 구한 KM의 값이 실제로 존재하는 KM의 값과 같기 위해서는 계산에 실수가 없도록 세심한 주의를 기울일 필요가 있다.

배의 무게중심 높이 KG는 기선(용골의 상면선) K로부터 무게중심 G까지의 높이이기 때문에 배수량등 곡선도에서 구한 KM의 값과 경사시험에서 산정되는 메타센터 높이 GM의 값을 이용하여 다음 식으로 산정된다.

$$KG = KM - GM$$

앞으로 조선 설계가 전면적으로 3D-CAD로 전환하면 설계와 동시에 선박 건조에 필요한 일품의 데이터베이스를 보다 쉽게 구축할 수 있고 배의 무게중심 G의 위치 계산도 가능하게 될 것이다.

칼럼 *선박복원성규칙 제4조와 제6조*

제4조 (경사시험) 경사시험은 이동중량물을 횡방향으로 이동시킴으로써 선박을 횡경사시켜 시행하되 모든 사용 상태에서의 선박의 중심위치를 산정하기 위하여 필요한 사항을 측정한다. 〈개정 1980. 7. 5.〉

제6조 (준비) ① 복원성시험을 받고자 하는 자는 다음의 준비를 하여야 한다. 〈개정 1980. 7. 5.〉

1. 바람, 파랑, 조류 등에 의한 영향이 가급적 적은 곳을 선택하고 또한 선박이 복원성시험의 실시 중에 예상되는 외력에 의한 영향을 가급적 피할 수 있도록 계류 기타의 조치를 취할 것.
2. 선박완성 시에 탑재할 설비 및 기타 물품은 선내의 정위치에 탑재할 것.
3. 선박완성 시에 탑재하지 아니하는 설비 기타 물건으로서 복원성시험에 필요하지 아니하는 것은 선내에서 제거할 것.
4. 부득이한 사정으로 제2호 및 제3호에 따르기 곤란한 경우에는 정위치에 탑재하지 아니하였던 물건이나 제거하지 못한 것에 대하여 그 중량 및 탑재위치에 대하여 상세한 자료를 작성할 것.
5. 선내에 모든 탱크를 비우거나 채우고 또한 탱크 이외의 선내의 물과 기름 등을 제거할 것.
6. 부득이한 사정에 의하여 탱크를 비우거나 채우기 곤란할 때에는 탱크 내의 액체의 자유표면에 의한 영향을 정확하게 산정할 수 있는 자료를 작성할 것.
7. 선내에서 이동되기 쉬운 탑재물은 복원성시험 실시 중에 이동하지 아니하도록 고정할 것.
8. 선박의 계획 트림 이외의 트림을 가급적 적게 할 것.

② 경사시험을 받고자 하는 제1항의 규정에 의한 준비 이외에 다음의 준비를 하여야 한다. 〈개정 1980. 7. 5.〉

1. 선박을 횡이경사시키기 위한 적당한 중량의 콘크리트, 모래 철 등의 이동중량물로서 그 중량을 정확하게 측정한 것을 선박에 탑재할 것.
2. 선박의 횡경사각을 측정하기 위하여 추를 사용할 경우에는 가급적 추의 줄을 길게 하고 그 동요를 적게 하기 위하여 물탱크를 선박에 탑재할 것.

③ 동요시험을 받고자 하는 자는 제1항의 규정에 의한 준비 이외에 선박횡요각을 가급적 크게 할 수 있는 인원 또는 적당한 용구를 준비할 것.

4.4 복원성곡선

그림 4.9에서 보듯이 배를 직립 상태에서 어떤 각도 θ만큼 경사시킨 경우 새 부심 B_θ를 통하여 정수면에 수직 위쪽으로 작용하는 부력 작용선에 배의 무게중심 G에서 수직인 직선을 긋고 그 교점을 Z라 하자. 그러면 무게중심 G에 작용하는 배의 중력 W와 Z를 통하여 위쪽으로 작용하는 부력 Δ는 하나의 짝힘(couple)이 되어 배의 경사를 원래의 상태로 돌리려고 작용한다. 그 크기는 다음 식으로 표시할 수 있다.

$$W \times GZ = \Delta \times GZ \tag{4.13}$$

이때 GZ를 “**복원지레**(또는 복원 지렛대: righting arm or righting lever)”라고 하며,

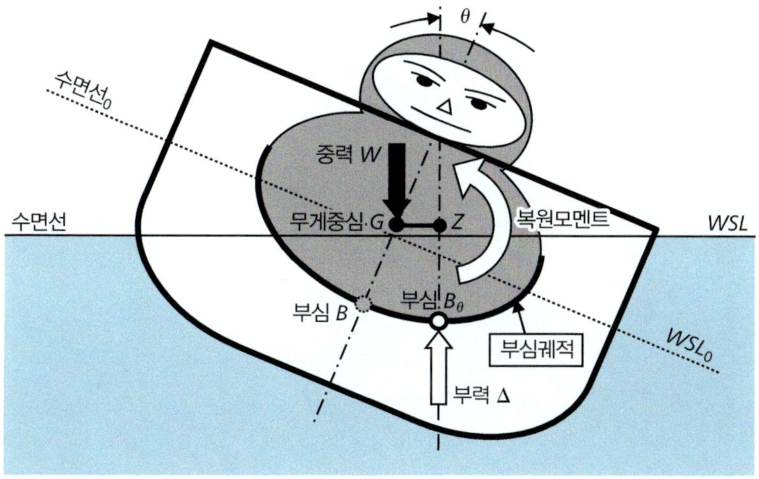

그림 4.9 복원 지레의 정의.

(4.13)식의 표시처럼 짝힘에 의한 복원 작용의 회전 능력을 "**복원모멘트**(restoring moment or righting moment)"라고 부른다.

조선학(造船學) 또는 선박공학(船舶工學)에서는 일반적으로 복원 모멘트를 복원력(restoring force 또는 stability)이라고 하고 있지만, 여기서는 "모멘트"와 "힘(력)"의 물리적인 의미가 다르기 때문에 지금까지의 일반적인 관습을 따르지 않는다. 따라서 일반적으로 부르고 있는 복원력이라고 하지 않고 짝힘에 의한 회전 능력을 나타내는 복원모멘트(중력 W × 복원 지레 GZ)라고 부르기로 한다.

배가 어떠한 외력에 의하여 경사된 경우 위에서 논의한 복원모멘트가 작용하여 경사 이전의 원래의 평형 상태로 돌아가려고 하는 성질을 복원성(stability)이라고 부른다. 따라서 배의 안전성을 논의할 때 가장 중요한 성질이다. 일반적으로 안정성(stability)이라고도 부른다.

그림 4.9에서는 배의 무게중심 G에서 부력 작용선에 수직인 직선을 긋고 그 교점을 Z로 한 경우의 복원지레 GZ를 나타내고 있고, 이 복원지레 GZ의 경사각에 따른 변화를 가로축에 경사각 θ 세로축에 복원지레 GZ를 취하여 도시하면 그림 4.10과 같이 된다.

이 그림이 "**배의 복원성**"의 가장 기본적이고도 중요한 "**복원성곡선**(the stability curve, curve of stability)"이다. 또는 "**복원지레곡선**" 그리고 "***GZ*곡선**(*GZ*-curve)"이라고도 한다. 또한 배의 무게 W × 복원지레 GZ를 세로축에 취하여 "**복원모멘트곡선**(curve of restoring moment or curve of righting moment)"으로 나타낼 수도 있다.

그리고 그림 4.10은 가로축에 경사각 θ 세로축에 복원지레 GZ를 취하여 표시하고 있지만, 일반적으로 세로축 복원지레 GZ를 **복원정 *GZ***(다음 페이지의 칼럼 참조)이라 표시한다.

그러나 그림 4.10을 더 일반적으로는 그림 4.11처럼 나타낸다. 그림 4.11은 그림을 이해하기 쉽도록 각도마다 세로 쪽 점선을 세우고 그 각도에 대한 GZ(각도)의 크기를 ●로 표시하고 있지만, 보통은 원점(0)에서 배의 경사각에 따른 GZ(각도)의 크기를 연결하여 GZ(θ) 곡선만을 표시한다.

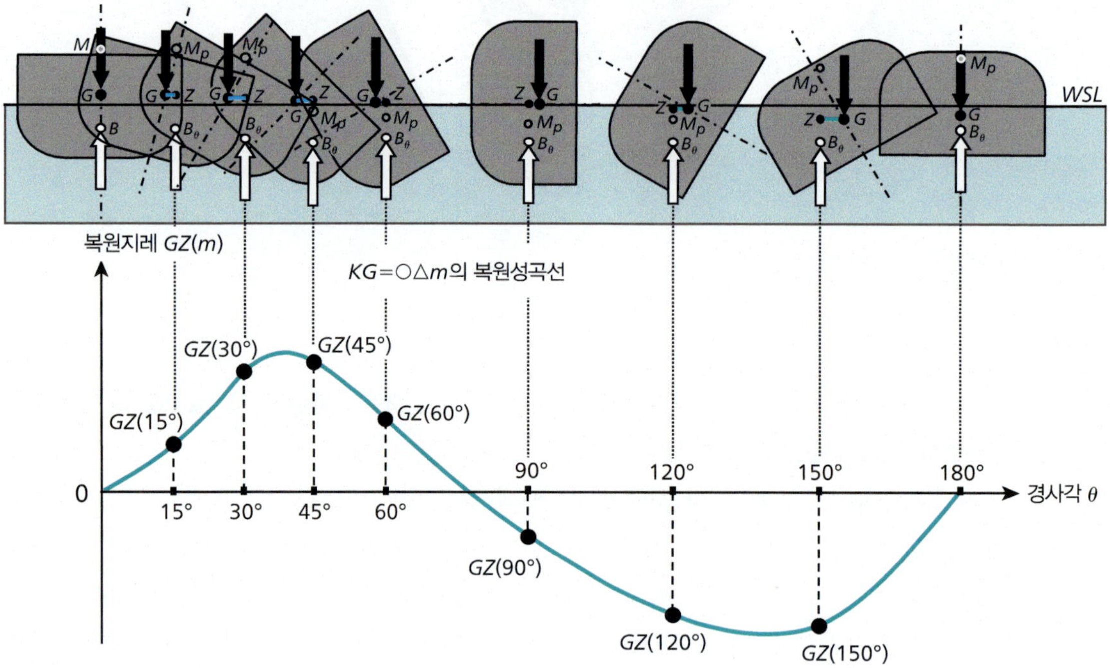

그림 4.10 복원성곡선(GZ곡선).

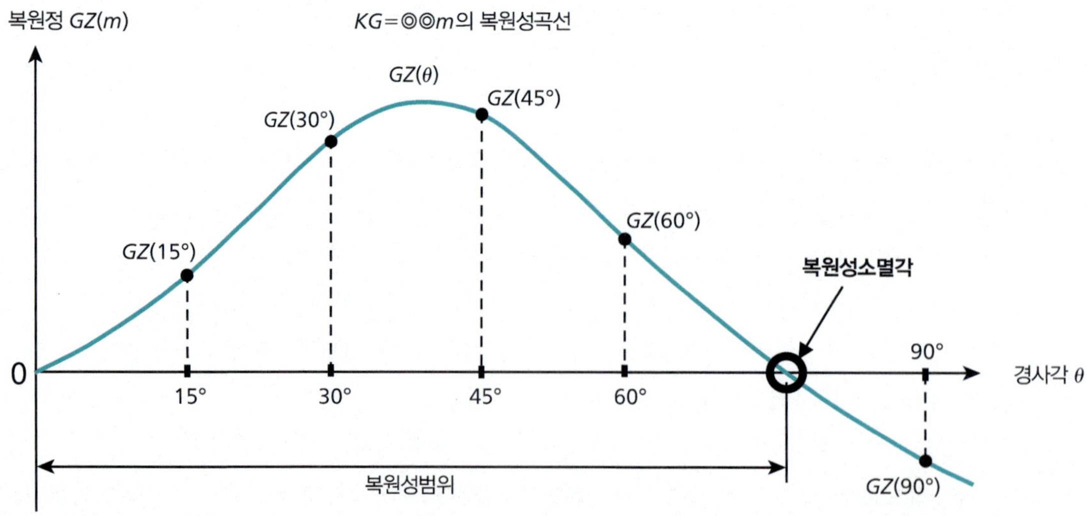

그림 4.11 일반적인 복원성곡선.

또한 같은 배 또는 부체일지라도 화물의 적재 상태에 따라 배의 무게중심 G의 위치는 변화한다. 따라서 그림 4.11과 같은 복원성곡선에는 무게중심 G가 어떤 위치에 있는 경우의 복원성곡선인지를 나타내기 위하여 **반드시 무게중심 높이(용골의 상면선 K로부터 무게중심 G까지의 거리)를 나타내는 KG 값을 표시해야 한다.**

그림 4.11에서 경사각 θ를 나타내는 가로축과 복원지레의 크기를 나타내는 $GZ(\theta)$곡선이 교차하는 점(○ 표시)이 "**복원성소멸각**(또는 복원성소실각: angle of vanishing stability)" 또는 "**복원모멘트소멸각**(angle of vanishing restoring moment)"이다.

배가 이 복원성소멸각을 넘는 경사를 하면 다음의 안정 상태까지 경사가 커지고 복원하지 않은 채 안정 상태로 된다. 즉 전복하여 복원하지 않는 상태가 된다. 따라서 "**전복각**(capsizing angle)"이라고도 한다.

이상으로부터 **경사각 0°의 직립 상태에서 복원성소멸각까지를 "복원성범위(stability range)"라고 한다.**

칼럼 복원(復原)인가, 복원(復元)인가?

조선학(naval architecture) 및 **선박공학**(marine engineering)에서 복원이라 할 때 한자로는 復原(복원)를 사용하고 復元(복원)은 사용하지 않는다. "原(원)"과 "元(원)"의 한자에는 같은 의미도 있지만, 이하와 같은 의미에 그 차이가 있다.

原(근본 원, 원인 원): 근본, 원래 (예: 原泉, 原型, 原本, 原始/起原, 語原)

元(으뜸 원, 근원 원): 으뜸, 첫째 (예: 元朝, 元子, 元首, 元師/根元, 紀元)

배의 **복원성**은 배가 경사하기(기울이기) 전의 상태, 즉 원래의 상태로 돌아가는 성질을 의미하기 때문에 復元(복원)이 아니라 "原(근본 **원**)"을 이용하여 "**復原(복원)지레**", "**復原(복원)모멘트**", "**復原(복원)성**"이라고 한다.

칼럼 복원정(梃)인가, 복원정(挺)인가? 또는 "복원지레"인가?

"복원梃(정)"인가 또는 "복원挺(정)"인가? 또는 "복원지레"인가?
"복원정(梃)", "복원정(挺)", "복원지레"에 대하여 지금까지 일본에서 발간된 대표적인 전문 서적이나 문헌을 살펴보면 다음과 같다(아래 문헌의 번역 글: 저자).

- 1943년 11월 10일 발행
  運輸通信技師 上野喜一郎 번역 「米国造船造機学会編 基本造船学 上巻」 合資会社天然社
  「GZ=復原梃(Righting arm)」 "복원梃(정)"이라고 기재
- (초판 1957년 12월) 1967년 5월 15일 정정판 발행
  저자 元良誠三 「船体運動力学」 共立出版株式会社
  「横軸に傾斜角θ…縦軸に‥GZを取る。…復原挺曲線という。」 "…복원挺(정)곡선이라 한다"고 기재
- (초판 1960년 1월) 1968년 1월 30일 발행
  造船協会編 「改訂 船舶工学便覧(第1分冊)」 株式会社コロナ社
  「GZ：復原てこ」 "복원지레"라고 기재
- (초판 1960년 7월) 1967년 3월 20일 발행
  저자 岩佐英介 「新訂 実用船舶算法」 海文堂出版株式会社

「GZを復原挺という。」 "GZ를 복원挺(정)이라 한다"고 기재

- (초판 1960년 11월) 1966년 2월 20일 발행
  저자 山口増人 「新版 造船用語辞典」 海文堂出版株式会社
  「復原てこ(righting arm (or lever)」 "복원지레"라고 기재
- (초판 1962년 12월) 1966년 2월 20일 발행
  저자 杉原善義 「理論運用学(船舶力学編)」 海文堂出版株式会社
  「復原挺 GZ」"복원挺(정) GZ"라고 기재
- 1963년 8월 31일 발행
  감수 上野喜一郎 他4名 「船舶辞典」 天然社
  「復原てこ(挺)[righting arm, righting lever]」 "복원지레(挺: 정)"라고 기재
- 1972년 11월 1일 발행
  저자 大串雅信 「理論船舶工学(上巻)」 海文堂出版株式会社
  「GZは…、これを復原挺(righting lever)と呼ぶ。」 "GZ는…, 이것을 복원挺(정)(righting lever)이라고 부른다"고 기재
- (초판 1975년 6월) 1981년 3월 20일 발행
  편자 全国造船教育研究会 「造船工学」 海文堂出版株式会社
  「GZは…復原てことよぶ。」 "GZ는…복원지레라고 부른다"고 기재
- 1977년 12월 발행
  日本造船学会試験水槽委員会 「第2回耐航性に関するシンポジウム」 テキスト 有限会社啓文堂松本印刷
  「第3章漁船の復原性」에서 「GZ曲線を静的復原挺曲線」 "GZ곡선을 정적복원挺(정)곡선"이라 기재
- 1985년 4월 22일 발행
  저자 森田知治 「船舶復原論-基礎と応用-」 海文堂出版株式会社
  「復原てこ(righting lever)…GZで‥」 "복원지레(righting lever)…GZ로‥"라 기재
- 1986년 4월 발행
  日本海事協会 復原性研究委員会 「船舶の復原性に関する指針」
  「復原挺(righting arm)： GZで表す。」 "복원挺(정) (righting arm)： GZ로 표시한다」"고 기재.
- 1992년 6월 18일 발행
  감수자 元良誠三 그외 저자 3名 「船体と海洋構造物の運動学」 株式会社 成山堂書店
  「GZのことを復原てこと呼んでいる。」 "GZ를 복원지레라고 부른다"고 기재.
- 2012년 발행
  감수 公益社団法人日本船舶海洋工学会 能力開発センター 教科書編纂委員会「船舶海洋工学シリーズ①､④」株式会社 成山堂書店
  「① GZは復原てこ(righting lever または righting arm)と 呼ばれる。④ 復原てこ ① GZは､」
  "① GZ는 복원지레(righting lever 또는 righting arm)라고 부른다. ④ 복원지레 ① GZ는,"라고 기재.

일본에서 1943년에 발행된 上野喜一郎(우에노 키이치로)씨가 번역한 "기본 조선학 상권"에 쓰여 있는 "GZ = 復原梃(복원정)(righting arm)"을 제외하면, GZ를 한자가 아닌 복원지레로 나타내는 경우와 한자를 사용하여 復原挺(복원정)으로 나타내는 경우인 두 그룹으로 갈라진다.

주목해야 할 점은 1943년 11월 10일에 일본에서 발행된 "기본 조선학 상권"의 번역자 및 1963년 8월 31일에 발행된 "선박 사전"의 필두 감수자가 上野喜一郎(우에노 키이치로)씨로 되어 있는데, 전자에는 "GZ=復原梃(한자의 독음은 복원**정**, 의미는 복원**지래**)(righting arm)", 후자에는 "復原てこ(挺)[복원 지래(挺)(righting arm, righting lever)]"라고 기재되어 있다.

일본에 있어서 조선학의 기본 전문 서적의 번역자와 전문 용어 사전의 감수자가 같은 사람이며, 그리고 일본어 てこ(한국어: 지레)를 한자로 변환할 때 "挺(정)"은 없고, 또한 한자인 挺(정)을 읽을 때 てこ(한국어:

지레)라고는 읽지 않는다. 그러므로 "선박 사전"의 復原てこ(挺)[복원 지래(挺)]의 挺은 梃을 잘못 인쇄한 오식(誤植, misprint)이라 볼 수 있다.

단, 1963년 8월 31일 "선박 사전" 발행 이전의 전문서에 왜 복원정(挺)이라고 쓰는지는 저자도 모른다. 그리고 한국에서 발행하고 있는 전문 서적에도 복원**정**(挺)이라고 표기한 서적도 있다. 이것은 일본에서 사용하는 복원**정**(挺)을 그대로 참고한 것이 아닌가 추측된다.

다만 한자 挺(정)은 "총, 호미, 삽 따위를 셀 때의 단위"라는 의미밖에 없고, 한자 梃(정)은 ① 외줄기 정, ② 막대 정, ③ 꼿꼿할 정이라는 뜻이 있다.

위에서 고찰한 바에 따라 저자는 "복원挺(정)"이 아니라 "복원梃(정)"**이 옳다**고 판단했지만, 한글로 "정"이라 하면 정(挺)인지 정(梃)인지 구별하지 못하기 때문에, 이 책에서는 **"복원정"은 복원정**(梃)을 의미하고, **정**(梃)**은 "지레"를 의미**한다고 정의하였다.

또한 **"복원정**(梃)"은 "선박복원성기준"의 그림에 표시되어 있는 것처럼 **"복원성곡선" 등의 그림에 이용**하고 **"복원지레"는 일반적인 설명 등에 사용**하고 있다.

4.5 메타센터 높이(Metacentric Height) *GM*과 복원성곡선과의 관계

4.1절에서 배가 직립 상태에서 **경사 초기의 미소한 경사 시**, 부심 B_θ를 통하여 정수면에 수직으로 작용하는 부력 작용선과 배의 중심선과의 교점을 **메타센터 *M***이라 정의했다.

배가 **초기 미소 경사각 $\varDelta\theta$**의 범위 내에서 경사했을 때 *M*은 배의 중심선상의 정점에 있다고 간주할 수 있으므로, 그림 4.12에서 메타센터 *M*, 무게중심 *G* 그리고 부력 작용선에 무게중심 *G*에서 수직으로 그은 선과의 교차점 *Z*를 잇는 삼각형을 만들면, 직각 삼각형을 이룬다.

따라서 *M*이 정점에 있다고 간주할 수 있으므로 초기 미소 경사각 $\varDelta\theta$를 포함한 배의 경사각을 θ라고 하면, 이 직각 삼각형의 *GZ*는 경사 상태에서의 복원지레를 나타내고 있고, 다음 식으로 구할 수 있다.

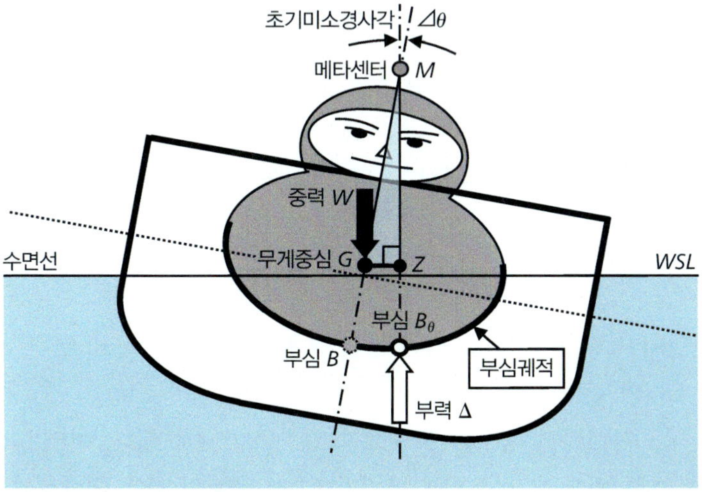

그림 4.12 미소 경사 시의 복원지레 *GZ*.

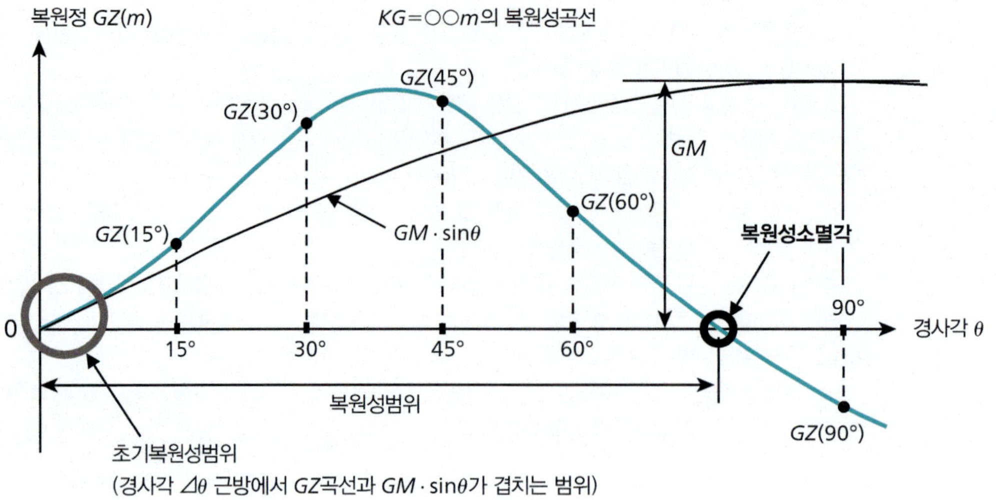

그림 4.13 복원성곡선과 $GM \cdot \sin\theta$ 곡선.

$$GZ(\theta) = GM \cdot \sin\theta \tag{4.14}$$

여기서 **GM은 무게중심 G와 메타센터 M 사이의 거리를 나타내는 메타센터 높이**(metacentric height)이다. 다만 (4.14)식에서 경사각 θ를 $\varDelta\theta$보다 크게 하여 복원성곡선과 함께 표시하면 그림 4.13의 $GM \cdot \sin\theta$의 곡선이 된다. 이 그림에서도 경사각 θ가 작은 범위에서만, 즉 메타센터 M이 정점에 있다고 간주할 수 있는 범위에서 복원성곡선(GZ 곡선)과 $GM \cdot \sin\theta$의 곡선이 겹쳐져서 (4.14)식은 경사각 **$\varDelta\theta$ 근처에서만 만족한다**는 것을 알 수 있다.

또한 (4.14)식은 θ의 함수로서 표현되어 있기 때문에 그림 4.13의 원점에 있어서 복원성곡선의 구배(경사)는 다음 식으로 주어진다.

$$\left.\frac{dGZ(\theta)}{d\theta}\right|_{\theta = 0} = GM \cdot \cos\theta = GM \tag{4.15}$$

이 구배(경사)를 이용하면 원점에 있어서 복원성곡선의 접선 방정식 $f(\theta)$는 다음 식으로 나타낼 수 있다.

$$f(\theta) = GM \cdot \theta \tag{4.16}$$

여기서 θ는 라디안이며, (4.16)식을 그림 4.11의 복원성곡선과 $GM \cdot \sin\theta$의 곡선과 함께 그려 표시하면 그림 4.14와 같이 된다.

(4.16)식에서 $\theta = 1$ 라디안인 경우를 생각하면 $f(1) = GM$로 된다. 이것은 "**원점에서 복원성곡선에 접선을 그렸을 때 그 접선의 1 라디안(57.3°)에서의 값은 메타센터 높이 GM의 크기와 같다**"는 것을 의미한다.

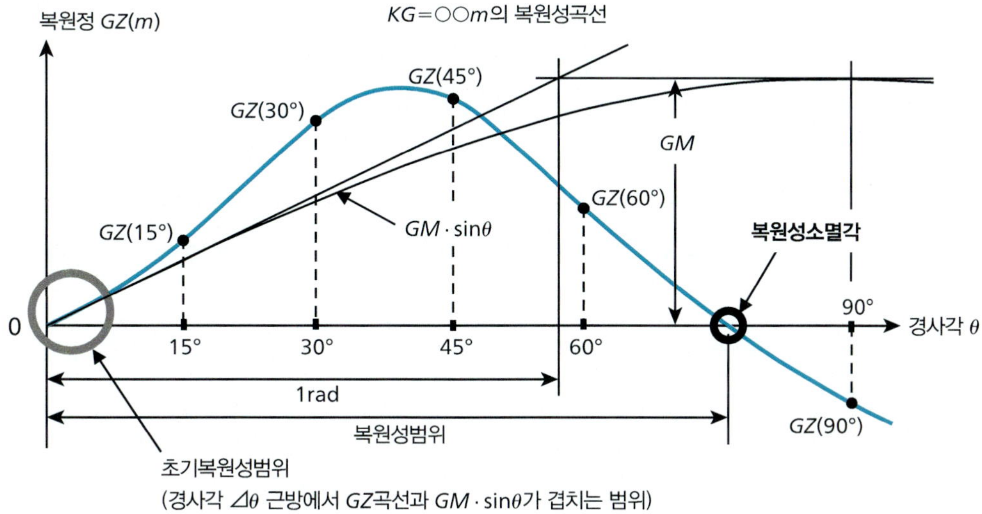

그림 4.14 복원성곡선과 메타센터 높이 *GM*.

이 성질을 이용하면 **GM이 알려지고 있을 때, 얻어진 복원성곡선의 1라디안(57.3°)에서 세로 쪽으로 GM의 값을 표시하고 거기에서 원점으로 직선을 그어 그 직선이 원점 근방에서 복원성곡선의 접선으로 되는지 안 되는지 그 여부를 살펴봄으로써 얻어진 복원성곡선의 옳고 그름을 확인할 수 있다.**

또한 GM이 미지라도 복원성곡선을 정밀하게 얻을 수 있으면, 복원성곡선의 원점에서의 구배를 구함으로써 GM을 어느 정도 추정하는 것이 가능하다.

그러나 배 안에 자유 표면을 갖는 탱크 및 배의 경사에 의해 이동하는 화물 등이 있는 경우에는 그 영향으로 GM이 변화하기 때문에 위의 논의는 성립되지 않는다. 따라서 그때마다 그 영향을 고려하여 복원성에 대하여 주의를 기울여야 한다.

또한 그림 4.13과 그림 4.14에 있어서 경사각 $\varDelta\theta$ 근방에서 GZ 곡선과 $GM \cdot \sin\theta$ 및 접선 $f(\theta)$가 겹치게 보이는 부분(그림 중 큰 ○표시 부분)이 있다.

이 겹치게 보이는 부분의 범위를 복원성곡선에서는 **초기 복원성범위**(range of initial stability)라고 한다. 또한 이 범위 내에서의 복원모멘트를 **초기 복원모멘트**(initial restoring moment)라 부르고 (4.14)식의 논의로부터 경사각 $\varDelta\theta$ 근방에서는 다음 식으로 구할 수 있다.

$$\begin{aligned} \text{초기 복원모멘트} &= W \cdot GZ(\varDelta\theta) \\ &= W \cdot GM \cdot \sin\varDelta\theta \end{aligned} \tag{4.17}$$

(4.17)식은 배수량 W의 배가 임의의 미소 경사각 $\varDelta\theta$로 경사진 경우의 초기 복원모멘트를 나타내고 있기 때문에, 그 값의 양(+), 음(−) 및 0 (zero)의 값은 GM의 양, 음 및 0에 의존하고 있음을 보여주고 있다. (이 경우 배는 좌우 대칭이므로 $\varDelta\theta$는 항상 양(+)으로 취급한다.)

즉 제3장에서 설명한 것처럼 물체의 "안정한 평형", "불안정한 평형" 혹은 "중립의 평형"의 경우와 마찬가지로 **배의 경우 초기 미소 경사의 범위 내에서는 메타센터 높이 *GM*이 양(+)이면 "안정한 평형", 음(−)이면 "불안정한 평형" 그리고 0 (zero)이면 "중립의 평형"이 된다.**

메타센터 *M*은 배를 포함한 부체의 경사 초기의 안정성을 논의할 때 반드시 고려해야 할 점이며, 그 위치는 4.2절에서 논의한 바와 같이 수면 아래의 모양이 결정되면 정해져 버린다.

따라서 **배를 포함한 부체의 직립 상태에서 초기 미소 경사 시의 평형 상태는 무게중심 *G*의 위치가 정해지면 메타센터 높이 *GM*에 의해 판정할 수 있다.**

그러나 여기에서 **주의해야 할 점**은 "**메타센터 높이 *GM*에 의한 안정성(안정, 불안정 및 중립)의 판정은 초기 미소 경사 시의 경우만에 한정된다**"는 것이다.

칼럼 라디안(radian)이란?

라디안은 "호도법"에서 "1 라디안은 원형의 반지름의 길이와 반지름에 의한 원호의 길이가 같아질 때의 중심각의 크기"라고 정의되어 있다.
원주의 길이(원형 1주의 호 길이)를 *L*, 반지름을 *r*로 하면, $L = 2\pi r$은 알게 된 사실이다.
호도법에 따르면, 원주의 길이 *L*은 반지름이 *r*인 2π배로, 즉 원형의 중심각 360°가 2π 라디안임을 보여주고 있다.
따라서 1 라디안은 다음 식으로 구할 수 있다.
1 라디안 = 360° / 2π = 57.29577…° ≒ 57.3°
또는 1 라디안 = 180° /π = 57.29577…° ≒ 57.3°

4.6 *GM* > 0 (안정한 평형)

그림 4.15에 보이듯이 배를 포함한 부체가 직립 상태에서 무게중심 *G*가 메타센터 *M*보다 아래쪽에 있는 경우(일반적으로 $GM > 0$), 어떠한 외력이 작용하여 부체를 기울여도 메타센터 *M*이 정점에 있어 거의 움직이지 않은 미소 경사 상태에서는 항상 (4.17)식과 같은 초기 복원모멘트가 발생한다. 초기 복원모멘트는 경사진 부체를 항상 원래의 평형 상태로 되돌리려고 작용한다.

배를 포함한 부체의 **초기 미소 경사 시의 안정한 평형**(stable equilibrium)이란 무게중심 *G*가 메타센터 *M*보다 밑에 위치해 있고, 어떠한 외력이 작용하여 부체를 **미소 경사**시켜도 복원모멘트의 작용에 의하여 항상 원래의 균형 상태로 돌아가려고 하는 상태를 말한다. 즉 **배를 포함한 부체의 $GM > 0$일 때의 "안정한 평형"은 직립 상태에서 미소 경사의 범위 내에서의 경사에 대한 안정성을 나타내고 있지만 복원성의 우열까지 보여주고 있지는 아니하다**(제3장 그림 3.3 참조). 그 자세한 내용은 "**4.9절 초기 미소 경사 시의 *GM*에 의한 안정성의 판단**" 및 제11장의 "**11.5절 작은 배의 건현**" "**11.6절 작업용 부체의 건현**"에서 논의하고 있다.

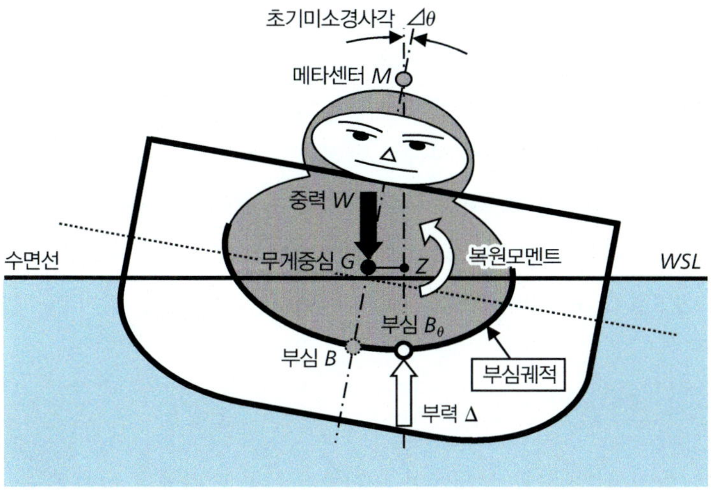

그림 4.15 $GM > 0$ 안정한 평형.

4.7 $GM < 0$ (불안정한 평형)

배의 무게중심 G가 메타센터 M보다 위쪽에 있는 경우(일반적으로 $GM < 0$) 배가 약간의 경사라도 하면 그림 4.16과 같이 배에 중력 W 및 부력 Δ의 **짝힘**(couple)에 의한 모멘트가 발생한다. 이 모멘트는 경사각을 증가시키는 방향으로 작용하기 때문에 **경사모멘트**(heeling moment)라고 한다.

배의 **초기 미소 경사 시의 불안정한 평형**(unstable equilibrium)이란 무게중심 G가 메타센터 M 보다 위쪽에 위치하여 있으며 어떠한 외력이 작용하여 부체가 미소 경사하면 경사

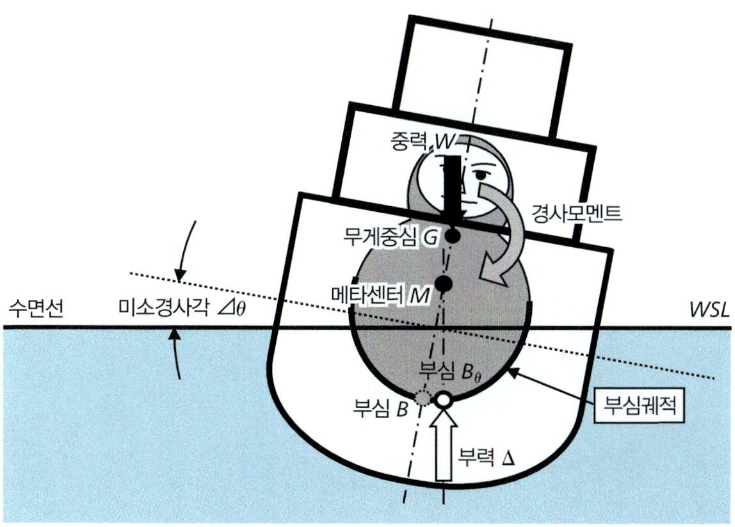

그림 4.16 $GM > 0$ 불안정한 평형.

모멘트가 발생하여 이에 따라 경사가 증가하고 원래의 평형 상태로 돌아가려고 하지 않고 다음의 안정한 평형으로 이행하는 상태를 말한다.

배를 포함한 부체의 $GM < 0$ 시의 "불안정한 평형"는 부체를 직립 상태에서 미소각만 기울였을 때 경사가 증가하여 가는 불안정한 상태를 보이고 있다. 그러나 반드시 배와 부체의 전복으로 이어지는 것이 아닐 수도 있다. 어디까지나 "직립 상태에서의 불안정한 상태"라고 말할 수 있다(제3장 그림 3.6 참조). 이 구체적인 예는 제9장의 "**9.4절 $GM < 0$와 비틀거리는 상태(Loll)의 관계**"와 "**9.5절 $GM < 0$이고 $GZ_m < GG' \cdot \sin\theta$인 경우**"에서 논의하고 있다.

4.8 $GM = 0$ (중립의 평형)

그림 4.17에 보이듯이 배가 직립 상태에서 무게중심 G와 메타센터 M이 같은 곳에 있는 경우(일반적으로 $GM = 0$)는 배를 평형 상태에서 임의의 각도(θ)만큼 경사시켜도 부심 B_θ에 작용하는 부력 Δ는 무게중심 G를 통하여 수면선(WSL)과 직각인 연직선 위에 있기 때문에 경사 상태에서 그대로 균형 상태로 된다.

배의 **초기 미소 경사 시의 중립의 평형**(neutral equilibrium)이란 무게중심 G가 메타센터 M과 같은 곳에 위치하고 있으며, 어떠한 외력이 작용하여 배를 평형 상태에서 경사시켜도 경사진 위치에 멈추어 원래 상태로 돌아가려고도 그 이상 경사하려고도 하지 않는 상태를 말한다.

복원성곡선의 중립 상태에 대한 구체적인 예는 제9장 "**9.3절 $GM = 0$의 구체적인 상태**"에서 논의하기로 한다.

배는 아니지만 중립의 균형 상태로 물에 뜨는 것으로는 구형의 볼(예를 들면 농구공, 배구공, 비치볼 등)이 떠 있는 상태를 상상하면 이해하기 쉽다.

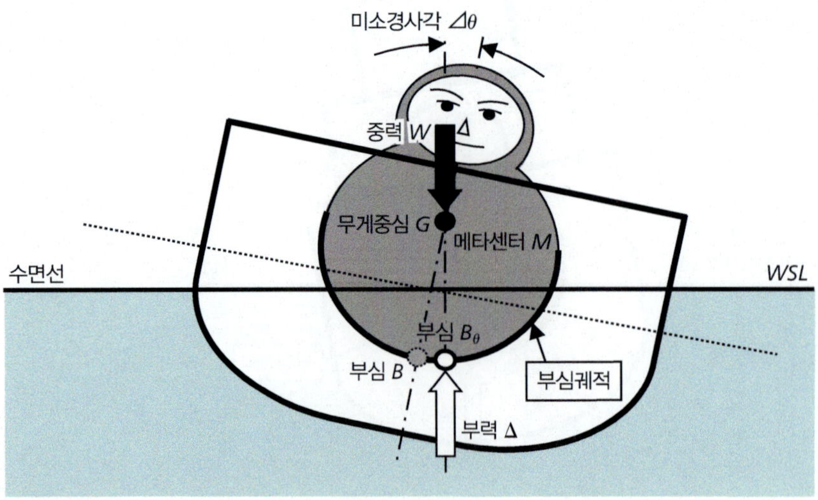

그림 4.17 $GM = 0$ 중립의 평형.

4.9 초기 미소 경사 시의 GM에 의한 안정성의 판단

배를 포함한 수면에 떠 있는 모든 부체의 **초기 미소 경사 시의 안정성**은 그 자체의 무게 중심 G의 위치와 수면 밑의 형상으로 정해지는 메타센터 M의 위치 관계를 통해 "안정한 평형", "불안정한 평형" 및 "중립의 평형"이 결정된다. 여기서 특히 유의해야 할 점은, "**GM에 따른 $GM > 0$은 안정한 평형, $GM < 0$은 불안정한 평형 및 $GM = 0$은 중립의 평형이라 하는 부체 안정성의 판단은 초기 미소 경사 때 뿐이다**"라는 것이다.

이상의 유의점은 그림 4.18을 보면 분명하다. 그림 4.18에는 극단적으로 다른 두 복원성 곡선, 즉 실선으로 나타내고 있는 복원성곡선 I과 파선으로 표시하고 있는 복원성곡선 II를 알기 쉽게 설명하기 위해 같은 축척으로 예시하고 있다. 실선으로 나타내고 있는 복원성곡선의 복원성소멸각 I은 70° 이상이며 복원성범위 I도 넓다는 것을 알 수 있다.

한편 파선으로 표시된 복원성곡선의 복원성소멸각 II는 18° 미만으로 복원성범위 II가 좁다.

그러나 초기 복원성범위를 보면 양자 동등하다. 이것은 실선으로 나타낸 복원성곡선 I과 파선으로 표시한 복원성곡선 II의 원점의 구배가 동일하고, 따라서 그림 4.18에서 알 수 있듯이 양자의 GM이 같다는 것이다.

그림 4.18에 표시된 두 복원성곡선은 GM의 크기가 동일해도 복원성범위는 크게 다르다는 것을 보여주고 있다. 즉 **GM만을 가지고 안정성의 판단을 하여도 그것은 어디까지나 초기 미소 경사 시에 대한 것이며 그것으로 배와 부체의 안정성 또는 복원성을 판단할 수 없다**는 것을 보여주고 있다.

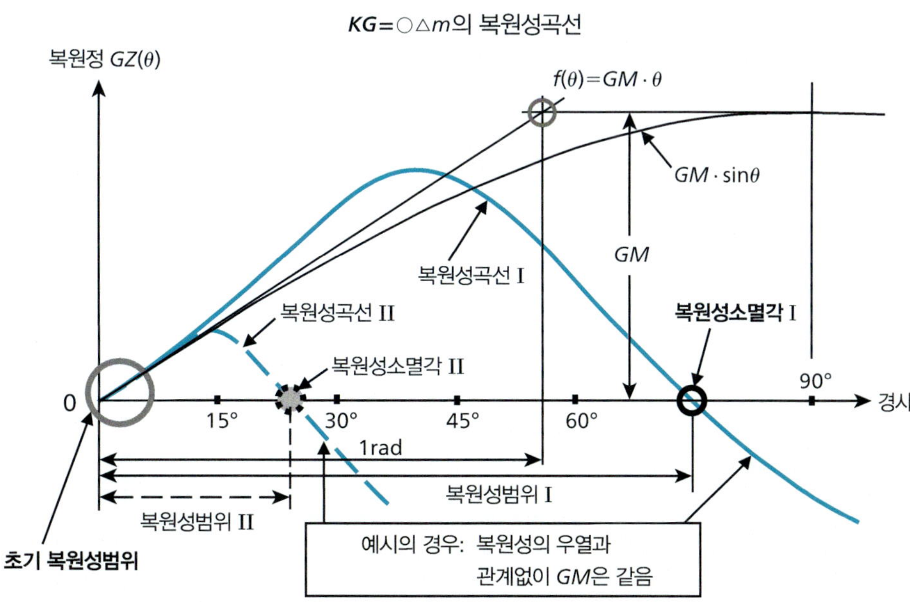

그림 4.18 GM의 크기는 같지만 복원성범위가 다른 예.

실제 배는 법률에 따라 건현이 정해져 있기 때문에 같은 배에 대하여 그림 4.18과 같이 *GM*이 동일한데 완전히 다른 복원성을 가진 상태가 될 때는 화물의 과적재에 의하여 건현이 크게 감소하였거나 그 상태에서 *GM*이 우연히 일치하는 경우이다.

그러나 법률에서 배(선박)로는 정해져 있지 않지만 많은 종류의 부체가 하천, 항만 그리고 해상의 수면에 떠서 작업하고 있으며, 따라서 이러한 부체도 작업을 하는 데 복원성이 요구된다.

일반 작업 부체는 법률상의 배(선박)가 아니기 때문에 배에 적용되는 건현의 규제를 받지 않고 임의로 건조하기가 가능하다. 따라서 수면 아래의 모양이 똑같아도 공사 현장에 맞게 적당히 건현을 정할 수 있다.

이러한 개념을 그림으로 표시하면 그림 4.19처럼 된다.

그림 4.19의 경우 상갑판 I에 대한 복원성곡선이 그림 4.18의 실선으로 나타내는 복원성곡선 같이 되고, 상갑판 II에 대한 복원성곡선이 그림 4.18의 파선으로 표시되는 복원성곡선 같이 된다. 이것을 명확하게 인식할 수 있으면 초기 미소 경사 시의 *GM*만을 가지고 부체의 안정성 또는 복원성을 판단하는 것이 아니라 복원성곡선을 구하는 필요성을 이해할 수 있다.

이것은 제3장 그림 3.3에서 직립 상태에서 지탱점에서 중심까지의 높이가 같다 하더라도 경사 때의 지탱점의 위치에 따라 안정성의 우열이 다르다는 것과 같다.

즉 그림 4.18은 "**GM에 의한 부체의 안정, 불안정 및 중립의 판단은 어디까지나 초기 미소 경사 시에 한정되어 있고, GM만을 가지고 부체의 복원성(안정성)을 평가할 수는 없다. 따라서 부체의 복원성(안정성)은 결국 무게중심 높이 KG와 KG에 대한 복원성곡선(GZ 곡선)을 이용하여 판단해야 한다**"는 것을 보여주고 있다.

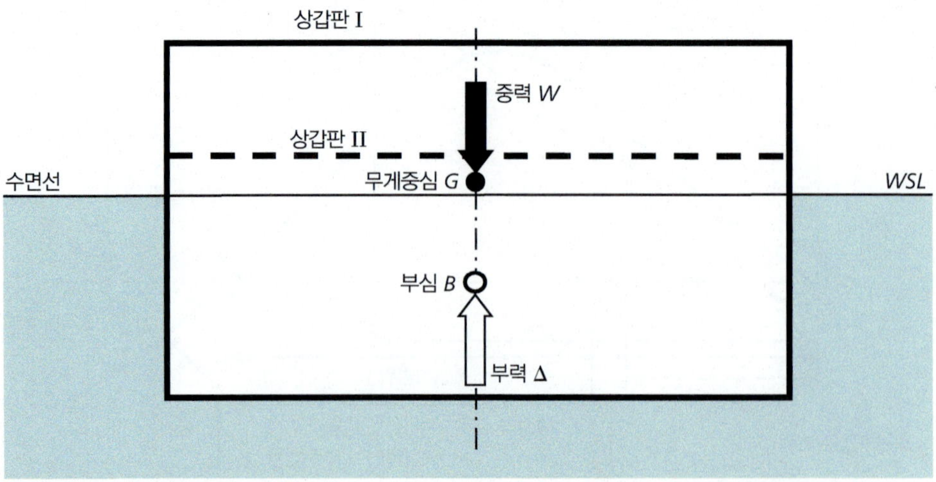

그림 4.19 *GM*은 같지만 복원성범위가 다른 부체의 예.

제5장

경사모멘트와 복원모멘트의 관계

제4장에서 배의 "불안정한 평형"에서는 배를 평형 상태에서 미소한 각도 $\varDelta\theta$만 경사시키면 중력 W와 부력 Δ에 의한 짝힘이 경사각을 증가시키는 방향으로 모멘트를 발생시키기 때문에 이것을 경사모멘트라고 했는데, 여기에서는 어떠한 외부의 영향으로 평형 상태에 있는 배를 경사시키려고 작용하는 모멘트를 **경사모멘트**(heeling moment)라고 정의한다.

"안정한 평형" 상태에 있는 배를 경사시키면 제4장 그림 4.9에서 나타낸 바와 같이 중력 W와 부력 Δ의 짝힘에 의해 **복원모멘트**(restoring moment or righting moment)가 발생한다. 따라서 어떠한 외부의 영향으로 평형 상태에 있는 배를 경사시키려는 경사모멘트가 발생하면 경사에 의해 발생하는 복원모멘트와 큰 관계를 가지게 된다.

제5장에서는 평형 상태에 있는 배를 경사시키는 요인과 경사에 의해 발생하는 복원모멘트의 관계에 대하여 고찰한다.

5.1 바람에 의한 경사모멘트

배가 옆 바람(횡풍)을 받을 때 그림 5.1과 같이 풍압력은 수면상의 선체에 작용하고, 옆바람에 의하여 생기는 옆으로 표류 시의 물의 저항은 배의 수면 아래 부분에 바람 방향과 반대 방향으로 작용한다.

이럴 때 배의 평형은 다음과 같이 말할 수 있다.

❶ 배는 옆 바람(횡풍)에 의해 경사와 표류 속도를 점차 늘리면서 바람 부는 쪽으로 표류한다.

❷ 표류 속도의 증가와 함께 물로부터 받는 저항도 증가해 간다.

❸ 이때 풍압력과 저항의 짝힘에 의한 경사모멘트는 배를 경사시키지만, 배에는 경사에 의해 중력 W와 부력 Δ의 짝힘에 의한 복원모멘트가 발생하여 경사각의 증가에 비례하여 커져 간다.

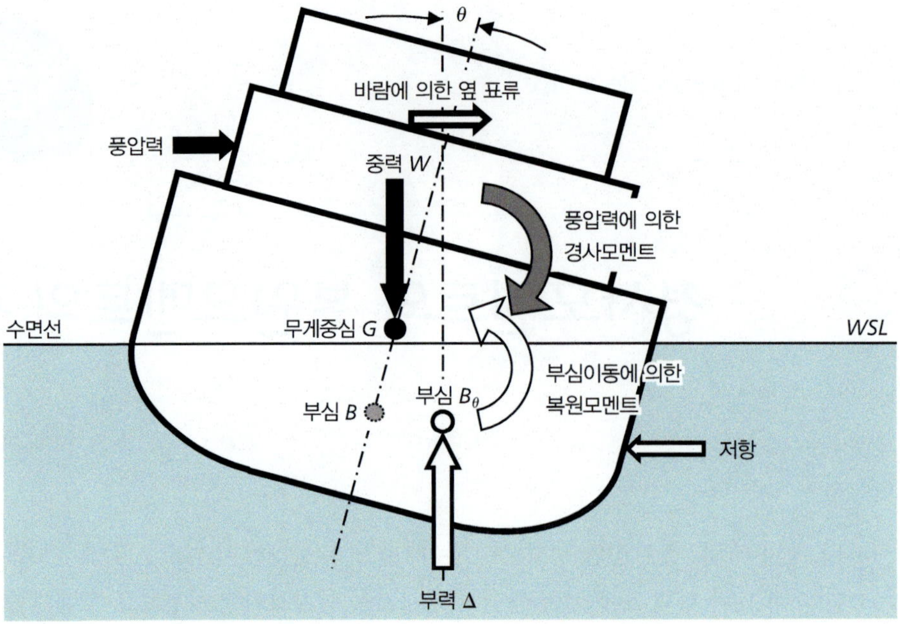

그림 5.1 바람에 의한 배의 경사.

❹ 어떠한 표류 속도에 도달했을 때 저항이 풍압력과 같게 되어 경사모멘트가 일정하게 된다.

❺ 옆 바람에 의한 경사모멘트에 의하여 배는 경사하지만, 경사함으로써 발생한 복원모멘트의 크기가 경사모멘트와 같게 되는 경사각에서 평형 상태로 된다.

❻ 이 평형 상태의 배는 일정한 각도로 경사한 상태에서 일정한 속도로 바람 부는 쪽으로 표류한다.

이상의 상태를 도시하면 대략 그림 5.2와 같다.

배가 직립 상태에서 경사하여 옆 표류하여도 배의 측면에 작용하는 풍압력 및 수면 밑의 배에 작용하는 저항은 실질적으로는 직립 상태와 같다고 생각해도 큰 문제는 없다. 또한 배의 중력 W는 경사해도 변함없이 무게중심 G에 작용하고, 부심 B는 경사에 의해 부심 B_θ로 이동하지만 부력 Δ의 크기는 직립 상태와 같다. 따라서 옆 바람(횡풍)을 받는 배는 직립 상태에서의 중력 W와 부력 Δ가 같은 중심선 위에서 떨어져 짝힘이 되어 복원모멘트를 발생시키지만, 풍압력과 저항의 짝힘에 의한 경사모멘트와 그 크기가 같게 될 때 경사 상태인 채 일정한 속도로 옆 표류하여 가는 상태에서 평형 상태가 된다.

여기서는 단순한 옆 바람(횡풍)에 대하여 설명했지만 해상에서는 갑작스러운 돌풍이 불 수 있다. 돌풍에 의한 선박의 경사에 대해서는 "**제12장 배의 동적 복원성**"에서 상세하게 설명한다.

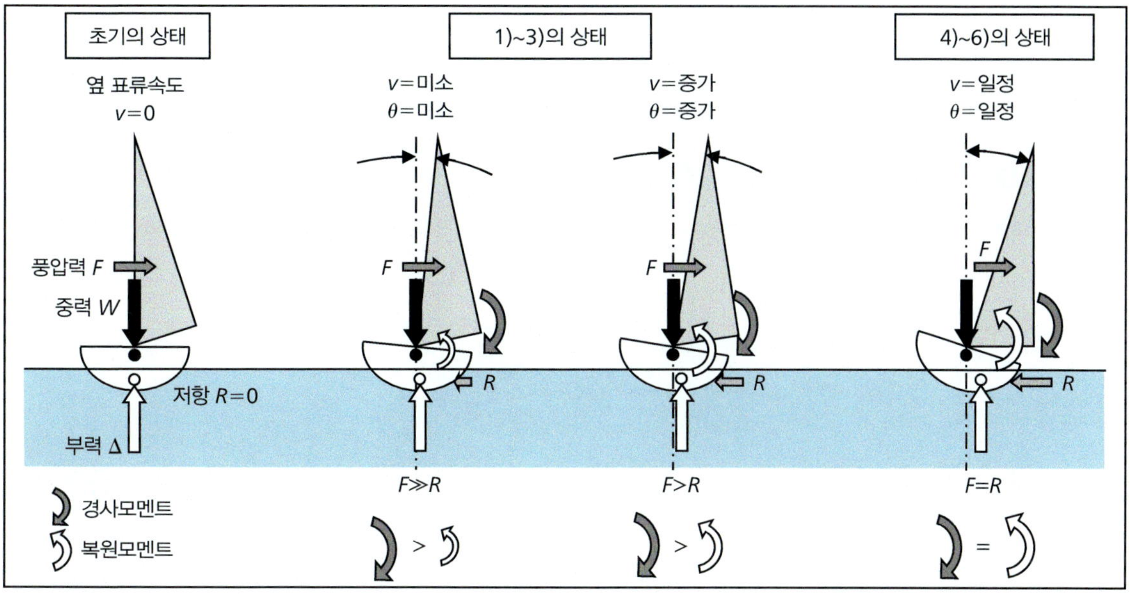

그림 5.2 바람에 의한 배 경사의 시계열적인 그림.

5.2 적화물의 이동에 의한 경사모멘트

적화물, 여객 그리고 유동 물질 등과 같은 중량물이 배 안에서 이동하면 배의 무게중심 G도 그 이동에 따라 이동한다. 배 안의 중량물이 그림 5.3에 보이듯이 배 안의 a점에서 b점까지 이동하면 배의 무게중심 G는 중량물이 이동 방향과 평행하게 G점에서 G'점으로 이동한다.

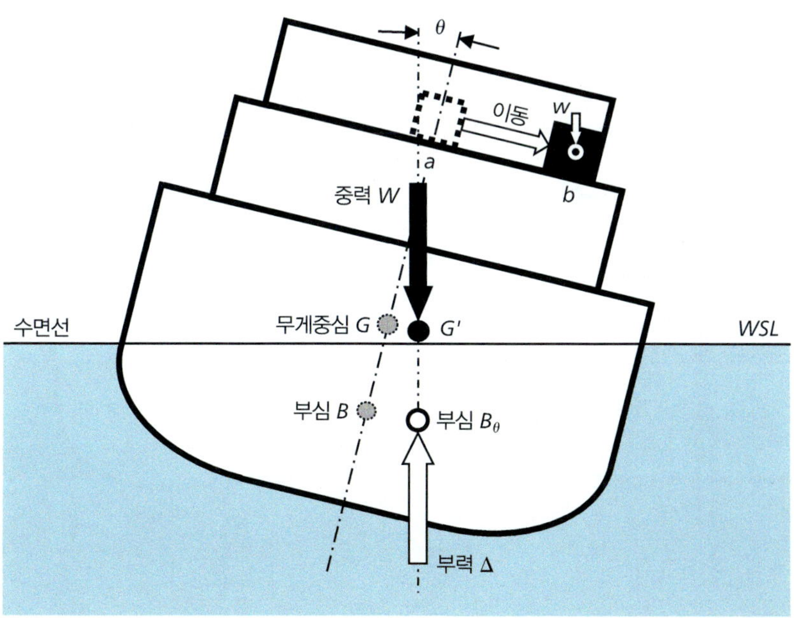

그림 5.3 적화물의 이동에 의한 배의 경사.

이때 배는 부심 B_θ가 새로운 무게중심 G'의 바로 밑으로 올 때까지 경사져 가고, 부심 B_θ와 무게중심 G'이 연직선 위에 위치하는 경사 상태에서 평형한다.

이럴 때 배의 평형을 더 구체적으로 살펴보면 다음과 같이 말할 수 있다.

❶ 중량물을 이동시키면 중량물의 무게 $w \times$ 중량물 이동 거리 ab만의 모멘트가 발생한다.

❷ 이 모멘트는 배의 중력 $W \times$ 무게중심의 이동 거리 GG'와 같다. 따라서 배의 무게중심 이동 거리는 다음 식으로 구할 수 있다(제1장 "**1.5절 일부 물체의 이동과 전체의 무게중심 이동**" 참조).

$$GG' = \frac{w \times ab}{W}$$

❸ 중량물의 이동에 의하여 경사모멘트가 발생하고 그에 따라서 배의 무게중심이 G에서 G'으로 이동하지만, 경사의 초기 단계에서는 그림 5.4에 나타낸 바와 같이 무게중심 이동에 의한 중력 W와 부력 Δ의 짝힘에 의한 경사모멘트에 의하여 배가 경사하기 시작한다.

❹ 경사하기 시작하면 부심 B도 경사 방향의 B_θ로 이동해 가고 부심의 이동에 따라 경사 모멘트는 점차 작아져 간다.

❺ 배의 경사와 함께 부심 B_θ의 이동이 커져 이윽고 경사모멘트가 없어지는 위치, 즉 그림 5.3과 같이 새로운 중심 G'의 바로 밑으로 온다.

❻ 이때 중력 W와 부력 Δ가 연직선 위에 작용하게 되므로 경사 상태인 채 평형 상태가 된다.

배가 적화물의 이동에 의해 경사 상태로 평형 상태가 된 경우 무게중심과 부심이 이동하

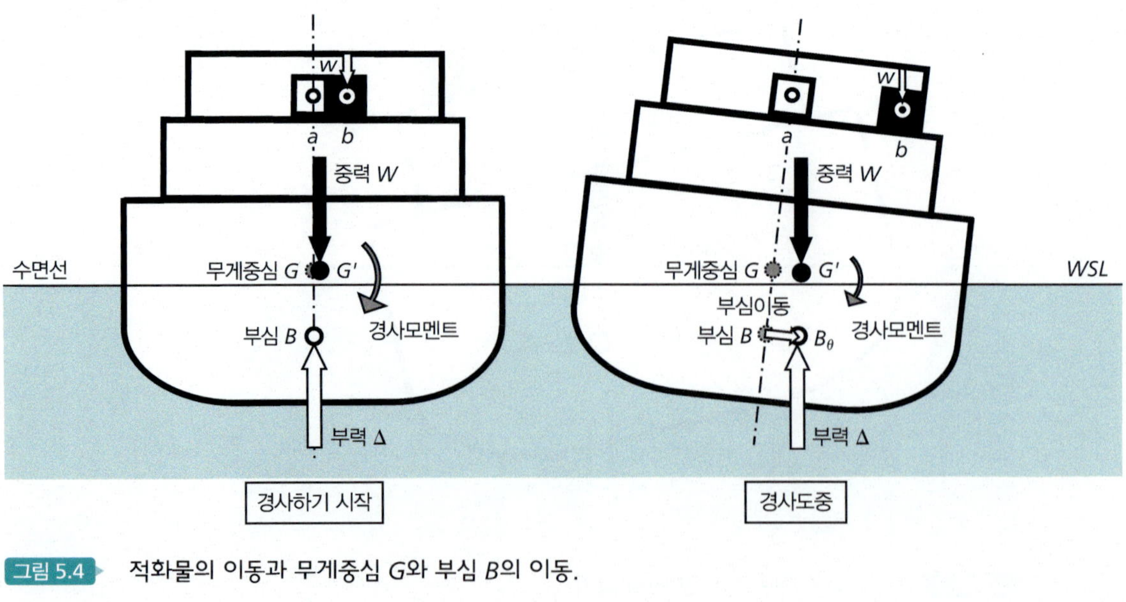

그림 5.4 적화물의 이동과 무게중심 G와 부심 B의 이동.

고 있기 때문에 경사모멘트도 복원모멘트도 존재하지 않는다. 그러나 무게중심 이동의 원인인 중량물을 원래 위치로 돌려 놓으면 배의 무게중심이 원래 G점으로 돌아가기 때문에 중력 W와 부력 Δ의 짝힘에 의한 복원모멘트가 발생한다. 따라서 이 복원모멘트가 중량물의 이동에 의한 경사모멘트와 평형하고 있었다고 볼 수 있다.

여기서는 적화물의 이동 시간 등에 대해서는 생각하지 않고 단순한 옆 이동과 그에 따른 경사에 대하여 고찰했지만, 다수의 승객이 갑자기 옆으로 이동하거나 어떠한 원인으로 급격한 화물의 이동이 발생하는 경우 등에 대해서는 언급하지 않았다. 이러한 상태에 대해서는 **"제12장 배의 동적 복원성"**에서 상세히 설명한다.

5.3 적화물을 들어 올릴 때의 경사모멘트

배가 그림 5.5에 보이듯이 선내의 중량물 w를 들어 올려 현측에서 안벽으로 내려놓으려고 하는 경우를 생각한다. 이 경우 중량물 w에 의한 힘은 들어 올리는 높이와 배의 경사에는 관계없이 붐(boom) 선단의 들어 올리는 점 a를 통하여 배에 작용한다. 따라서 그림 5.5(a)에서 붐 선단 a'에서 배 안의 b에 있는 중량물 w를 들어 올릴 때 들어 올린 순간 그 높이 bc에 관계없이 그 중량물 w는 붐 선단인 a'에 직접 작용하여 직립 상태의 배의 무게중심 G가 배의 중심선 위에 있었다면 무게중심 G''으로 이동한다. 그 이동량인 GG''은 다음 식으로 구할 수 있다.

$$GG'' = \frac{w \times ba'}{W}$$

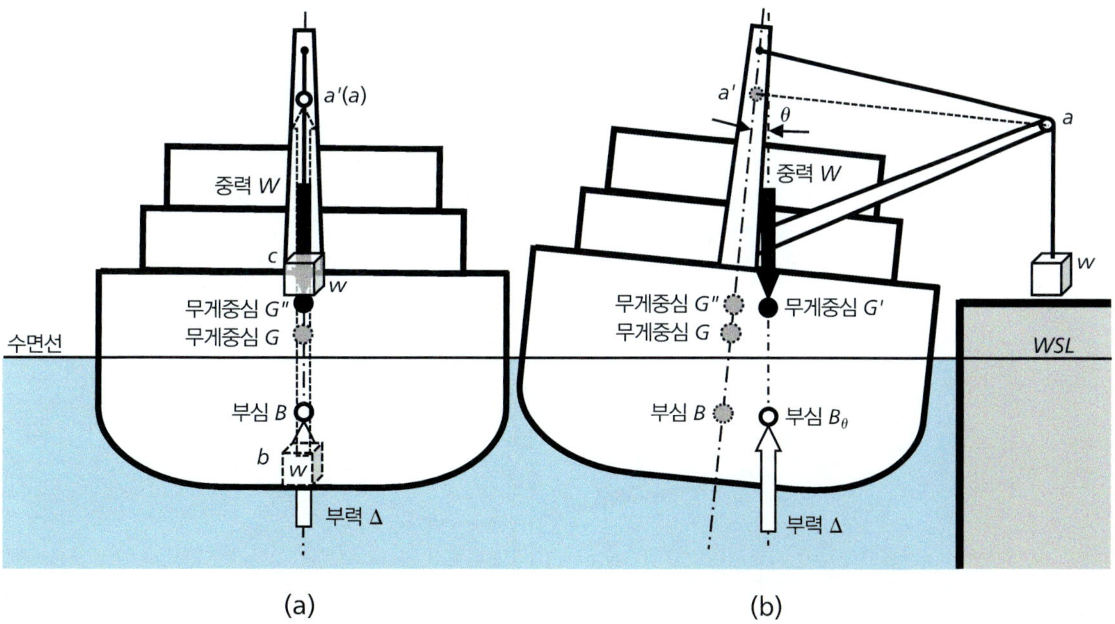

그림 5.5 하역 시의 무게중심 이동.

그 후 붐 선단에 들어 올린 중량물 w를 현측의 안벽 쪽으로 돌린 경우, 중량물 w는 그림 5.5(b) a'점에서 a점으로 이동하고 배의 무게중심은 당연히 배의 중심선 위의 G''에서 새로운 무게중심 G'으로 이동한다. 그 이동량 $G''G'$은 다음 식으로 구할 수 있다.

$$G''G' = \frac{w \times a'a}{W}$$

배는 붐 선단에 매달린 중량물 w를 현측으로 돌려감에 따라 무게중심이 G''에서 G'으로 이동해 가기 때문에 경사해 가지만 동시에 부심 B도 경사 측으로 이동해간다. 그리고 들어 올린 중량물 w를 안벽에 내려 놓을 시점에서 경사에 따라 이동했던 부심 B_θ가 새로운 무게중심 G'의 바로 밑으로 와서 중력 W와 부력 Δ가 연직선 위에 작용하게 되어 경사 상태인 채 평형 상태로 된다. 또한 **안벽의 중량물을 들어올릴 경우** 배의 배수량이 중량물의 무게만큼 증가하고, 그만큼 흘수도 증가한다는 것을 고려하여 생각해야 한다.

5.4 배의 선회에 의한 경사모멘트

배가 선회를 시작하면 그림 5.6과 같이 배에는 여러가지 힘이 발생한다. 여기서는 중대형 배가 좌현 선회(왼쪽 회전, 오른쪽 선회는 우현 선회)할 때의 선미에서 본 배의 상태에 대해 생각해 본다.

또한 배가 **타**(舵: ruder)를 왼쪽으로 돌려 좌현 선회하기 시작했을 때부터 정상 선회 상태에서 배에 작용하는 힘과 그 힘의 작용에 의한 배의 경사에 대하여 생각한다.

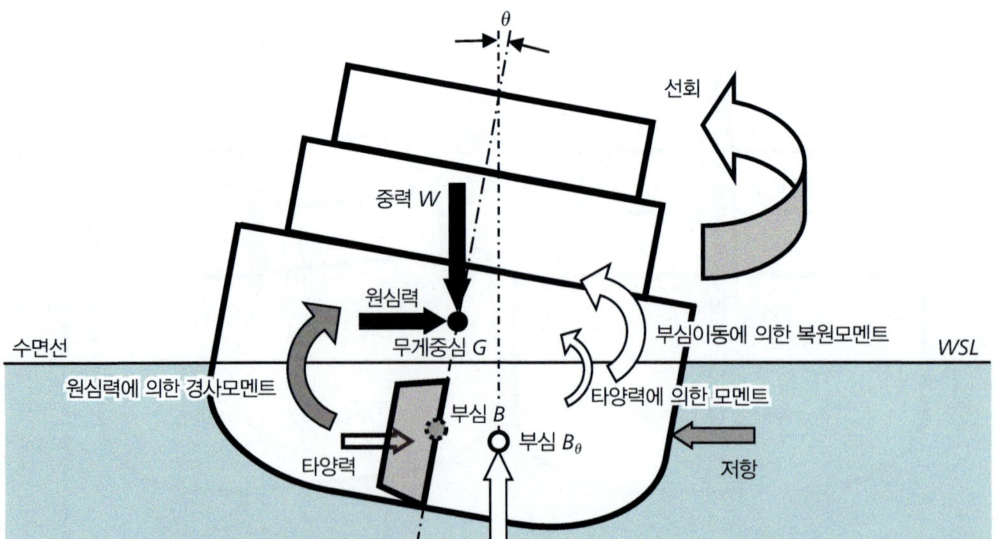

그림 5.6 중대형 배가 왼쪽으로 타를 돌렸을 때의 선회 상태.

이럴 때 배의 평형 상태는 다음과 같이 말할 수 있다.

❶ 배가 선회를 위해 왼쪽으로 타를 돌리면 타에는 진행 방향과 직각 방향으로 양력(이후 타양력이라 부름)이 발생하고, 그 우현 방향으로의 타양력에 의해 배는 우현 쪽으로 밀려가고 물로부터 받는 저항도 발생하여 동시에 타양력과의 짝힘에 의한 모멘트로 좌현 쪽으로 경사하려고 한다.

❷ 동시에 좌현 선회가 시작한다.

❸ 좌현 선회가 시작하면 배의 무게중심 G에는 수평 우현 방향으로 원심력이 발생하고, 배는 이로 인해 우현 쪽으로 밀려감이 점차 늘려 간다.

❹ 우현 쪽으로 밀려가기가 증가함에 따라 물로부터 받는 저항도 증가해 간다.

❺ 이때 원심력과 저항의 짝힘에 의한 경사모멘트는 배를 우현 쪽으로 기울여지도록 작용하지만, 동시에 경사에 따라 부심 B가 경사 방향인 부심 B_θ로 이동하기 때문에 배에는 경사에 의한 중력 W와 부력 Δ의 짝힘에 의하여 복원모멘트가 발생한다. 이것은 경사각의 증가에 비례하여 커진다.

❻ 우현 쪽으로 밀려가는 속도가 어떤 속도에 도달했을 때 저항이 원심력과 같게 되어 경사모멘트가 일정하게 된다.

❼ 좌현 선회 시 발생하는 원심력과 저항의 짝힘에 의한 경사모멘트는 배를 우현 쪽으로 경사하도록 작용하나 경사함으로써 발생하는 선박의 복원모멘트의 크기가 경사모멘트와 같게 되는 경사각에서 평형 상태가 된다.

❽ 이 평형 상태의 배는 일정한 각도로 우현 쪽으로 옆 경사한 상태인 채 좌현 선회하게 된다.

우현 선회 시에도 개념은 똑같다. 따라서 배가 선회하여 경사 상태에 있는 경우 배의 중력 W와 부력 Δ가 직립 상태에서 동일한 선 위에서 떨어져 짝힘이 되어 원심력과 저항의 짝힘에 의한 경사모멘트와 같게 되는 복원모멘트에 도달했을 때 경사 상태인 채 평형 상태가 되어 선회한다.

유람선과 같은 작은 배의 경우 선회 시의 타양력에 의한 경사 모멘트가 상대적으로 크기 때문에 그림 5.7과 같이 중대형 배와는 다른 경사 상태를 한다.

이럴 때 배의 평형 상태는 다음과 같이 말할 수 있다.

❶ 배가 선회를 위하여 왼쪽으로 타를 돌리면 타양력이 우현 방향으로 발생한다. 작은 배의 경우 타 면적과 배의 수면 밑 종단면적의 비율은 중대형 배의 그것에 비하여 매우 크고, 따라서 타에 작용하는 타양력과 배수량의 비율도 중대형 배의 그것에 비교하면 매우 커진다.

❷ 타양력에 의하여 배는 우현 쪽으로 밀리지만 동시에 큰 타양력에 의한 좌현 쪽으로의 경사모멘트가 크고 좌현 쪽으로 크게 경사한다.

❸ 동시에 좌현 선회가 시작한다.

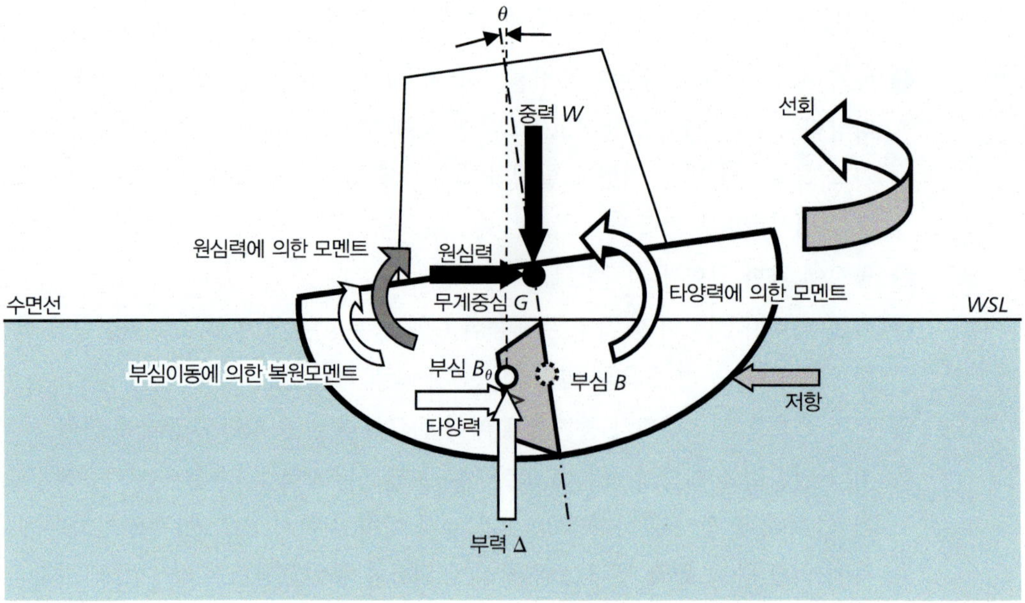

그림 5.7 작은 배가 왼쪽으로 타를 돌렸을 때의 선회 상태.

❹ 좌현 선회를 시작하면 배의 무게중심 G에는 수평 우현 쪽으로 원심력이 발생하고 배는 이로 인해 우현 쪽으로 밀려가기 시작한다.

❺ 우현 쪽으로 밀려가기가 증가함에 따라 물로부터 받는 저항도 증가해 간다.

❻ 이때 원심력과 저항의 짝힘에 의한 경사모멘트가 발생하지만 배수량이 작기 때문에 원심력도 작고 물밑 모양도 작기 때문에 저항도 작고하여 회전에 의한 원심력과 저항의 짝힘에 의한 경사모멘트는 상대적으로는 크지 않다.

❼ 따라서 타양력에 의한 좌현 쪽으로 작용하는 경사모멘트에 의해 좌현 쪽으로 경사하면 경사에 따라 부심 B가 경사 방향의 부심 B_θ로 이동하기 때문에, 배에는 경사에 의해 중력 W와 부력 Δ의 짝힘에 의한 복원모멘트가 발생한다.

❽ 큰 타양력에 의한 좌현 쪽으로의 경사모멘트가 원심력과 저항의 짝힘에 의한 모멘트와 경사함으로써 발생하는 배의 복원모멘트의 합 모멘트가 같게 되는 경사각에서 평형 상태가 된다.

❾ 이 평형 상태의 배는 일정한 각도로 좌현 쪽으로 옆 경사한 상태인 채 좌현 선회하게 된다.

작은 배가 우현 선회 시에도 개념은 똑같다. 따라서 작은 배가 선회하여 경사 상태에 있는 경우 배의 중력 W와 부력 Δ가 직립 상태인 동일한 선 위에서 떨어져 짝힘이 되고, 원심력과 저항의 짝힘이 함께 복원모멘트가 되어 큰 타양역에 의한 좌현 쪽 경사모멘트와 같게 되었을 때 경사 상태인 채 평형 상태가 되어 선회한다.

5.5 좌초에 의한 경사모멘트

배가 좌초하여 그림 5.8과 같이 배의 밑바닥(선저)의 일부가 암초에 얹힘 상태를 생각한다.

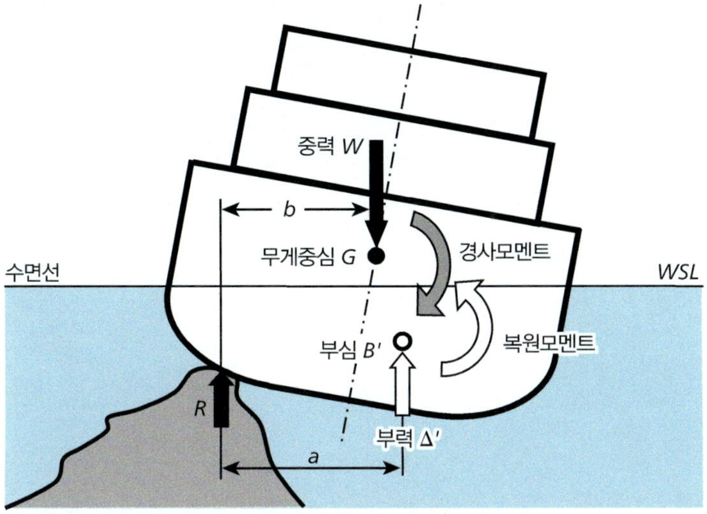

그림 5.8 좌초 시 배의 경사.

이러한 상태에서는 배에 작용하는 부력 Δ'은 당연히 좌초하기 전에 배에 작용하는 부력 Δ보다 작고, 작아진 몫이 암초에서의 반력 R이라 보면 된다. 따라서 배는 작아진 부력 Δ'와 암초로의 반력 R에 의해 지탱되고 있는 셈이다.

이때 배에는 반력 R을 지탱점으로 여기에 배의 무게중심 G까지의 거리를 지레 b로 하는 경사 모멘트(W × b) 및 지탱점 R에서 작아진 부력 Δ'이 작용하고 있는 부심 B'까지의 거리를 지레 a로 하는 복원모멘트($\Delta' \times a$)가 작용한다. 배는 이 두 모멘트가 같게 되는 경사에서 평형 상태가 된다.

$$W \times b = \Delta' \times a$$

좌초에서 이초하려는 경우 만조 시에 반력 R이 0 (zero)으로 되어야 한다. 만조 시에 반력 R이 0이 되지 않는 경우는 화물 등을 배에서 내려 놓아 배를 가볍게 하여 반력 R이 0이 되도록 한다.

그림 5.9(a)는 그림 5.8에서 보인 바와 같이 좌초 후 수면이 상승하는 도중의 개념도이고, 그림 5.9(b)는 반력 R이 0으로 되어 이초한 상태를 나타낸다. 이 반대의 경우가 암초 위에 정박했다가[그림 5.9(b)의 상태], 썰물과 함께 좌초[그림 5.8 및 그림 5.9(a)의 상태]하는 것이다.

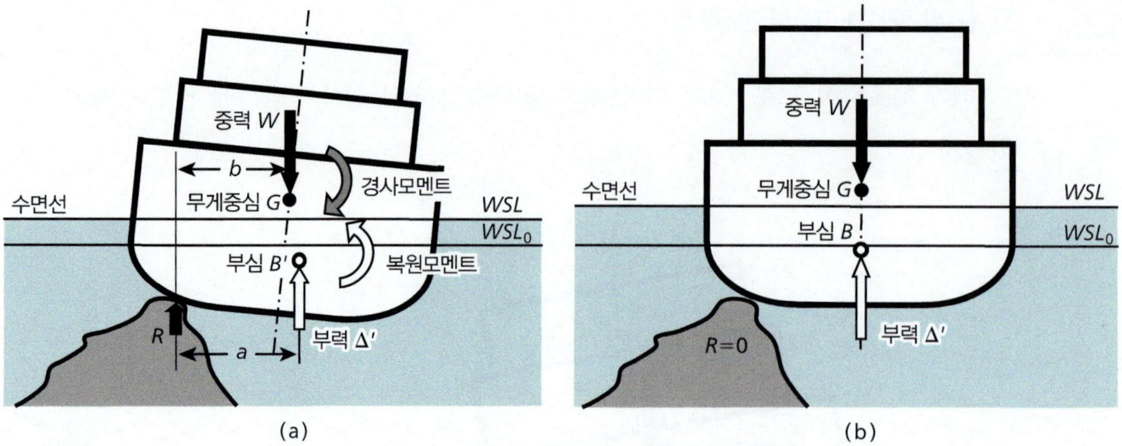

그림 5.9 (a) → (b) 이초와 (b) → (a) 좌초의 개념도.

제6장

복원성곡선의 물리적 의미

제 4장 "**4.4절 복원성곡선**"의 그림 4.9에서 나타낸 바와 같이 배를 경사시킨 경우, 이동한 부심 B_θ를 통하여 정수면에 수직이며 위쪽으로 작용하는 부력 작용선에 배의 무게중심 G에서 수직인 직선을 긋고 그 교점을 Z로 한다. 이때 배의 무게중심 G에 작용하는 배의 중력 W와 Z를 통하여 위쪽으로 작용하는 부력 Δ는 짝힘(couple)이 되고 **GZ를 복원지레**(또는 **복원정**: righting arm or righting lever)로 배의 경사를 원래로 되돌리려고 하는 **복원모멘트**(restoring moment or righting moment) $W \times GZ(\theta)$가 생긴다. 이때 복원지레 $GZ(\theta)$는 배의 경사 상태 θ에 따라 그 크기가 다르기 때문에 복원모멘트도 당연히 달라진다.

배의 복원모멘트에 대하여 고찰할 때 배의 중력 W (= 배수량 W)는 경사하여도 다르지 않기 때문에 복원모멘트 대신 복원지레 $GZ(\theta)$의 크기를 가지고 검토하는 것이 일반적이다. 따라서 복원모멘트의 검토나 그의 크고 작은 판단은 배의 경사 및 그에 따른 복원지레 $GZ(\theta)$을 구하고 그 변화를 도시하여 사용한다.

배의 **복원성곡선**(stability curve)은 경사각의 크기에 따라 변화하는 복원지레 $GZ(\theta)$를 나타내는 곡선을 말한다. 즉 경사각 θ를 가로축에 복원정(지레) GZ를 세로축으로 하여 도시한 제4장의 그림 4.10의 필요한 부분을 새롭게 도시하면 대략 그림 6.1과 같은 모양이 된다. 이것을 **정적 복원성곡선**(curve of statical stability)이라고도 한다.

그림 6.1에 나타낸 **복원성곡선**(**복원지레곡선** 또는 **GZ 곡선**)은 경사각 θ에 따라 변화하는 복원지레 $GZ(\theta)$의 곡선인 것은 이미 언급한 대로지만, 이것을 좀 더 자세히 살펴보면 다음과 같은 특성을 알 수 있다.

일반적인 복원성곡선을 배의 경사 상태와 함께 표시하면 그림 6.1처럼 된다. 이 그림에서는 배가 직립 상태(경사각 0°)에서 경사각 θ_1, θ_2, ..., θ_5로 경사가 커지면 그에 따라 부심 B_θ는 B_1에서 B_2, ..., B_5로 이동하고, 복원지레 $GZ(\theta)$의 크기도 변화하고 있음을 알 수 있다.

배의 경사각에 따른 복원지레 $GZ(\theta)$의 변화를 그림에 따라 구체적으로 설명하면 다음과 같다.

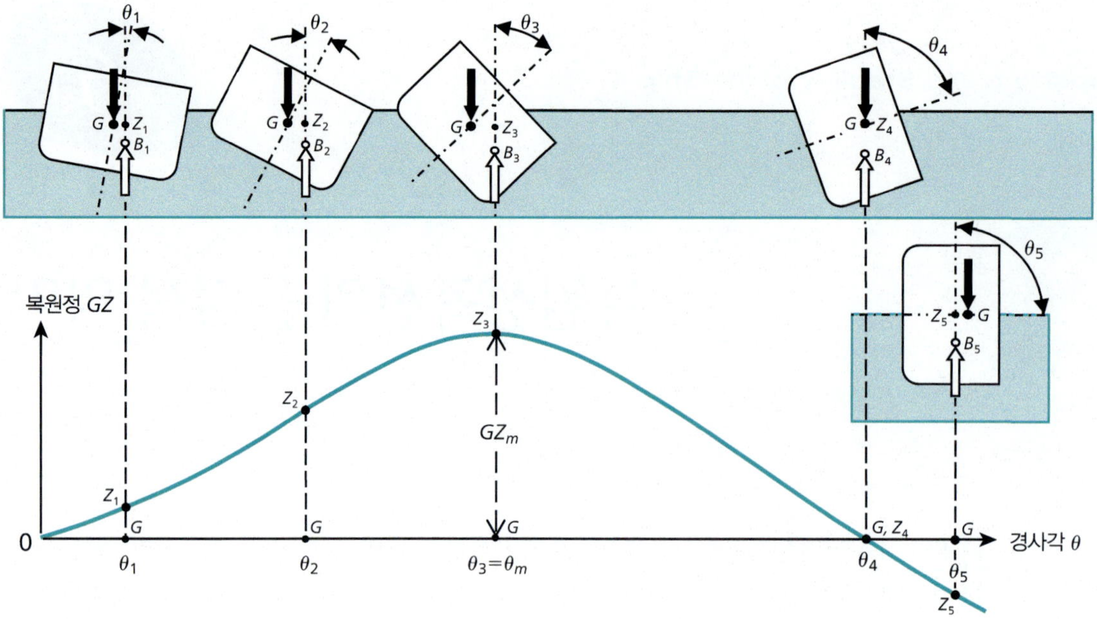

그림 6.1 정적복원성곡선.

❶ 경사가 θ_1 정도의 작은 각도 내에서는 부력 작용선이 메타센터 M을 통과한다고 보아도 지장이 없고, 따라서 제4장 "**4.5절 메타센터 높이**(metacentric height) ***GM*과 복원성 곡선과의 관계**"에서 언급한 바와 같이 초기 복원성 범위라고 볼 수 있으므로 복원지레 $GZ(\theta)$는 $GM \cdot \sin\theta$로 증가한다. 또한 원점 근처에서는 복원지레 곡선의 원점에서의 구배로 증가한다.

❷ 경사가 θ_1보다 커지면 메타센터 M이 프로 메타센터 M_p로 변화하고, 게다가 건현 갑판(freeboard deck) 선측부가 수면 밑으로 몰입하는 각도 θ_2까지 경사각이 증가하면 수선면적의 증가와 함께 부심이 크게 옆으로 이동하기 때문에, 복원지레 $GZ(\theta)$도 증가하고 그 구배도 커진다.

❸ 경사가 건현 갑판 선측부가 수면 밑으로 몰입하는 각도 θ_2를 넘어 커지면 수선 면적이 감소하고, 이에 따라 프로 메타센터 높이가 작아지기 때문에 복원지레 $GZ(\theta)$의 구배도 작아진다.

❹ 복원지레 $GZ(\theta)$는 경사에 따라 증가하고 빌지 부분이 수면에 나오는 경사각 부근에서 최대로 된다. 이때의 GZ를 **최대 복원지레**(maximum righting arm) GZ_m, 그 경사 각도를 **최대 복원성각(도)**(angle of maximum stability) θ_m이라 한다.

❺ 경사가 θ_m 이상 커지면 복원지레 $GZ(\theta)$는 경사할수록 작아지지만 양(+)이기 때문에 양복원성(positive stability)이라 할 수 있다. 그러나 이 범위에서의 복원성곡선의 구배는 음(−)이 된다.

❻ 또한 경사가 커지고 부심 B_4가 무게중심 G의 바로 밑으로 올 때까지 경사하면 $GZ = 0$이 되어 복원지레 $GZ(\theta)$곡선은 가로축과 교차한다. 이 각도를 **복원성소멸각**(angle of vanishing stability)이라 하며, 직립 상태(upright condition)에서 이 복원성소멸각까지를 **복원성범위**(range of stability)라 한다.

❼ 복원성소멸각보다 조금이라도 경사가 커지면 음(−)의 복원성(negative stability)이 된다. 이때 중력 W와 부력 Δ의 짝힘에 의한 모멘트는 배를 더욱 경사하도록 작용하며, 따라서 원래의 직립 상태로는 복원하지 않고 배는 **전복**(capsizing)한다.

6.1 큰 각도로 경사한 경우의 부심 및 프로 메타센터 M_p

배가 경사해 갈 때의 복원성곡선의 변화에 대해서는 앞에서 설명한 바와 같이 여기서는 배가 큰 각도로 경사한 경우의 복원성에 대하여 자세히 살펴보기로 한다.

제4장 그림 4.4와 같이 배가 경사각 θ_1로부터 θ_2, ..., θ_5로 경사가 커져 가면 그에 따라 부심 B_θ도 B_1으로부터 B_2, ..., B_5로 이동한다. 이러한 부심 위치를 B로부터 B_1, B_2, ..., B_5로 연결한 곡선을 **부심궤적**(locus of buoyancy or curve of buoyancy)이라고 부른다. 이를 하나의 그림으로 나타낸 것이 그림 4.5이다.

배가 임의의 경사각 θ에서 미소각 $\Delta\theta$만 더 경사한 경우 부심은 B_θ에서 $B_{\theta'}$으로 이동하고 그때의 부심궤적의 곡률 중심을 M_p라고 하면, 이 점 M_p는 제4장 "**4.1절 부심궤적**(locus of buoyancy)**과 메타센터**(metacenter) M"에서 정의한 **프로 메타센터**(pro-metacenter)이다. 다만 부심 B_θ가 직립 상태의 부심 B라면 이때 M_p는 당연히 메타센터 M을 가리키고 있다.

직립 상태에서 경사각을 증가시켜 가면 어떤 경사각의 부심 B_θ와 그 경사각보다 미소각 $\Delta\theta$만 경사를 증가시킨 경우의 부심 $B_{\theta'}$을 통하는 2개의 부력 작용선으로부터 프로 메타센터 M_p를 구할 수 있다.

그림 6.2에서 보듯이 배가 미소각 $\Delta\theta$만 경사했을 때의 부심 B, 그리고 메타센터 M에서 출발하여 경사각 θ_1로부터 θ_2, ..., θ_5로 경사가 커져 가면 그에 따라 부심도 B_1에서 B_2, ..., B_5로 이동하지만, 이러한 부심 위치에 대한 프로 메타센터 M_p의 위치가 M_1, M_2, ..., M_5이다. 또한 경사각이 더 커져 가도 임의의 경사각에 대한 프로 메타센터 M_p를 구할 수 있다. 이처럼 프로 메타센터 M_p의 위치는 부심 위치의 이동에 따라 변화하는 것을 알 수 있다.

이때 $B_\theta M_p$는 부심궤적의 곡률 반경이기 때문에 제4장 "**4.2절 메타센터 반경 BM을 구하는 방법과 메타센터 M의 위치**"에서 설명한 직립 상태에서 부심궤적의 곡률 반경(또는 메타센터 반경) BM을 구할 때와 마찬가지로 생각하면 (4.8)식과 같이 다음 식으로 구할 수 있다.

$$B_\theta M_p = \frac{I_\theta}{V} \tag{6.1}$$

다만 I_θ는 배가 임의의 경사각 θ로 떠 있을 때의 수선면의 부면심을 지나는 세로축 주위

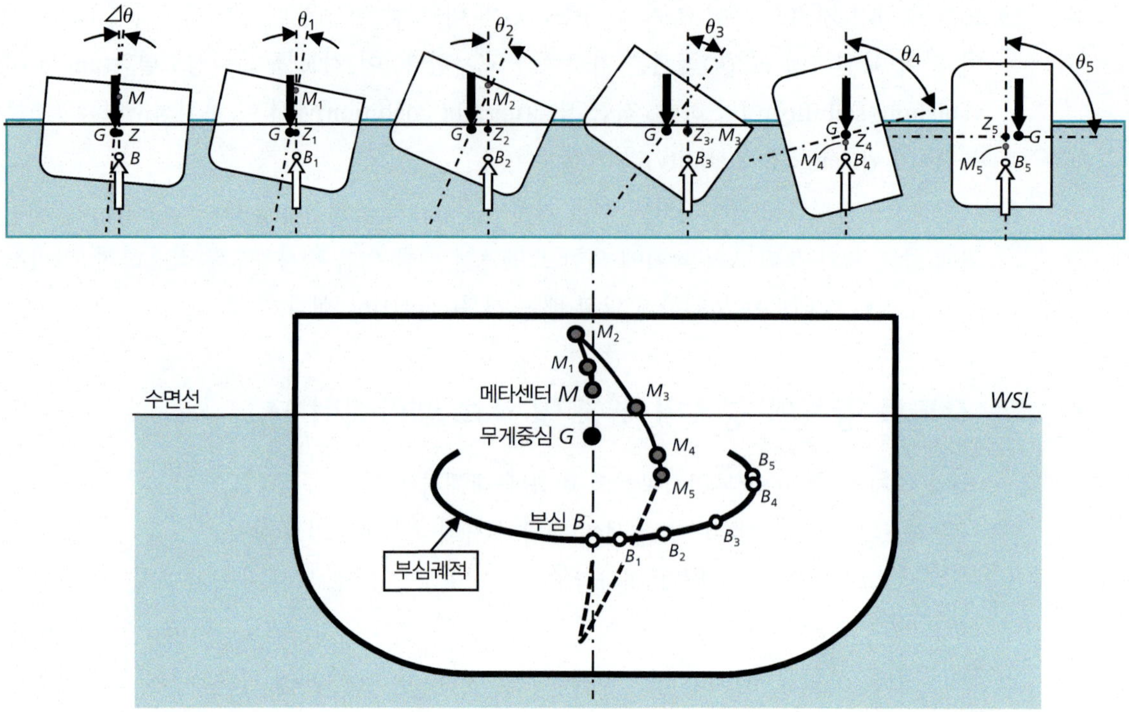

그림 6.2 부심궤적 및 프로 메타센터궤적.

의 단면 2차 모멘트이고 V는 배수용적이다. 제4장 그림 4.5와 그림 6.2는 경사 시의 부심궤적과 메타센터궤적의 일례를 나타내고 있다.

6.2 큰 각도로 경사한 경우의 복원모멘트

직립 상태에서 배의 초기 경사각 θ가 미소각 $\varDelta\theta$의 범위 내이면 메타센터 M은 일정한 지점에 있다고 보아도 지장이 없고, 이 범위에서의 복원모멘트를 일반적으로 초기 복원성이라 한다. 그때의 복원지레 $GZ(\theta)$를 제4장 "**4.5절 메타센터 높이**(metacentric height) ***GM*과 복원성곡선과의 관계**"에서 다음 식으로 나타냈다.

$$GZ(\theta) = GM \cdot \sin\theta$$

그러나 경사각 θ가 초기 복원성범위를 넘어 커지면 앞 절에서 설명한 바와 같이 배의 부심 이동에 따라 메타센터 M도 프로 메타센터(pro-metacenter) M_p로 이동하기 때문에 초기 복원성 범위를 넘는 경사 상태에 대해서는 다음 식과 같이 성립하지 않는다.

$$GZ(\theta) \neq GM_p \cdot \sin\theta$$

배의 경사가 초기 복원성범위를 넘어 커져도 배의 배수량은 일정하기 때문에 경사에 의한 노출부 P와 몰입부 S의 용적은 같다. 여기에서는 이 용적을 v로 한다.

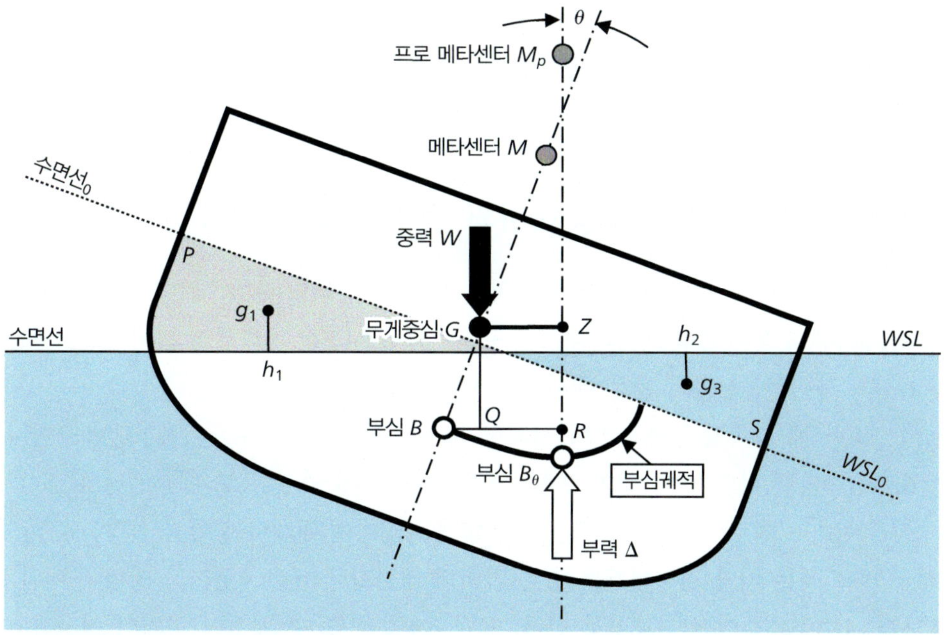

그림 6.3 배 경사 시의 노출부와 몰입부.

그림 6.3에 보이듯이 노출부 P와 몰입부 S의 용적 중심을 각각 g_1, g_2로 하고 그로부터 수면선 WSL에 각각 수직선을 긋고, 그 교점을 h_1, h_2로 한다. 또한 직립 상태의 부심 B로부터 큰 경사 시의 부심 B_θ를 통과하는 부력의 작용선에 수직선을 긋고, 그 교점을 R로 하여 무게중심 G에서 연직 아래쪽으로 선을 그어 BR과의 교점을 Q로 한다. 이때 부심의 평형에 의해 다음 식이 성립한다.

$$v \cdot h_1 h_2 = V \cdot BR \tag{6.2}$$

배가 큰 각도 경사한 경우의 복원지레 $GZ(\theta)$는 (6.2)식을 이용하면 다음 식과 같이 된다.

$$\begin{aligned} GZ(\theta) &= BR - BQ \\ &= BR - BG \cdot \sin\theta \\ &= \frac{v}{V} h_1 h_2 - BG \cdot \sin\theta \end{aligned} \tag{6.3}$$

다만 $BG \cdot \sin\theta$에 붙어 있는 음(−)의 부호는 무게중심 G가 부심 B보다 위에 있는 경우는 (−), 아래의 경우에는 (+)를 취한다. 그러므로 큰 각도로 경사한 경우의 복원모멘트는 다음 식과 같이 나타낼 수 있다.

$$W \cdot GZ = W\left(\frac{v}{V} h_1 h_2 - BG \cdot \sin\theta\right) \tag{6.4}$$

이 식을 Attwood의 식(Attwood's formula)이라고 한다. 이 식의 우변 제1항은 배의 형상에만 관계하기 때문에 **형상 복원성**(shape stability)이라고 하며, 둘째 항은 선박의 중량과 화물의 상하 방향의 분포 상태에 관계하기 때문에 **중량 복원성**(weight stability)이라고 부른다.

6.3 복원성곡선의 임의의 점에서의 구배와 프로 메타센터 M_p

복원성곡선과 원점에 있어서 접하는 접선 방정식의 원점으로부터 1라디안인 곳의 값이 메타센터 높이 GM을 나타내고 있음은 제4장 "**4.5절 메타센터 높이**(metacentric height) **GM과 복원성곡선과의 관계**"에서 이미 설명한 그대로이다.

또한 배가 직립 상태로부터 서서히 경사각이 증가하는 경우, 제4장의 그림 4.5와 그림 6.2에 나타낸 바와 같이 배의 부심이 이동하고 그에 따라 프로 메타센터 M_p도 이동한다는 것은 이미 보여주고 있다. 그러나 그 구체적인 의미에 대해서는 아직 설명하지 않고 있다.

여기서는 배가 경사해가는 경우 임의의 경사각에 대한 복원성곡선의 구배와 프로 메타센터 M_p에 대하여 살펴보기로 한다. 그림 6.4에서 볼 수 있듯이 임의의 경사각 θ의 수면선 WSL_0의 경사 상태로 떠 있는 배가 거기에서 미소각 $\varDelta\theta$만 경사를 증가시키면 부심은 B_θ에서 $B_{\theta'}$으로 이동하고 복원지레 GZ는 GZ'으로 된다.

여기서 임의의 경사각 θ에 있어서의 복원성곡선의 구배를 알아보기로 한다.

이제 그림 6.4에 있어서 배가 임의의 경사각 θ로부터 미소각 $\varDelta\theta$만 경사를 증가시킨 경우 부심은 B_θ에서 $B_{\theta''}$으로 이동하지만, 그때의 부심궤적의 곡률 중심을 M_p라 하면 복원성곡선의 구배는 그림 6.4, 그림 6.5에서 보면 다음 식과 같이 된다.

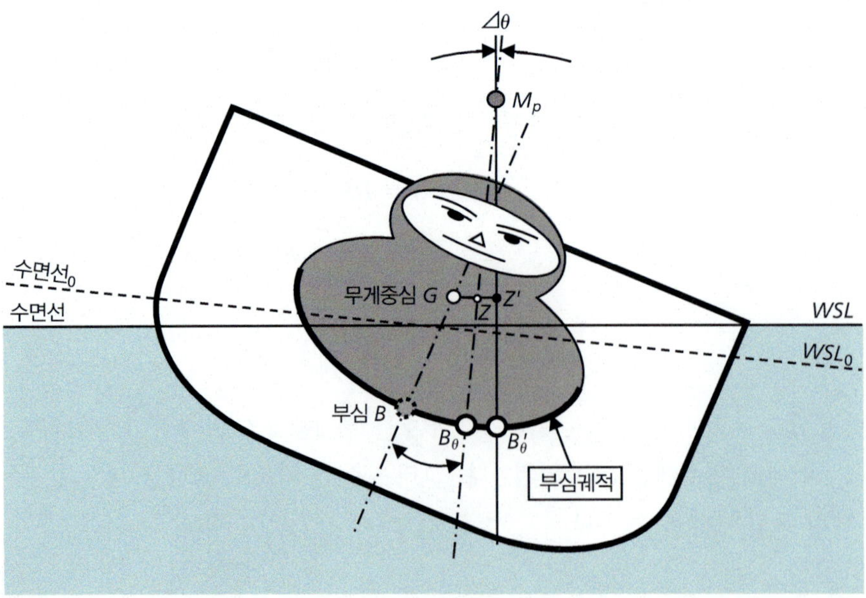

그림 6.4 프로 메타센터 M_p.

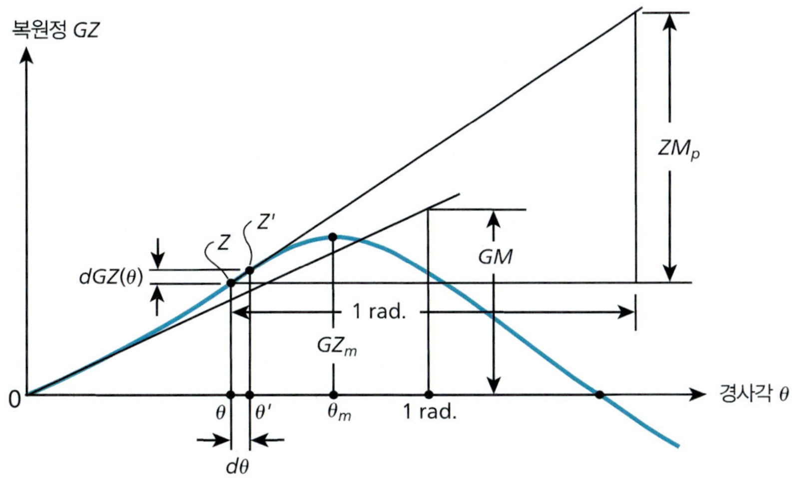

그림 6.5 ZM_p의 크기.

$$\frac{dGZ(\theta)}{d\theta} = \frac{GZ' - GZ}{d\theta} = \frac{ZM_p \cdot d\theta}{d\theta} = ZM_p \tag{6.5}$$

이 식은 (4.15)식을 참고로 하면 복원성곡선의 임의의 점에서의 구배를 보여주고 있음을 알 수 있다. 따라서 그림 6.5에서 보듯이 복원성곡선의 임의의 점으로부터 가로(횡)축에 평행하게 1라디안인 곳을 정하고 거기에서 수직으로 선을 세워 임의의 점에서의 접선과의 교점을 구하면 교차점까지의 높이가 ZM_p이다.

임의의 경사각 θ에서 $\varDelta\theta$만 경사가 커질 때 $\varDelta\theta$가 아주 작다(미소)면 ZZ'도 $B_\theta B_{\theta'}$도 수면선 WSL_0에 평행하다고 간주해도 지장이 없고, 따라서 그림 6.4에서 알 수 있듯이 ZM_p의 증감은 $B_\theta M_p$의 증감에 비례하고 있다고 볼 수 있다. 여기서 $B_\theta M_p$는 (6.1)식으로 구할 수 있다.

또한 여기서 말하는 M_p는 배의 임의의 경사각에 있어서의 부심궤적의 곡률 중심을 말하고 있기에 제4장 "**4.1절 부심궤적**(locus of buoyancy)**과 메타센터**(metacenter) ***M***" 및 "**6.1절 큰 각도로 경사한 경우의 부심 및 프로 메타센터 M_p**"에서 설명한 프로 메타센터(pro-metacenter) M_p를 나타내고 있다.

배는 직립 상태에서 경사가 커짐에 따라 수선면 폭이 증가하고 (6.1)식으로부터도 이해할 수 있듯이 $B_\theta M_p$가 늘어난다. 이것은 (6.5)식으로 나타낸 ZM_p가 증가하고 있음을 보여주고 있다. 따라서 그림 6.1을 참고로 하면 직립 상태에서 경사가 커져 갑판 선측부가 몰입 각도 θ_2의 근방까지는 복원성곡선의 구배가 커지고 있음을 보여주고 있다.

그림 6.1에서 경사가 건현 갑판 선측부의 몰입 각도 θ_2를 넘어 수선면적이 감소해 가면 복원성곡선의 구배도 작아지는 것을 알 수 있다. 즉 복원성곡선의 반곡점(反曲点)은 건현 갑판 선측부가 수면 아래로 몰입하기 시작한 경사각의 근방을 나타내고 있다.

또한 그림 6.1에 있어서 $\theta_3 = \theta_m$인 곳, 그림 6.5와 그림 6.7에서 θ_m인 곳에서 복원성곡선의 구배가 0 (zero), 즉 $ZM_p = 0$이 된다.

이를 그림으로 나타내면 그림 6.6과 같이 나타낼 수 있다. 즉 무게중심 G로부터 부력 작용선에 수직선을 긋고 그 교차점을 Z라 하면 Z와 똑같은 자리에 프로 메타센터 M_p(그림에서는 M_3)가 오는 것을 의미한다.

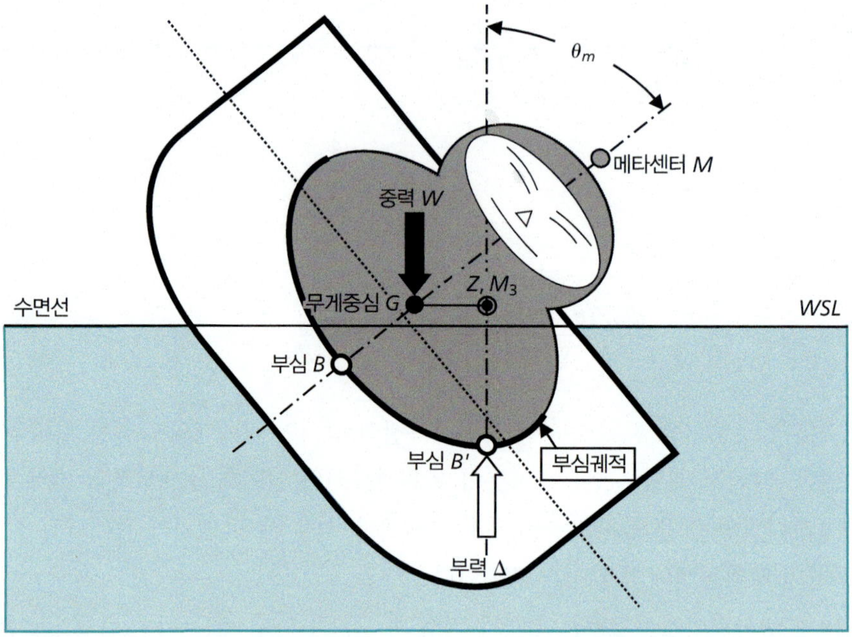

그림 6.6 $ZM_p = 0$ 상태의 개념도.

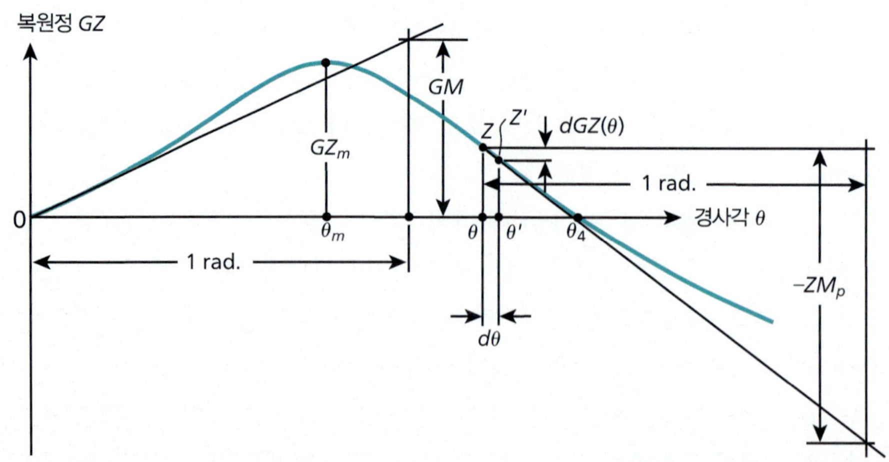

그림 6.7 복원성곡선이 음(−)의 구배에서의 ZM_p.

게다가 경사각이 θ_m을 넘으면 그림 6.7과 같이 복원성곡선은 음(−)의 구배로서 $ZM_\theta < 0$이 된다.

또한 경사각이 커지고 복원성범위의 한계까지 경사하면 그림 6.8과 같이 된다. 즉 프로 메타센터 M_p(그림에서는 M_4)가 무게중심 G의 바로 밑에 위치하고 있으며 $ZM_4 < 0$ ($GM_p < 0$)이기 때문에 불안정한 상태로 되는 것을 나타내고 있다. 따라서 그림 6.8에서 경사각 θ_4를 배가 기울어져 가는 경우의 **복원성소멸각** 또는 **전복각**이라 한다.

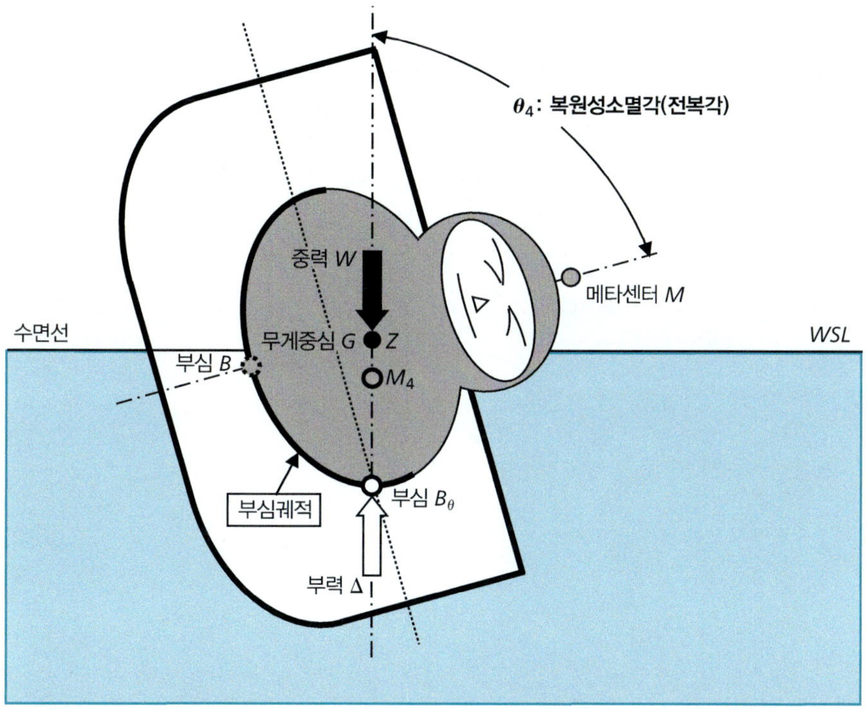

그림 6.8 복원성소멸각 또는 전복각에 있어서의 M_p의 개념도.

Capsizing and **Stability** of the **Ship**

제 7 장

교차곡선과 복원성곡선

배가 경사했을 때의 복원모멘트의 크기는 경사 상태인 배에 작용하는 중력 W와 부력 Δ의 위치에 따라 정해진다. 배가 직립 상태에 있을 때 부력 Δ는 중력 W와 동일한 연직선 위에 크기는 같고 반대 방향으로 작용하고 있지만, 배가 경사하면 그 크기는 변하지 않고 그 작용점, 즉 부심 위치는 이동한다.

배의 경사에 따라 무게중심 위치에 대한 부심의 수평 이동 거리를 알아내는 것으로 그 배의 복원모멘트를 알게 된다. 그러기 위해서는 경사 후 부심을 거치는 부력 Δ의 작용선과 무게중심 G까지의 수평 거리를 알아야 한다. 이 거리를 일반적으로 **복원지레**(righting arm or righting lever)라고 부르며, 부력 Δ의 작용선 위에 무게중심 G로부터 수직선을 긋고 그 교점을 Z로 하여 복원지레 $GZ(\theta)$로 나타낸다.

어떤 배수량의 배가 경사하는 경우 임의의 경사각 θ에 대하여 무게중심 G로부터 복원지레 $GZ(\theta)$를 직접 구하는 것도 가능하다. 그러나 화물의 상태에 따라 배의 배수량이 변화하는 것을 고려하면 변화하는 배수량에 따라 그때마다 복원지레 $GZ(\theta)$를 구하는 것은 실용적이지 않다. 또한 배의 무게중심 G의 위치도 적재한 화물 상태에 따라 상하(上下)로 변화하므로 이 점을 고려하면 어느 정해진 무게중심 위치에 대한 복원지레 $GZ(\theta)$을 구하는 것도 실용적이지 않다.

이러한 문제를 없애기 위하여 배의 중심선 위의 임의의 위치에 **가정 무게중심**(assumed center of gravity) G_A를 정하고, 이 G_A 주위에 배를 직립 상태(경사각 $\theta = 0°$)로부터 10° 또는 15° 간격으로 90°까지 경사시켜서(혹은 필요에 따라 더 경사시켜서) 그 경사각 θ마다 임의로 주어진 여러 수면선에 대응하는 배수량 W_i 및 복원지레 $G_AZ(\theta)_i$(i는 설정 수면선의 수)을 구하고, 배수량 W_i를 변수로 하여 복원지레 $G_AZ(\theta)$를 그린 곡선군(群: 무리)을 구한다. 이렇게 구해진 곡선군이 **복원성 교차곡선**(cross curves of stability)이며, 단순히 **교차곡선**(cross curve)이라고도 한다.

이 **복원성 교차곡선은 "배의 복원성"을 논의할 때 필수적인 복원성곡선(복원지레곡선**

GZ-곡선)을 구하기 위한 기초가 되는 곡선이며, 이 곡선의 정확도가 복원성곡선 정밀도를 좌우하는 가장 중요한 곡선이다. 따라서 "선박의 복원성"의 논의는 복원성 교차곡선을 구하는 데서부터 시작한다고 해도 과언이 아니다. 게다가 교차곡선은 일반적으로 쉽게 구할 수 없고, 선박 건조를 위한 설계 시 가정 무게중심 G_A에 대해서만 구해진다. 따라서 운행 시의 복원성곡선을 구할 때 또는 복원성 및 안정성을 판단해야 할 때는 언제나 이 교차곡선을 이용해야 한다.

특히 배의 조종과 관련된 관계자는 교차곡선을 직접 구할 수는 없어도 그 곡선이 가지는 의미를 충분히 이해하는 것이 배의 복원성 및 안정성을 논의하기에는 가장 중요하다.

7.1 복원지레의 물리적 의미

복원지레에 대해서는 지금까지 설명해 왔지만 이 절에서는 이해를 깊게 하기 위해 더 상세하게 그리고 구체적인 의미에 대하여 설명하기로 한다.

그림 7.1에 배가 경사각 θ로 경사진 상태에 있을 때 하나의 대표적인 선체 횡단면(이후 대표 횡단면이라 함)과 하나의 수면선 j($WSLj$: j는 수면선 번호)를 나타내고 있다. 이 그림에서 가정 무게중심(assumed center of gravity) G_A를 거치고 수면선에 직각인 선체의 종단면을 VL면이라 하자.

그림 7.1에서 대표 횡단면은 수면선 j($WSLj$)에 대하여 경사각 θ의 경사 상태로 되어 있고, 부력은 부심 $B_S(\theta)_j$(첨자 s는 횡단면을 의미함)에 연직 위쪽으로 작용한다. 이때 가정 무게중심 G_A로부터 부력 작용선에 수직인 선을 긋고 그 교차점을 $Z_S(\theta)_j$라고 하면 이 $G_AZ_S(\theta)_j$가 대표 횡단면의 복원지레가 된다.

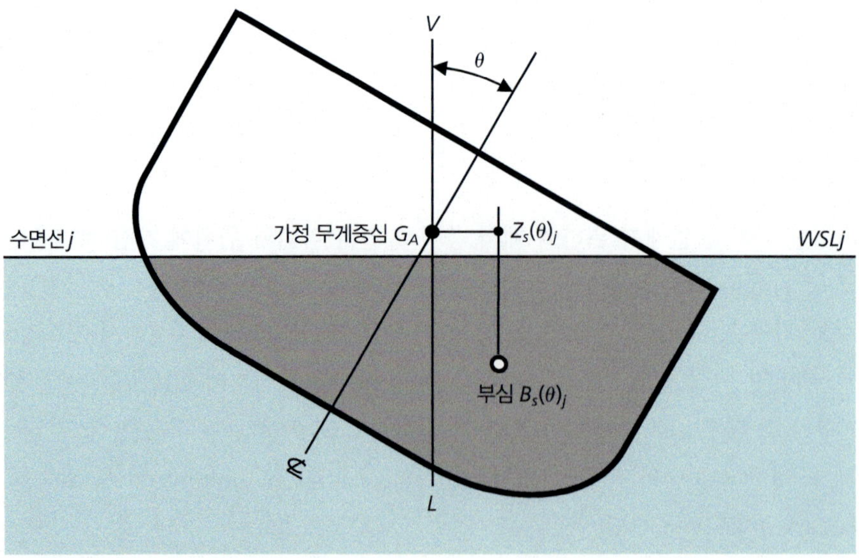

그림 7.1 배의 대표 횡단면과 종단면(VL면)선.

따라서 대표 횡단면이 수면선 $j(WSLj)$에 대하여 경사각 θ의 경사 상태에 있을 때의 복원지레를 구하는 것은 대표 횡단면의 수면선 아래에 있는 부심, 즉 VL면으로부터 부심 위치까지의 수평 거리를 구하는 것과 같다.

이를 위해 대표 횡단면의 수면선 $j(WSLj)$ 아래의 면적 $A_S(\theta)_j$와 VL면에 대한 면적 모멘트 $M_S(\theta)_j$을 구해야 한다. 그리고 얻어진 면적 $A_S(\theta)_j$와 VL면에 대한 면적 모멘트 $M_S(\theta)_j$의 값을 이용하면 복원지레 $G_AZ_S(\theta)_j$는 다음 식으로 구할 수 있다.

$$G_AZ_S(\theta)_j = \frac{M_S(\theta)_j}{A_S(\theta)_j}$$

이상과 같은 생각을 선체의 각 단면에 적용하고 횡단면마다 각 수면선 $j(WSLj)$ 아래의 면적과 VL면에 대한 면적 모멘트를 구한다. 그리고 이러한 면적과 VL면에 대한 면적 모멘트를 이용하여 배의 길이(이후에 나오는 선박복원성 규칙에 따른 부력이 발생하는 갑판의 길이)에 걸쳐 적분하면 경사각 θ의 경사 상태에서의 각 수면선 $j(WSLj)$ 아래의 용적 $V(\theta)_j$와 VL면에 대한 용적 모멘트 $M(\theta)_j$가 얻어진다.

여기서 얻어진 VL면에 대한 용적 모멘트 $M(\theta)_j$를 용적 $V(\theta)_j$로 제하면 경사각 θ로 경사 상태에 있는 배의 VL면으로부터 부심 위치까지의 수평 거리를 구할 수 있다. 즉 각 수면선 $j(WSLj)$ 아래의 복원지레 $G_AZ(\theta)_j$는 다음 식으로 구할 수 있다.

$$G_AZ(\theta)_j = \frac{M(\theta)_j}{V(\theta)_j}$$

사실 주어진 경사각 θ에 대하여 구하려는 수면선 아래의 배의 용적과 VL면에 대한 용적 모멘트는 각 횡단면에 대하여 구해진 면적과 VL면에 대한 면적 모멘트의 값을 이용하여 배의 길이에 대해 적분하여 구할 수 있다. 배의 수선 간 길이를 10등분했을 때의 횡단면 곡선을 이용하여 적분기를 이용할 때는 Simpson의 법칙(Simpson's rule)에 의한 근사 적분이 편리하다.

이러한 계산 목적은 복원지레를 구하는 것이기 때문에 각 횡단면의 면적 모멘트로서는 배를 복원시키는 방향의 모멘트를 양(이 경우 복원지레가 양)으로 그 반대 방향을 음(복원지레가 음)으로 한다.

그림 7.2와 같이 일반 상선의 선미, 선수 부분의 Sq.St. 번호(number of square station) 1과 9와 같은 횡단면 등은 대부분의 경우 깊이 방향으로 가늘어지고 있는 횡단면이 많다. 깊이 방향으로 가늘어지는 횡단면은 가정 무게중심 G_A 주위에 경사하면 가정 무게중심 G_A와 수면선의 위치에 따라 수면 아래 면적(음영 부분 및 사선 부분)의 중심이 그림 7.2에서도 알 수 있듯이 가정 무게중심 G_A보다 왼쪽에 위치할 때가 있다.

이러한 수면선 아래 모양에 작용하는 부력은 경사모멘트로서 작용하기 때문에 그 부호는 음(−)이고 복원지레도 음이 된다. 배의 전 단면에 대하여 길이 방향으로 적분하면 각 횡단면에 작용하는 모멘트의 양 아니면 음의 부호를 포함한 결과로서 수면선 $j(WSLj)$ 아래의 복원지레의 양 아니면 음이 얻어진다. 만일 가정 무게중심을 기선(base line) 위에 취하면, 위와 같은 계산에 있어서 총면적 모멘트와 용적 모멘트는 모두 양이 된다.

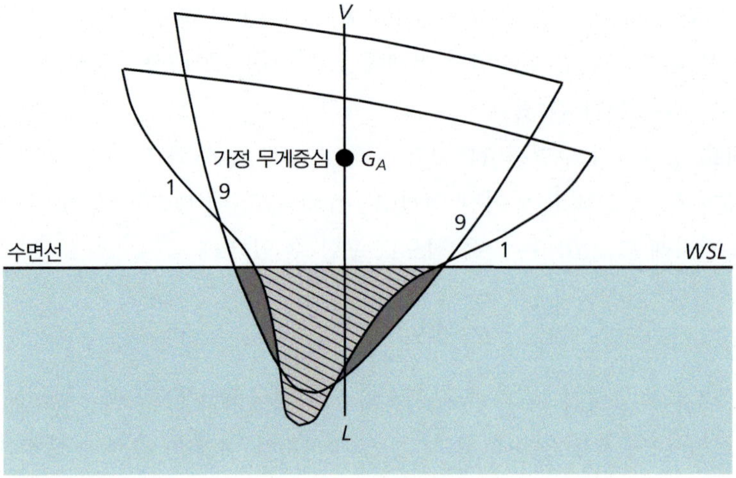

그림 7.2 선수, 선미 부분의 횡단면과 종단면(*VL*면) 선.

7.2 교차곡선과 복원성곡선의 관계

교차 곡선은 대략 다음과 같이 구한다. 먼저 교차 곡선을 얻고자 하는 배의 선체선도(lines)의 정면선도(body plan)를 이용하여 복원지레 계산에 사용하는 Sq.St. 번호를 결정한다. 다음으로, 정면선도에서 결정한 Sq.St. 번호의 횡단면곡선(curve of square station)을 뽑아내어 새롭게 그 곡선의 좌우 대칭 횡단면 곡선도를 구한다. 그리고 그림 7.3과 같이 얻어진 좌우 대칭 횡단면 곡선도의 배의 중심선 ℄상의 임의의 곳에 가정 무게중심 G_A를 마련한다.

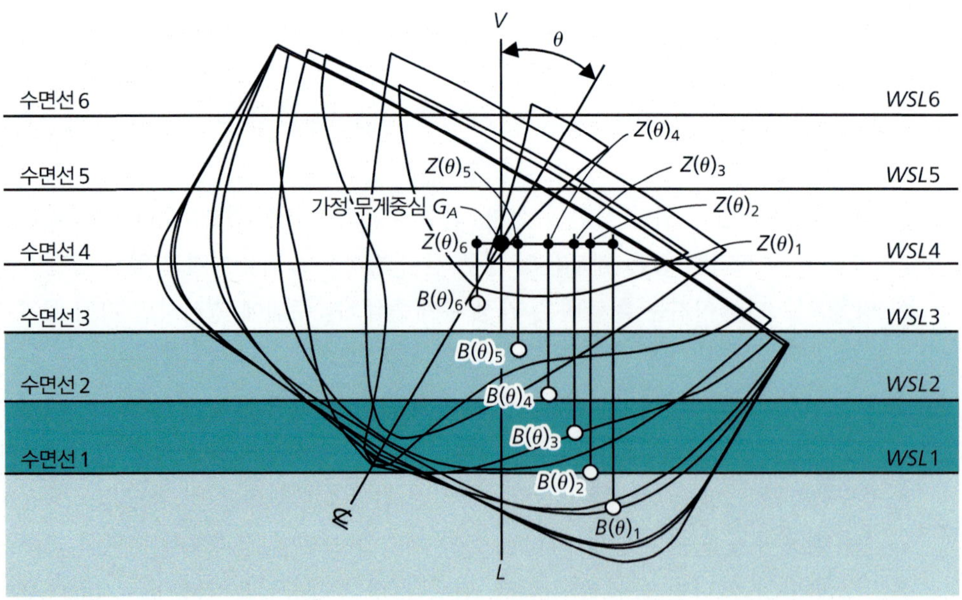

그림 7.3 각 수면선 $j(WSLj)$와 그에 대한 $B(\theta)_j$와 $G_AZ(\theta)_j$.

이때 가정 무게중심 G_A는 건조하는 배의 실제 무게중심 위치를 대략 예측하여 그 근방 아니면 만재 흘수선상 또는 정면선도의 폭과 깊이의 대각선과 배의 중심선 ℄과의 교점 근방에 정하여 이를 기입한다. 얻어지는 복원지레가 음(−)이 되지 않는 점에서 기선(base line) 위인 K점에 가정 무게중심 G_A를 취할 수도 있다(대부분 조선소에서는 K점에 정하지 않음).

또한 그림 7.3에 나타낸 바와 같이 이 가정 무게중심 G_A 주위에 배를 θ만 경사시킨다. 그리고 먼저 결정해 두었던 각 수면선 1($WSL1$), 수면선 2($WSL2$), ⋯, 수면선 6($WSL6$)(여기에서는 6개의 수면선을 그었지만 많을수록 계산이 정확해짐) 아래의 용적 $V(\theta)_1$, $V(\theta)_2$, ⋯, $V(\theta)_6$와 배수량 $W(\theta)_1$, $W(\theta)_2$, ⋯, $W(\theta)_6$를 구한다.

동시에 가정 무게중심 G_A를 지나 수면선에 직각인 배의 전후 방향의 VL면에 대한 각 수면선 아래의 용적 모멘트 $M(\theta)_1$, $M(\theta)_2$, ⋯, $M(\theta)_6$를 구한다. 이 용적 모멘트와 용적으로 각 수면선 아래 모양의 VL면으로부터 부심 위치(용적 중심) $B(\theta)_1$, $B(\theta)_2$, ⋯, $B(\theta)_6$까지의 수평거리가 구해진다.

즉 경사각 θ에서의 각 수면선 아래 용적(각 배수용적)에 대한 복원지레 $G_AZ(\theta)_j$는 그림 7.3에서 보듯이 가정 무게중심 G_A로부터 각 부심 $B(\theta)_1$, $B(\theta)_2$, ⋯, $B(\theta)_6$를 거치는 부력 작용선까지의 거리 $G_AZ(\theta)_1(= M(\theta)_1/V(\theta)_1)$, $G_AZ(\theta)_2(= M(\theta)_2/V(\theta)_2)$, ⋯, $G_AZ(\theta)_6(= M(\theta)_6/V(\theta)_6)$로 얻을 수 있다.

이러한 결과를 가로축에 배수량(Ton), 세로축에 복원지레 $G_AZ(\theta)_j$을 취하고 배수량 $W(\theta)_1$, $W(\theta)_2$, ⋯, $W(\theta)_6$에 마땅한 복원지레 $G_AZ(\theta)_1$, $G_AZ(\theta)_2$, ⋯, $G_AZ(\theta)_6$를 가지고 이를 연결하는 곡선을 구하면 그림 7.4와 같이 된다.

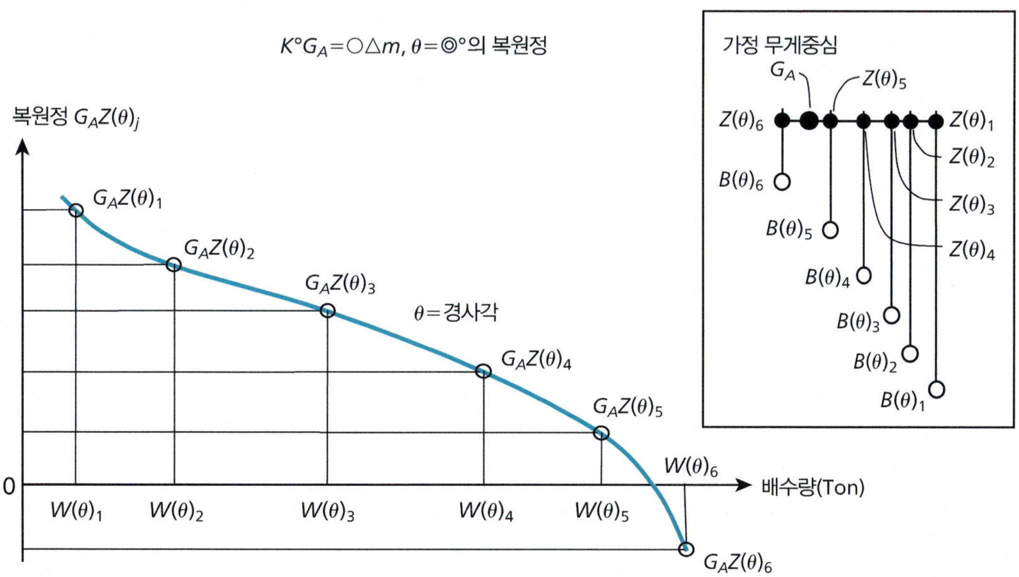

그림 7.4 어떤 경사각 θ에 대한 복원지레 곡선.

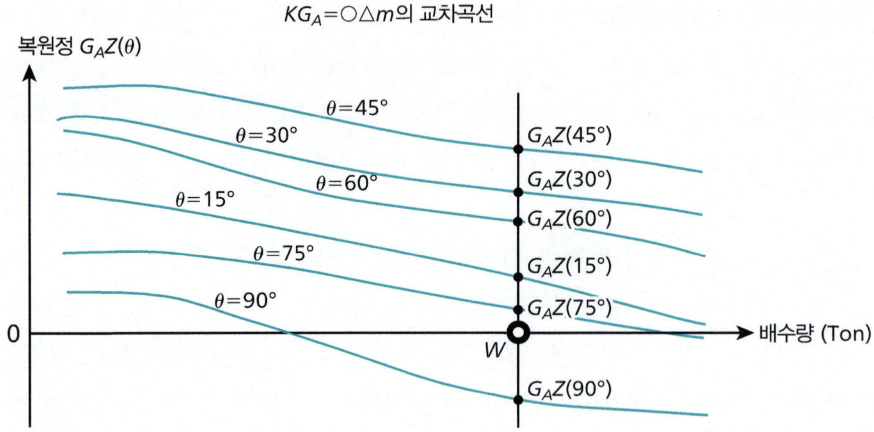

그림 7.5 교차곡선.

경사각 θ를 여러 가지로 바꾸고 각 경사각 θ마다 같은 계산을 반복하여 그 결과를 표시하면 그림 7.5와 같은 **교차곡선**이 얻어진다.

적분기(integrator)를 이용해 복원지레를 구하고 있었을 때는 힘든 작업 등을 경감할 목적으로 경사각 θ는 15°, 30°, 45°, 60°, 75°, 90°(때로는 다른 각도를 취할 수 있음)를 택하고 있었지만, 컴퓨터 소프트웨어를 이용하는 계산에서는 상기 경사각 이외의 경사각을 취할 수도 있다. **얻어진 교차곡선은 배의 무게중심을 가정하여 구하고 있기 때문에 그 복원성 교차곡선에는 반드시 가정 무게중심 G_A의 용골(keel 또는 기선: base line)로부터의 높이 KG_A을 기재해야 한다.**

이 교차곡선을 이용하여 주어진 배수량 W에 대한 복원지레곡선(curve of righting arm)을 구하는 경우 교차곡선에 주어진 배수량 W인 곳에 수직선을 긋고 경사각마다 얻어진 복원지레곡선과의 교점을 구하면 주어진 배수량 W에 대한 각 경사각의 복원지레 $G_AZ(\theta)$의 크기를 구할 수 있다. 경사각 θ를 가로축, 복원지레 GZ를 세로축에 취하여 구해진 각 경사각에 대한 $G_AZ(\theta)$를 표시하면 그림 7.6과 같은 복원지레곡선이 얻어진다.

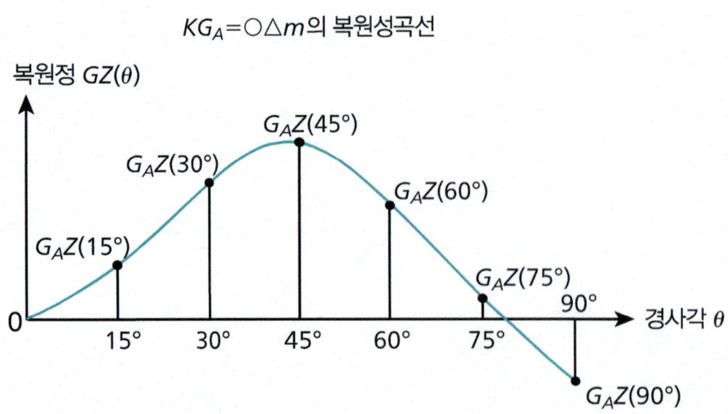

그림 7.6 복원지레곡선(복원성곡선).

배의 복원모멘트는 배수량(W)과 복원지레 $GZ(\theta)$를 곱하여 주어지지만 배수량 W는 배의 경사에 따라 변화하지 않고 일정하기 때문에 복원모멘트의 크기는 복원지레 $GZ(\theta)$의 크기만으로 판단할 수 있다.

따라서 그림 7.6에 보이는 복원지레곡선 또는 GZ곡선(GZ curve)을 일반적으로 **복원성곡선**(stability curve)이라고 한다.

그러나 **그림 7.6에 표시된 복원성곡선은 그림 7.5의 교차곡선을 이용하여 얻어진 것이므로 가정 무게중심 높이 KG_A를 기재하고 KG_A에 대한 복원성곡선임에 주의해야 한다.** 따라서 실제 운항 상태의 복원성곡선과는 다르다는 것을 분명히 인식해야 한다.

건조한 배의 무게중심 G의 위치가 구해지고 기선으로부터의 무게중심 높이 KG가 정해지면 가정 무게중심 높이 KG_A 대한 복원성곡선을 수정하여 실제 무게중심 높이 KG에 대한 복원성곡선을 구해야 한다.

7.3 교차곡선과 복원성곡선의 3차원적인 표시

배의 임의의 경사각에 대하여 서로 다른 흘수를 나타내는 몇 가지 수면선을 이용하여 가정 무게중심 G_A에 대한 복원지레를 구하면 각 수면선에 대응하는 복원지레 $G_AZ(\theta)_1$, $G_AZ(\theta)_2$, ⋯, $G_AZ(\theta)_6$가 구해지고 그림 7.4와 같은 곡선을 얻을 수 있다.

여기서 얻어진 복원지레곡선은 각 수면선 이하 배수량의 함수로 되어 있다. 게다가 수면선 WSL이 임의로 결정되고 있으며 그 수면선 아래의 형상에 따른 배수량이기 때문에 배수량의 변화도 일정하지 않다.

이러한 방법으로 5개 이상의 수면선 WSL에 대하여 게다가 지정된 경사각 θ (θ = 15°, 30°, 45°, 60°, 75°, 90°)마다 복원지레를 구하고, 각 경사각에 대하여 예시한 것이 그림 7.5와 같은 복원성 교차곡선이다. 이 복원성 교차곡선과 복원성곡선의 관계를 3차원적으로 표시하면 그림 7.7과 같게 된다.

그림 7.7은 왼쪽에서 보면 그림 7.5의 교차곡선을 나타내고, 오른쪽에서 보면 배의 운항 상태에서의 배수량에 대한 복원성곡선군을 나타내고 있다. 따라서 그림 7.6은 그림 7.7을 오른쪽에서 보았을 때의 어느 정해진 배수량 W에 대한 하나의 복원성곡선(복원지레곡선)이다.

예를 들어 배의 경하중량(軽荷重量: light weight) 상태와 만재중량(満載重量: full load) 상태에서의 복원성곡선은 각 상태에서의 배수량을 W_L 및 W_F라고 하면, 그림 7.8에서 배수량의 축의 W_L 및 W_F 점에 세운 복원지레와 경사각면에 평행한 면과 경사각마다 나타난 교차곡선과의 교점을 연결하는 곡선으로 구할 수 있다. 따라서 그림 7.5와 같은 복원성 교차곡선을 이용하면 모든 배수량 상태에서의 복원성곡선을 구할 수 있다. 그러나 여기에서 얻을 수 있은 복원성 교차곡선(cross curves of stability) 또는 교차곡선(cross curves) 및 이 곡선으로 얻어지는 복원성곡선(stability curve)은 가정 무게중심 높이 KG_A에 대한 곡선임에 명심해야 한다.

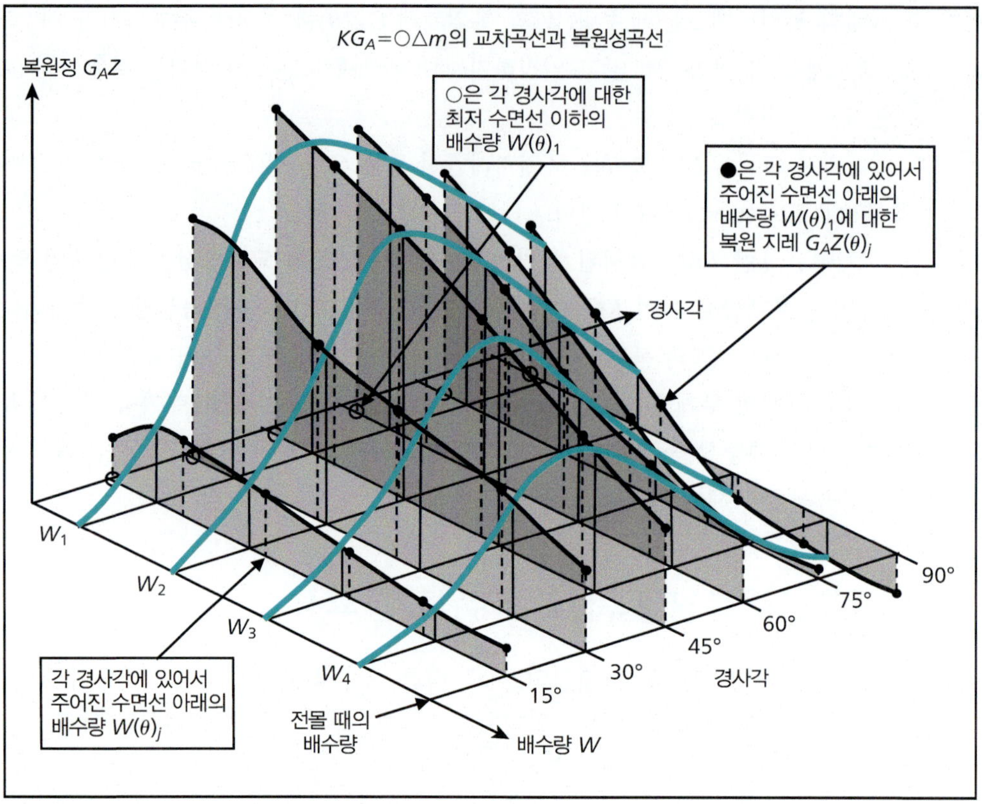

그림 7.7 교차곡선과 복원성곡선의 3차원적인 관계도.

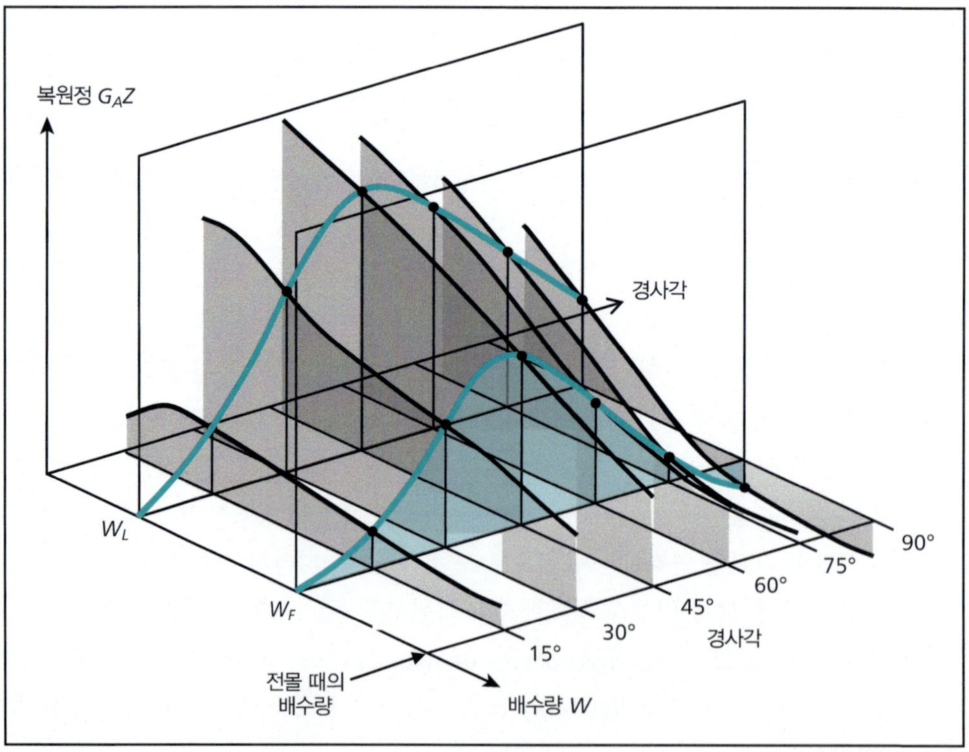

그림 7.8 배의 경하중량 상태와 만재중량 상태의 복원성곡선.

제8장

교차곡선을 구하는 방법

현재 교차곡선과 복원성곡선은 각 조선소 등에서 컴퓨터 소프트웨어를 사용하여 구하고 있는 것이 일반적이다. 그러나 복원지레와 교차곡선을 구하는 방법의 구체적인 방법을 잘 모른 채 컴퓨터 소프트웨어에 의한 계산 결과만을 중시하는 경향이 있으며, 그 컴퓨터 소프트웨어 자체는 대부분의 경우 블랙박스화되고 있다. 따라서 복원지레와 교차곡선을 구하는 구체적인 방법을 아는 기술자도 감소하고 있는 현상에 있으며, 특히 사용하고 있는 컴퓨터 소프트웨어가 특수한 선형에 대응하는지 그 여부를 판단할 수 없는 경우도 있다.

복원성곡선(또는 복원지레곡선)을 구하기 위해 필수적인 교차곡선은 컴퓨터 소프트웨어가 출현하기까지 오랫동안 적분기(integrator)를 사용하여 구해 왔다. 적분기를 사용하여 교차곡선을 구하는 방법은 기계적이고 수동식이지만 면적 및 면적 모멘트를 동시에 구할 수 있고 컴퓨터 소프트웨어에서 구한 것과 다르지 않다.

적분기를 사용하여 복원지레와 교차곡선을 구했던 시대의 기술자는 적분기를 돌릴 때마다 얻을 수 있었던 면적과 면적 모멘트를 확인할 수 있었지만, 컴퓨터 소프트웨어를 이용하는 현재는 복원지레와 교차곡선을 이해하지 않아도 결과만은 얻을 수 있다.

따라서 복원지레와 교차곡선을 얻기 위해 적분기와 같은 기계적인 것이거나 컴퓨터 소프트웨어나 또는 그렇지 않은 것이나 그 중 어느 것을 이용했다고 해도 얻어진 결과를 이해하기 위해서는 그 계산 방법을 이해할 필요가 있다.

여기에서는 교차곡선을 구하는 방법의 개념을 해설한다.

8.1 선박복원성규칙이 요구하는 부력

복원성곡선(또는 복원지레곡선)은 "**선박복원성규칙**"에 따라 그림 8.1에 표시된 **상갑판**(upper deck) 아래 부분과 선루("선박만재흘수선기준" 제2조(정의)13의 폐위선루를 말함) 및 기타 이에 준하는 상갑판상의 구조물에 의한 부력을 가지고 구해야 한다. 따라서 복원성곡선을 구할 때의 배의 길이는 배수량 계산 등의 여러 계산에 사용하는 수선간길이(Length

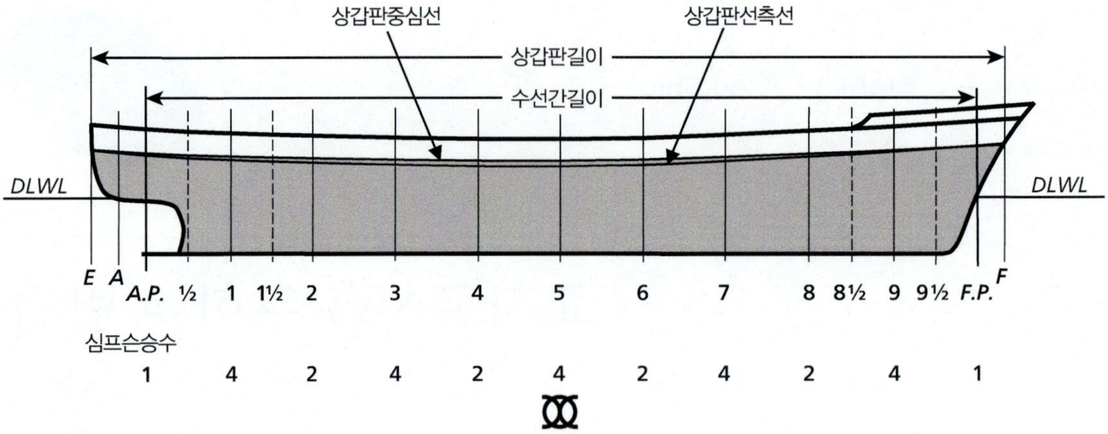

그림 8.1 상갑판 및 상갑판 길이.

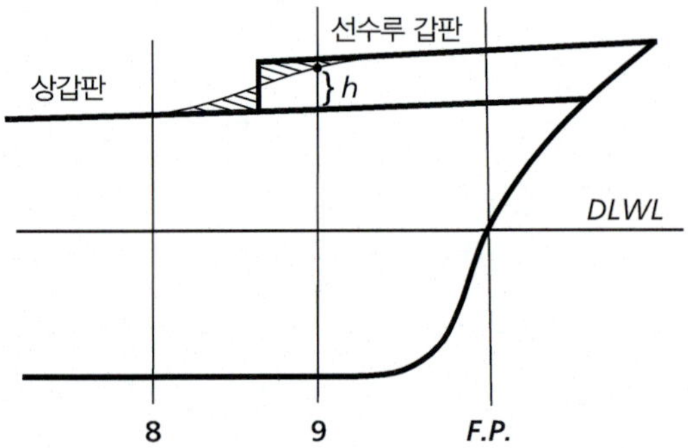

그림 8.2 선수루의 폐위선루 및 갑판 높이 h의 정의.

between Perpendiculars: Lpp)가 아니라 선박복원성규칙에 따른 부력이 발생하는 갑판의 길이를 말한다. 폐위선수루가 없는 경우는 건현 갑판 길이를 취한다.

폐위선루가 있는 경우에는 그림 8.2에서 보듯이 폐위선루(그림 8.2는 선수루를 나타냄) 격벽의 전후의 사선부 면적이 같아지도록 매끄러운 선을 긋고 Sq.St. (Square Station)과의 교점을 구한다. 그 교점의 건현 갑판으로부터의 높이를 h로 하면 그 Sq.St.에서의 부력을 가진 갑판선의 위치를 건현 갑판으로부터의 높이 h인 곳으로 가정한다.

이 방법은 제한된 Sq.St. 수(8 또는 10)를 이용할 때의 근사방법으로서 사용해 왔다. 컴퓨터 소프트웨어에 의한 계산에서는 많은 Sq.St.의 단면을 이용하는 것이 가능하기 때문에 위의 근사방법에 따른 갑판선을 상정하지 않고도 폐위선루 부력으로서 고려되도록 프로그램되어 있으면 된다.

칼럼 *"폐위선루"이란?*

선박만재흘수선기준" 제2조(정의)13의 폐위선루를 말한다.

"선박만재흘수선기준" 제2조(정의)

13. "폐위선루"라 함은 다음 각 목의 요건에 적합한 선수루 등을 말한다.

가. 견고한 구조의 폐외된 격벽(강선의 구조기준의 선루단격벽에 관한 규정에 적합한 것을 말한다. 이 경우 그림 7과 같이 선루단격벽에 설치된 문이 안팎으로 잠겨지지 아니하는 격벽의 내측에 제2의 격벽이 설치되어 있는 경우로서 당해 격벽의 강도가 강선의 구조기준의 규정에 의한 선루단격벽의 강도와 동등 이상인 경우에는 견고한 것으로 보며 동 그림의 사선부는 폐위되어 있는 것으로 본다)으로 폐위되어 있을 것

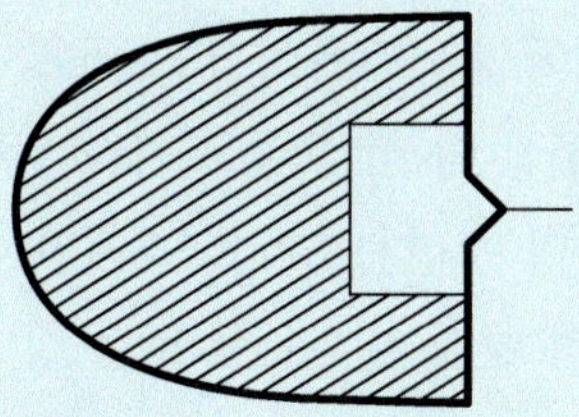

그림 7

나. 가목의 규정에 의한 격벽에 출입구가 있을 경우에는 강선의 구조기준 제288조의 규정에 적합할 것

다. 나목의 규정에 의한 출입구 이외의 개구가 선루의 측판 또는 단부 격벽에 있는 경우에는 풍우밀폐쇄 장치가 비치되어 있어야 하며, 격벽의 개구가 폐쇄되는 경우 폭로 갑판상의 승선원이 선루 내에 있는 기관구역 기타의 작업구역으로 접근하기 위하여 항상 사용할 수 있는 다른 통로가 설치되어 있을 것

8.2 좌우 대칭 정면선도와 가정 무게중심

배의 배수량등 곡선을 구할 때 사용한 그림 8.3에 보이는 정면선도(body plan) 및 그림 8.1과 그림 8.2를 참조로 상갑판을 그려 놓은 좌우 대칭 정면선도를 준비한다.

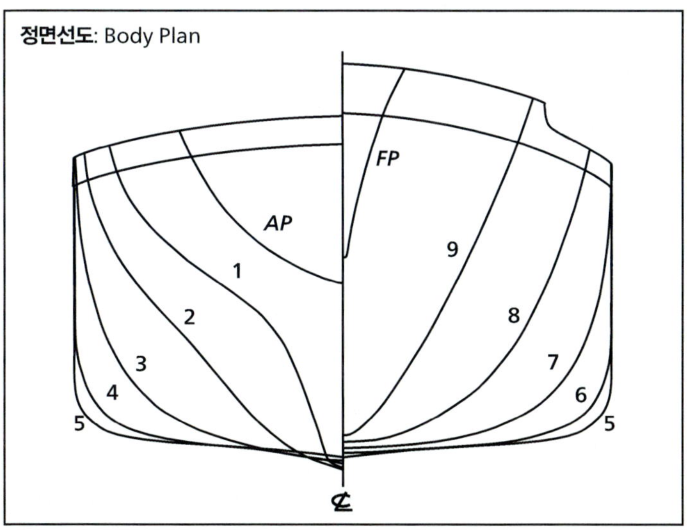

그림 8.3 배의 정면선도.

컴퓨터 소프트웨어에 의한 계산에서는 정면선도에 그려져 있는 각 Sq.St. 횡단면곡선을 좌표화하고 배의 중심선 ℄에 대하여 대칭 좌표를 얻음으로써 계산에 사용되는 좌우 대칭 정면선도를 얻을 수 있다. 또한 정면선도에는 Simpson 법칙(Simpson's rule)을 적용할 수 있도록 A.P.에서 F.P.까지의 기수개의 대칭 정면선도 및 기타 선미부에 필요한 단면을 그려 넣는다.

그림 8.4는 Sq.St.9의 갑판선을 그림 8.2에서와 같은 생각을 도입하여 높게 하고 선미부에는 *A* 단면을 그려 넣은 좌우 대칭 정면선도를 예시하고 있으며, 계산 시에 편리하게 같은 Simpson 승수를 곱할 수 있는 Sq.St.의 횡단면 곡선은 같은 색으로 그린 예이다. 그림 8.4에는 4의 승수를 곱하는 횡단면곡선은 **검은색 선**, 2의 승수를 곱하는 횡단면곡선은 **파란색 선**, 1의 승수를 곱하는 횡단면곡선은 **파선**, 그리고 기타는 **점선**으로 표시하고 있다.

그림 8.4와 같은 좌우 대칭 정면선도가 그려지면 건조하는 배의 실제 무게중심 위치를 대략 예측하고 그 근방 아니면 만재 흘수선상 또는 정면선도의 폭과 깊이 대각선과 배의 중심선 ℄과의 교점 근처에 기선으로부터 정수 값의 위치를 가정 무게중심 G_A로 정하여 기입한다.

이 가정 무게중심 G_A의 위치는 그림 8.4와 같은 좌우 대칭 정면선도에서 배가 경사한 때의 복원지레를 구하기 위한 임시적인 무게중심 위치이기 때문에 엄격하게 생각할 필요는 없고, 경사시험 후에 실제 무게중심 위치가 정해지면 수정을 하기 때문에 기선으로부터 정수

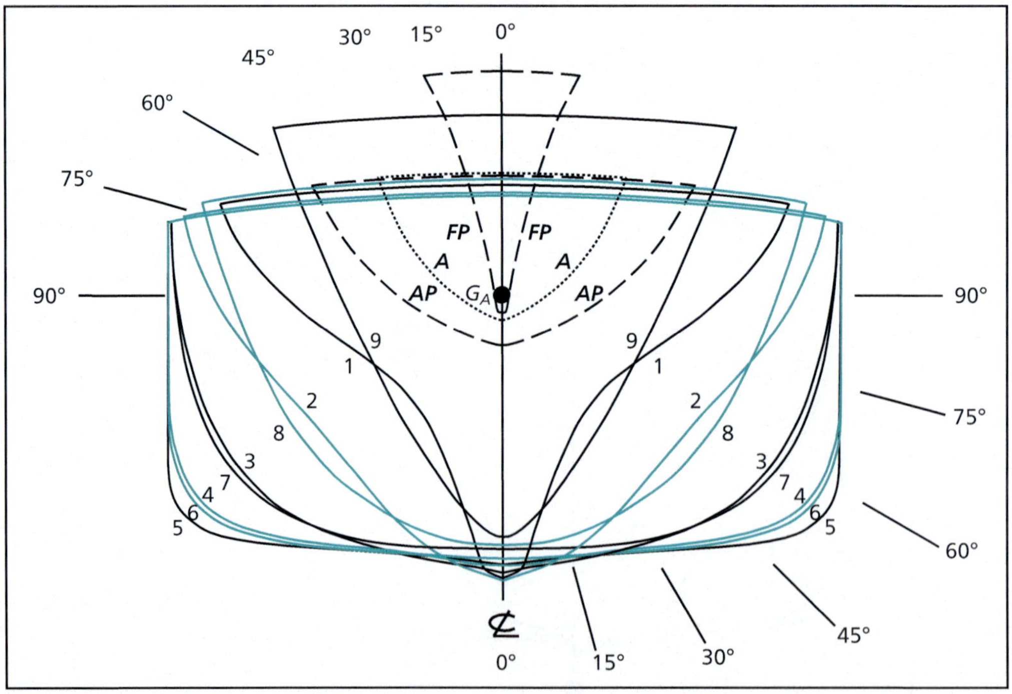

그림 8.4 상갑판을 그려 넣은 좌우 대칭 정면선도와 가정 무게중심 G_A.

값의 위치를 정해두면 취급하기 쉽다.

일반 상선의 경우에는 외판의 두께를 무시해도 오차가 적기 때문에 외판 두께를 반드시 추가할 필요는 없지만 소형 배나 배의 크기에 비해 외판이 두꺼운 경우에는 외판 두께를 더한 정면선도를 사용해야 한다.

8.3 경사각 및 수면선 수와 간격

그림 8.4와 같은 좌우 대칭 정면선도에는 배의 가정 무게중심 주위에 경사각을 나타내는 15°, 30°, 45°, 60°, 75°, 90°를 경사선과 함께 써넣는다. 더욱 자세한 복원성곡선을 구하고자 하는 경우에는 경사각의 간격을 작게 취하면 된다.

교차곡선을 구하기 위해서는 배의 임의의 경사각에 대하여 서로 다른 흘수를 나타내는 몇 가지 수면선 *WSL*을 사용해야 한다.

제7장 그림 7.3과 그림 7.4에서는 경사각 θ에 대하여 여섯 개의 수면선 *WSL*을 이용하여 복원지레 $G_AZ(\theta)$를 구하고 곡선으로 나타내고 있다. 그림 7.3에서도 알 수 있듯이 경사각마다 더 정확한 $G_AZ(\theta)$곡선을 구하기 위해서는 배수량 W의 변화에 따른 여러 복원지레 G_AZ를 구할 필요가 있다. 이 배수량의 변화를 가져오는 것이 수면선 *WSL*의 수이다. 따라서 보다 정확한 $G_AZ(\theta)$곡선을 구하기 위해서는 수면선 *WSL*의 수를 늘리는 것이 좋다.

수면선 *WSL*은 배수량 W의 변화를 보기 위한 것이기 때문에 가능한 한 많은 선을 그으면 좋고 같은 간격으로 할 필요도 뭔가를 기준으로 삼을 필요도 없다. 다만 배수량 W를 기준으로 하여 가장 낮은 수면선 *WSL*은 기선(base line)보다 너무 높지 않도록 가장 높은 수면선 *WSL*은 건현 갑판보다 너무 낮게 되지 않도록 정해야 한다. 여기서 이용하는 수면선 *WSL*은 복원지레와 교차곡선을 구하는 방법을 이해하는 선이며 적분기를 이용하는 때에도 컴퓨터 소프트웨어를 이용하는 때에도 그림 8.4에서 나타낸 좌우 대칭 정면선도와는 다른 것으로 취급하기 때문에 그림 8.4와 동일한 도면 또는 동일면에 그려 넣는 선으로 취급하지 않는다.

8.4 복원지레를 구하는 방법

먼저 그림 8.4에 보이는 좌우 대칭 정면선도가 나타내는 배의 임의의 경사각에 있어서 서로 다른 수면선마다 그 수면선 아래의 용적과 용적 모멘트를 구할 수 있다면 경사 상태별 복원지레(= 용적 모멘트/용적)을 구할 수 있다. 따라서 임의의 경사각에 대하여 구하려고 하는 어떤 수면선 *WSL* 이하의 복원지레를 구하기 위해서는 그 수면선 *WSL* 아래의 배의 용적 및 용적 모멘트를 어떻게 구할 것인가 하는 문제를 해결하면 된다.

용적 및 용적 모멘트를 구체적으로 구하는 방법은 다양하지만 여기서는 배의 정면선도를 이용하여 Simpson의 공식을 적용하여 구하는 방법을 간단히 설명한다. 그러나 각 횡단면

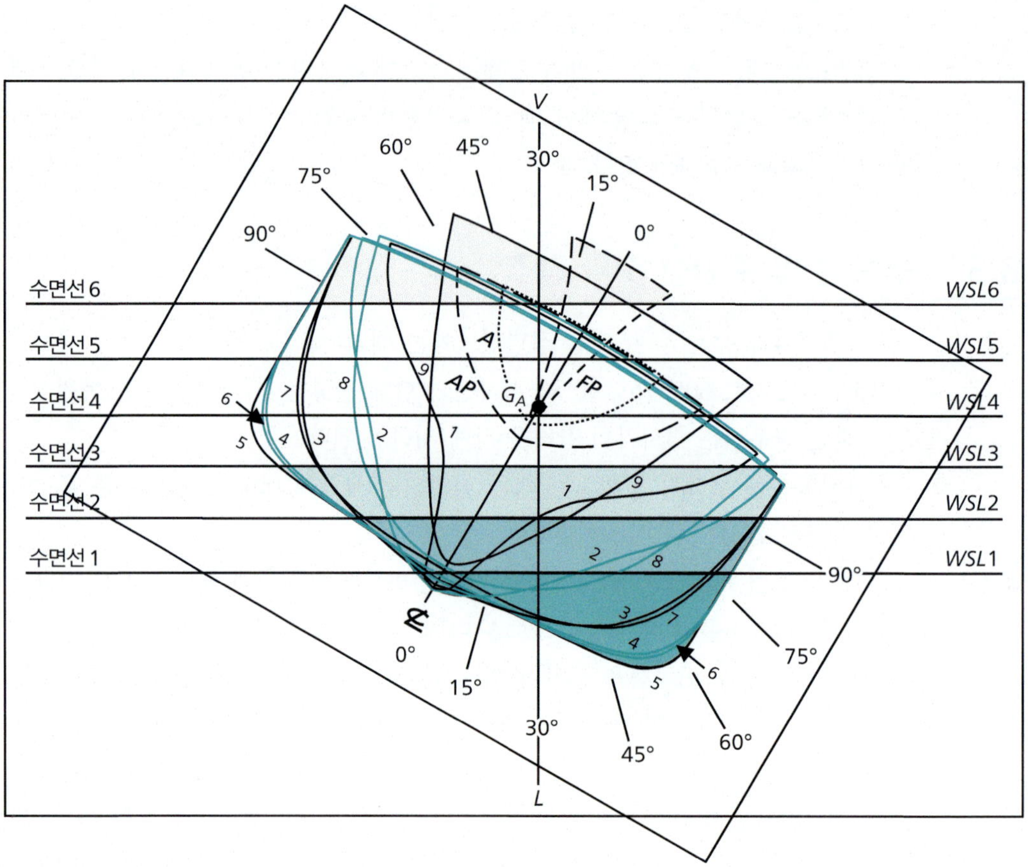

그림 8.5 가정 무게중심 G_A 주위에 경사시킨 좌우 대칭 정면선도.

의 수면선 *WSL*별 면적 및 면적 모멘트는 구해진 것으로 본다. 면적 및 면적 모멘트을 구체적으로 구하는 방법은 다음 절에서 설명한다.

여기에서는 그림 8.5에 예시한 바와 같이 배가 중심선 위의 가정 무게중심 G_A 주위에 종단면(*VL*면) 선과 임의의 각도로 경사하여 있는 경우를 취급한다. 그림 8.5는 경사각 30°를 나타내고 있다. 예를 들어 30° 경사 시의 경우에 대하여 그림 8.5를 예로 복원지레를 구하는 방법의 개념을 보이기로 한다.

❶ 그림 8.5와 같이 설정된 몇 개의 수면선 *WSL*과 종단면(*VL*면)선에 대하여 가정 무게중심 G_A를 정한 좌우 대칭 정면선도를 배의 중심선 ℄ 위의 G_A점에서 종단면 *VL*(면) 선과 이루는 각도가 정면선도에 쓰여진 경사각과 일치하도록 설정한다. 그림 8.5의 경우는 수면선 *WSL*을 6개로 정의하고 경사각이 30°인 경우를 나타내고 있다.

❷ Simpson 승수 4의 적용 단면(그림 8.4에서 Sq.St.의 1, 3, 5, 7, 9를 나타내는 검은색 선)에 대하여 다음과 같이 각 수면선 이하의 면적 및 면적 모멘트를 구한다.

먼저 Sq.St. 1, 3, 5, 7, 9의 각 단면의 수면선 1(*WSL*1) 이하의 면적과 수직선 *VL*에 대한 면적 모멘트를 구한다. 다음으로 각 단면의 수면선 1(*WSL*1) 이상으로부터 수면선 2(*WSL*2) 이하의 면적과 수직선 *VL*에 대한 면적 모멘트를 구한다. 그리고 각 단면의 수면선 2(*WSL*2) 이상으로부터 수면선 3(*WSL*3) 이하의 면적과 수직선 *VL*에 대한 면적 모멘트를 구한다.

수면선 6(*WSL*6) 이하까지 이상과 같이 반복하고, 면적 및 면적 모멘트를 계산표에 기입한다. 마지막으로, 수면선 6(*WSL*6) 이상으로부터 전몰(全沒) 상태에 대해서도 실시한다.

❸ Simpson 승수 2의 적용 단면(그림 8.4에서 Sq.St.의 2, 4, 6, 8을 나타내는 파란색 선)에 대하여 다음과 같이 각 수면선 이하의 면적 및 면적 모멘트를 구한다.

먼저 Sq.St. 2, 4, 6, 8의 각 단면의 수면선 1(*WSL*1) 이하의 면적과 수직선 *VL*에 대한 면적 모멘트를 구한다. 다음으로 각 단면의 수면선 1(*WSL*1) 이상으로부터 수면선 2(*WSL*2) 이하의 … 이러한 반복을 Simpson 승수 4의 적용 단면과 같이 한다.

❹ Simpson 승수 1의 적용 단면(Sq.St.의 A.P.과 F.P.을 나타내는 파선)에 대해서도 같은 일을 반복하고 각각의 결과를 계산표에 기입한다. 그러나 경사각이 작고 수면선의 위치가 Sq.St.의 AP와 FP보다 낮은 위치에 있는 경우, 예를 들어 그림 8.5의 수면선 3 이하에는 횡단면이 존재하지 않기 때문에 수면선 4 이상에 대한 면적과 면적 모멘트를 구하면 좋다.

❺ 폐위 선루가 있는 Sq.St., FP 단면과 선미부의 Sq.St., AP 및 *A* 단면에 대하여 별도의 위와 같은 값을 구하고 단면마다 각각의 결과를 계산표에 기입한다.

이상과 같이 15°, 30°, 45°, 60°, 75°, 90° 경사 시의 경우에 대하여 각각 실시하고 계산표에 기입한다. 계산표의 일례를 별표로 나타냈다. 이 계산표에 따라 계산하고 경사각과 흘수선마다 복원지레(G_AZ)를 구하면 된다.

별표 8.1 복원정(G_AZ) 계산표 (1/2)

선명( ) 경사각 °			KG_A = m 축척 = /							
				WSL1 이하	WSL1 ~WSL2	WSL2 ~WSL3	WSL3 ~WSL4	WSL4 ~WSL5	WSL5 ~WSL6	WSL6 ~전몰
A.P. 부터 F.P. 사이 선체	면적	Sq.St. 1,3,5,7,9 의 단면	단면적 총합	①	③					
			단면적 총합 × 4	②	④	⑥				
			WSLi 이하 Σ_{A4}	②	⑤=② +④	⑦=⑤ +⑥				
		Sq.St. 2,4,6,8 의 단면	단면적 총합	a	c					
			단면적 총합 × 2	b	d	f				
			WSLi 이하 Σ_{A2}	b	e=b+d	g=e+f				
		Sq.St. A.P.,F.P. 의 단면	단면적 총합	A	C					
			단면적 총합 × 1	B	D	F				
			WSLi 이하 Σ_{A1}	B	E=B+D	G=E+F				
	용적	h =	$V_B = h/3 \times (\Sigma_{A1} + \Sigma_{A2} + \Sigma_{A4})$	V_{B1}= ⑧	V_{B2}= ⑨	V_{B3}=	V_{B4}=	V_{B5}=	V_{B6}=	$V_{B全}$=
F.P. 부터 선수부	면적	F.P. 단면	면적 $A_{F.P.}$	α	β					
			WSLi 이하 $\Sigma_{F.P.}$	α	γ=α+β					
	용적	h_F=	$V_F = h_F/2 \times \Sigma_{F.P.}$	V_{FP1}= ⑩	V_{FP2}= ⑪	V_{FP3}=	V_{FP4}=	V_{FP5}=	V_{FP6}=	$V_{FP全}$=
A.P. 부터 선미부	면적	A.P. 단면	면적 $A_{A.P.}$	Δ	ε					
			WSLi 이하 $\Sigma_{A.P.}$	Δ	ζ=Δ+ε					
		A 단면	면적 A_A	η	u					
			WSLi 이하 Σ_A	η	κ=η+θ					
	용적	h_A=	$V_A = h_A/3 \times (\Sigma_{A.P.} + 4\Sigma_A)$	V_{AP1}= ⑫	V_{AP2}= ⑬	V_{AP3}=	V_{AP4}=	V_{AP5}=	V_{AP6}=	$V_{AP全}$=

여기서, h = S.S. 간의 길이, h_F = F.P.로부터 건현 갑판 선수 끝까지의 길이,

h_A = A.P.로부터 건현 갑판 선미 끝까지의 길이

A.P.로부터 F.P. 사이의 면적 모멘트에 관한 4, 2, 1은 Simpson 승수이다.

각수면선하의 용적	$V = V_B + V_F + V_A$	V_1=	V_2=	V_3=	V_4=	V_5=	V_6=	$V_{全}$=
각수면선하의 배수량	$W = V \times \gamma$	W_1=	W_2=	W_3=	W_4=	W_5=	W_6=	$W_{全}$=

별표 8.2 복원정(G_AZ) 계산표 (2/2)

				WSL1 이하	WSL1 ~WSL2	WSL2 ~WSL3	WSL3 ~WSL4	WSL4 ~WSL5	WSL5 ~WSL6	WSL6 ~전몰
A.P. 부터 F.P. 사이 선체	면적 모멘트 (M)	Sq.St. 1,3,5,7,9 의 단면	모멘트 총합							
			모멘트 총합 × 4							
			WSLi 이하 Σ_{A4}							
		Sq.St. 2,4,6,8 의 단면	모멘트 총합							
			모멘트 총합 × 2							
			WSLi 이하 Σ_{A2}							
		Sq.St. A.P.,F.P. 의 단면	모멘트 총합							
			모멘트 총합 × 1							
			WSLi 이하 Σ_{A1}							
	용적 M	h =	$M_B = h/3 \times (\Sigma_1 + \Sigma_2 + \Sigma_4)$	M_{B1}=	M_{B2}=	M_{B3}=	M_{B4}=	M_{B5}=	M_{B6}=	$M_{B全}$=
F.P. 부터 선수부	면적 M	F.P. 단면	모멘트 $M_{F.P.}$							
			WSLi 이하 $\Sigma_{F.P.}$							
	용적 M	h_F=	$M_F = h_F/2 \times \Sigma_{F.P.}$	M_{FP1}=	M_{FP2}=	M_{FP3}=	M_{FP4}=	M_{FP5}=	M_{FP6}=	$M_{FP全}$=
A.P. 부터 선미부	면적 M	A.P. 단면	모멘트 $M_{A.P.}$							
			WSLi 이하 $\Sigma_{A.P.}$							
		A 단면	모멘트 M_A							
			WSLi 이하 Σ_A							
	용적 M	h_A=	$M_A = h_A/3 \times (\Sigma_{A.P.} + 4\Sigma_A)$	M_{AP1}=	M_{AP2}=	M_{AP3}=	M_{AP4}=	M_{AP5}=	M_{AP6}=	$M_{AP全}$=

여기서, h = S.S. 간의 길이, h_F = F.P.로부터 건현 갑판 선수 끝까지의 길이,
h_A = A.P.로부터 건현 갑판 선미 끝까지의 길이
A.P.로부터 F.P. 사이의 면적 모멘트에 관한 4, 2, 1은 Simpson 승수이다.

각수면선하의 용적모멘트	$M = M_B + M_F + M_A$	M_1=	M_2=	M_3=	M_4=	M_5=	M_6=	$M_{全}$=
각수면선하의 복원정 G_AZ	$G_AZ = V \times \gamma$	G_AZ_1= M_1/V_1=	G_AZ_2= M_2/V_2=	G_AZ_3= M_3/V_3=	G_AZ_4= M_4/V_4=	G_AZ_5= M_5/V_6=	G_AZ_6= M_6/V_6=	$G_AZ_{全}$= $M_{全}/V_{全}$=

8.5 복원지레를 구하기 위한 면적 및 면적 모멘트를 구하는 방법

▶8.5.1 면적 계산법

그림 8.6에서 보듯이 함수 $f(x)$가 구간 $[a, b]$에서 연속으로 $x = a$에서 $x = b$까지 m 분할되어 있는 경우 구간 $[a, b]$의 면적 A는 작은 직사각형의 합으로써 다음 식으로 구할 수 있다.

$$A = \sum_{i=1}^{m} f(\xi_i) \cdot \Delta x$$

단 구간 $[a, b]$를 m 분할한 점을 $x_0 = a, x_1, x_2, \cdots, x_{m-1}, x_m = b$로 한다. 작은 구간을 $x_1 - x_0 = x_2 - x_1 = \cdots = x_m - x_{m-1} = (b - a)/m = \Delta x$로 한다. Δx는 반드시 같은 간격이 아니라도 좋다. ξ_i $(i = 1 \sim m)$는 소구간 내의 임의의 점이다.

면적 A는 m을 한없이 크게 하여 작은 구간 Δx을 한없이 작게 해 가면 x_i를 각각의 Δx의 미소 구간 내에서 어떻게 골라도 일정한 값 ξ에 가까워지게 된다. 즉 면적 A의 극한 값을 취하면 다음 식과 같이 나타낼 수 있다.

$$A = \lim_{m \to \infty} \sum_{i=1}^{m} f(\xi_i) \cdot \Delta x$$

이처럼 극한을 취할 때 $\Sigma \to \int$, $\Delta x \to dx$로 바꾸어 놓아서, 다음 식과 같이 나타낼 수 있다.

$$A = \int_a^b f(x) \cdot dx \tag{8.1}$$

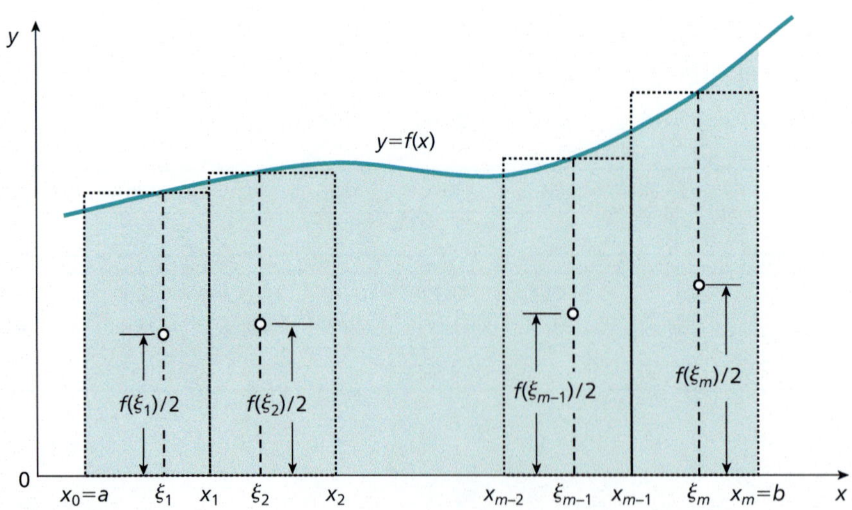

그림 8.6 곡선으로 표시된 부분의 면적 적분.

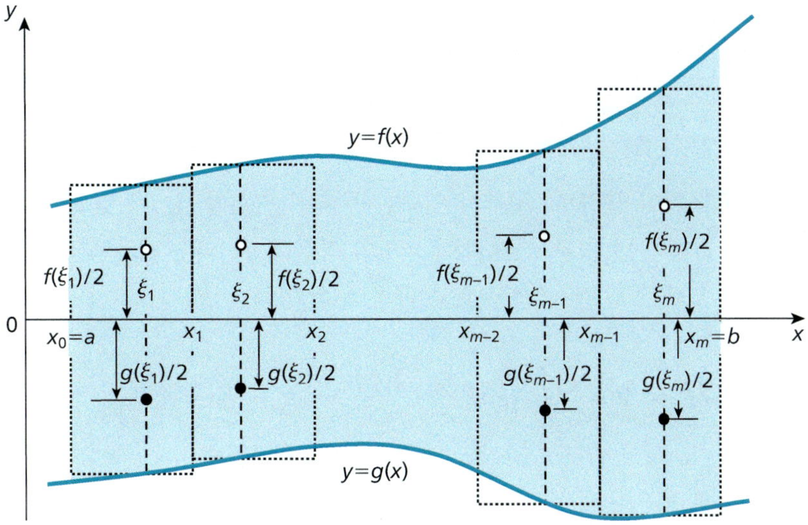

그림 8.7 두 곡선으로 둘러싸인 부분의 면적 적분.

(8.1)식은 함수의 점 x의 값 $f(x)$에 그 점 x의 미소 구간의 폭 dx를 곱하고 얻은 직사각형의 면적의 합계의 극한을 보여주고 있다.

또한 그림 8.7에 보이듯이 구간 $[a, b]$에서 연속인 함수 $g(x)$가 있고 위의 함수 $f(x)$ 사이에 $f(x) \geqq g(x)$일 경우, 항상 $f(x) = g(x)$가 아니라면 $x = a$와 $x = b$의 직선과 $f(x)$와 $g(x)$의 곡선으로 둘러싸여진 면적 A는 다음 식으로 나타낼 수 있다.

$$A = \lim_{m \to \infty} \sum_{i=1}^{m} \{f(\xi_i) - g(\xi_i)\} \cdot \Delta x \tag{8.2}$$

(8.2)식의 극한 값은 일반적으로 다음 식과 같이 나타낼 수 있다.

$$A = \int_a^b \{f(x) - g(x)\} \cdot dx \tag{8.3}$$

이상으로 임의의 곡선에 둘러싸인 배 횡단면의 면적은 (8.1)식 또는 (8.3)식을 이용하여 구할 수 있다.

8.5.2 면적 모멘트의 계산법

그림 8.6에 있어서 $x = a$와 $x = b$의 직선과 $f(x)$의 곡선으로 둘러싸인 면적의 x축 주위의 모멘트 M_x는 각 소구간 Δx를 짧은 변으로 하는 직사각형에 있어서 x축으로부터 중심까지의 거리가 $f(\xi_i)/2$이기 때문에, 이것을 소구간의 직사각형에 곱하여 그 모든 소구간의 합계로서 다음 식으로 나타낼 수 있다.

$$M_x = \lim_{m \to \infty} \sum_{i=1}^{m} f(\xi_i) \cdot \Delta x \cdot \frac{f(\xi_i)}{2}$$

이 극한 값은 일반적으로 다음 식과 같이 나타낼 수 있다.

$$M_x = \frac{1}{2}\int_a^b f(\xi_i)^2 \cdot dx$$

또한 그림 8.7과 같이 구간 $[a, b]$에서 연속한 두 함수 $f(x)$와 $g(x)$가 있고, $f(x) \geqq g(x)$이며, 항상 $f(x) = g(x)$가 아닌 경우 $x = a$와 $x = b$의 직선과 $f(x)$와 $g(x)$의 곡선으로 둘러싸인 면적의 x축 주위의 모멘트 M_x는 다음 식으로 나타낼 수 있다.

$$M_x = \lim_{m\to\infty}\sum_{i=1}^{m}\left\{f(\xi_i)\cdot \varDelta x\cdot \frac{f(\xi_i)}{2} - g(\xi_i)\cdot \varDelta x\cdot \frac{g(\xi_i)}{2}\right\} \tag{8.4}$$

따라서 다음 식과 같이 나타낼 수 있다.

$$M_x = \frac{1}{2}\int_a^b \{f(x)^2 - g(x)^2\}\cdot dx \tag{8.5}$$

이상과 같이 임의의 곡선으로 둘러싸인 배 횡단면의 면적 모멘트는 (8.4)식 또는 (8.5)식을 이용하여 구할 수 있다.

8.5.3 설정한 수면선 사이의 각 횡단면의 면적

그림 8.8은 일례로 선체선도의 정면선도에서 Sq.St.3 단면 곡선을 꺼내 나타냄과 동시에 곡률이 커지는 수면선 *WSL*2 이하를 확대하여 보이고 있다. 그림 8.8에서도 알 수 있듯이 5~6선의 수면선 *WSL* 간격뿐만으로는 단면적을 직접 근사 적분법으로 구할 수 없다. 따라서 직접 근사 적분법을 이용하여 오차를 최소화되도록 하기 위해서는 수면선 *WSL* 외에 계산용 수면선 *WSL* 수를 가능한 한 많이 이용하나 계산의 좌표 점을 많이 취하면 좋다.

컴퓨터 소프트웨어에 의해 그려진 정면선도이면 수면선 *WSL*의 수를 임의로 정하는 것은 가능하다. 그 결과 그림 8.8과 같이 임의의 수면선 *WSL* 수로 분할수를 증가시키면 그 간격을 좁힐 수 있고, 따라서 근사 적분법에 의한 사다리꼴 공식의 적용이 가능해진다. 또는 기존의 정면선도를 이용하는 경우는 디지타이저를 이용하여 임의의 계산을 위한 좌표 점을 뽑는 것이 가능하고, 따라서 사다리꼴 공식의 적용이 가능하다.

그림 8.8의 경우는 z축 가장 밑의 점을 z_0으로 하고 n개의 좌표 점을 뽑고 있다. 그림 8.8에서는 Sq.St.3의 횡단면 곡선의 가장 밑의 점에서 수면선 *WSL*1까지 분할수를 n으로 하고 있지만, 이 n을 크게 취하는 것으로 수면선 *WSL* 간격을 가능한 한 작게 하면 사다리꼴 공식을 적용할 수 있다.

지금 $f(z_0)$점에서 $f(z_n)$점까지의 각 좌표의 중간점을 $f(\xi_n)$, $g(z_0)$점에서 $g(z_n)$점까지의 각 좌표의 중간점을 $g(\xi_n)$라 하면 $f(\xi_n)$ 및 $g(\xi_n)$는 다음 식으로 구할 수 있다.

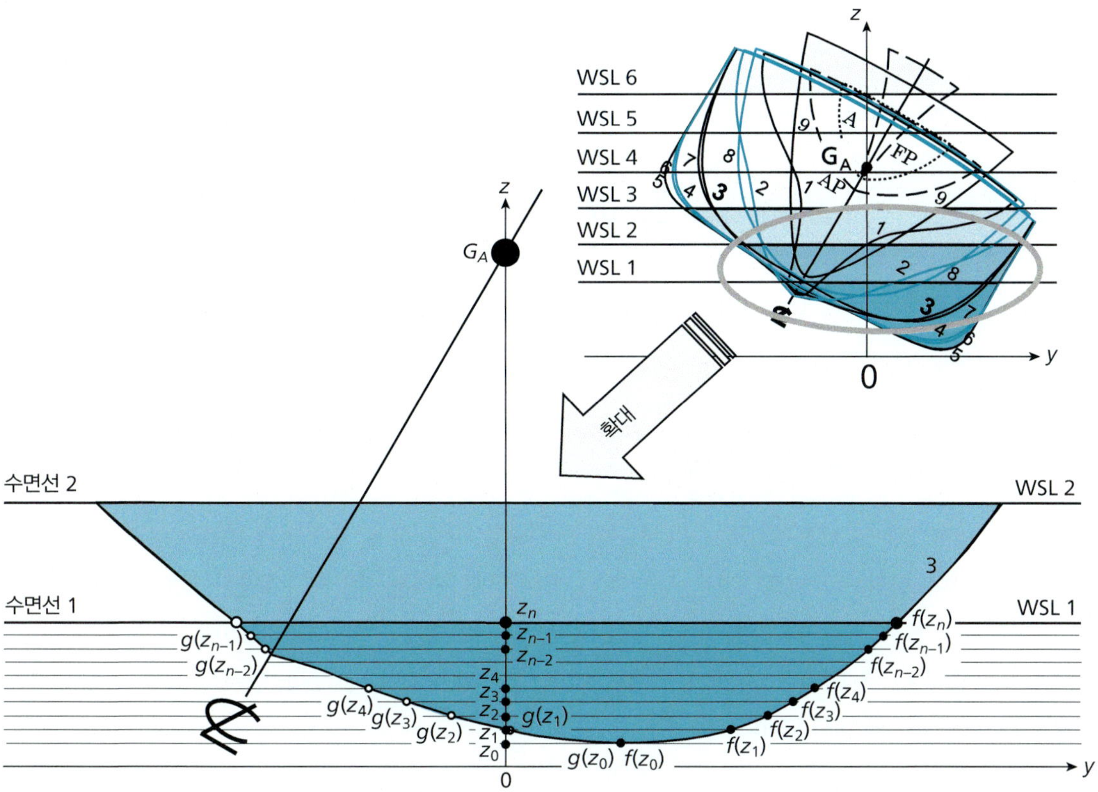

그림 8.8 수면선 WSL 사이의 n 분할과 각 좌표점.

$$\left.\begin{aligned} f(\xi_n) &= \frac{f(z_n) + f(z_{n-1})}{2} \quad (i = 1 \sim n) \\ g(\xi_n) &= \frac{g(z_n) + g(z_{n-1})}{2} \quad (i = 1 \sim n) \end{aligned}\right\} \tag{8.6}$$

따라서 (8.2)식과 (8.6)식을 이용하면 수면선 $WSL1$ 이하의 횡단면적은 다음 식으로 구할 수 있다.

$$A_{WSL1\ \text{이하}} = \sum_{i=1}^{n} \{f(\xi_i) - g(\xi_i)\} \cdot \Delta z$$

$$\text{여기서, } \Delta z = z_n - z_{n-1} \ (i = 1 \sim n)$$

같은 방법으로 별표 8.1 및 별표 8.2의 각 횡단면의 수면선 사이의 면적을 구할 수 있다.

8.5.4 설정한 수면선 사이의 각 횡단면의 면적 모멘트

앞 절에서는 그림 8.8을 이용하여 설정한 수면선 사이의 면적을 구하는 방법에 대하여 설명했지만, 여기서는 같은 그림을 이용하여, 즉 면적을 구하기 위한 동일한 좌표점을 이용하여 면적 모멘트를 구하는 계산법에 대하여 설명한다.

각 좌표의 중간 점 $f(\xi_n)$ 및 $g(\xi_n)$이 (8.6)식으로부터 구해지기 때문에 (8.4)식을 이용하면 수면선 $WSL1$ 이하의 횡단면적 모멘트는 다음 식으로 구할 수 있다.

$$M_{WSL1\ \text{이하}} = \sum_{i=1}^{m}\left\{f(\xi_i)\cdot\Delta x\cdot\frac{f(\xi_i)}{2} - g(\xi_i)\cdot\Delta x\cdot\frac{g(\xi_i)}{2}\right\} \tag{8.8}$$

같은 방법으로 별표 8.1 및 별표 8.2의 각 횡단면의 수면선 사이의 면적 모멘트를 구할 수 있다.

8.6 교차곡선을 구하는 방법

별표 8.1 및 별표 8.2로도 알 수 있는 바와 같이 이 표는 구하려는 배의 경사각마다 각각 계산해야 한다. 즉 별표 8.1은 구하려는 경사각에 대하여 주어진 수면선 WSL보다 하부 단면마다 각 횡단면적과 그에 의한 용적 그리고 배수량을 구하는 계산표이며, 별표 8.2는 가정 무게중심 G_A를 거치는 수직면에 대한 각 횡단면적 모멘트와 체적 모멘트 그리고 복원지레 G_AZ를 구하는 계산표이다.

적분기를 이용하는 경우는 면적 또는 면적 모멘트를 얻기 위해 적분기 다이얼 표시를 읽고 적분기 계수를 곱하여 그때마다 이런 계산표에 수치를 대입하여 계산한다.

컴퓨터 소프트웨어를 사용하는 경우 소프트웨어가 요구하는 데이터가 문제없이 입력되어 있으면 별표 8.1 및 별표 8.2의 계산 결과와 같은 결과의 값이 표시되므로 그 결과를 이용하면 된다.

또한 디지타이저를 이용하는 경우는 앞 절까지 설명한 계산법에 따라 계산 알고리즘을 구축해야 한다. 그 후에 계산 프로그램의 플로우차트(flowchart) 그리고 프로그래밍하게 된다. 프로그래밍이 올바르면 별표 8.1 및 별표 8.2에서 얻을 수 있는 계산 결과를 얻을 수 있다.

어떠한 방식으로도 구하려는 계산각도에 대하여 설정한 수면선 WSL 이하의 배수량과 복원지레 G_AZ를 얻을 수 있다.

교차곡선은 그림 8.9에 나타낸 바와 같이 세로축에 복원지레 G_AZ를 가로축에 배수량을 취하고 경사각마다 각 수면선 WSL 이하의 배수량에 대한 복원지레 G_AZ를 나타내고 있다.

그림 8.9는 경사각이 $\theta = 10°, 20°, 30°, 45°, 60°, 75°, 90°$의 경우를 나타내고 있다. 그림 8.9와 같은 교차곡선을 구하여 배의 경하중량 상태 또는 만재중량 상태의 배수량 W와 같은 점에 수직선을 그으면, 이 수직선과 경사각마다 그은 복원지레곡선의 교차점이 배가 경사할 때의 경사에 따른 복원지레를 보이고, 도시하면 복원성곡선 또는 복원지레곡선(G_AZ 곡선)이 된다.

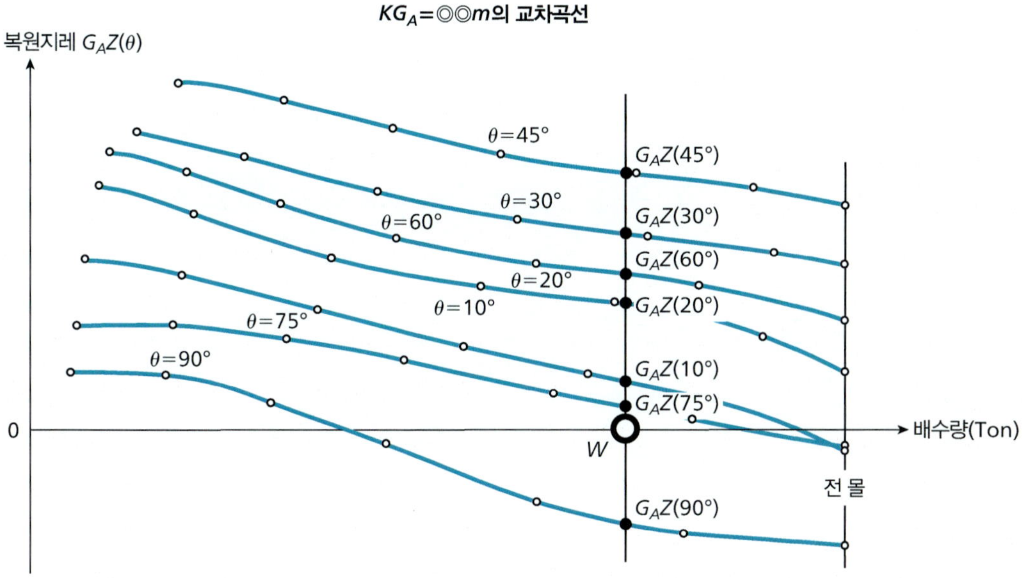
KGA=◎◎m의 교차곡선
복원지레 GAZ(θ)
θ=45°
θ=30°
θ=60°
θ=20°
θ=10°
θ=75°
θ=90°
GAZ(45°)
GAZ(30°)
GAZ(60°)
GAZ(20°)
GAZ(10°)
GAZ(75°)
GAZ(90°)
0
W
배수량(Ton)
전 몰

그림 8.9 교차곡선.

Capsizing and **Stability** of the **Ship**

제 9 장

무게중심의 상하위치와 복원성곡선과의 관계

배는 건조 계획 시 선형이 정해지면 수면 아래의 모양은 정해져 버린다. 따라서 배가 수면에 직립 상태로 떠 있는 상태에서 부심 B의 위치나 메타센터 M의 위치 및 경사각에 대한 부심 B_θ와 그에 따른 프로메타센터 M_p의 위치는 배의 수면 아래의 형상과 함께 정해지고 바꿀 수 없다. 이 성질은 배를 포함한 부체의 복원성(stability)을 논의할 때 가장 중요한 특징이며 주의할 점이다.

한편 배의 무게중심 위치는 선체 형상에 관계없이 화물의 적재 상태에 따라 어떻게라도 변화한다. 제5장 "**5.2절 적화물의 이동에 의한 경사모멘트**"나 "**5.3절 적화물을 들어 올릴 때의 경사모멘트**"에서 언급한 것도 그 일례로 적하 상태에 의한 배의 무게중심이 이동하고 있음을 나타내고 있다.

직립 상태에서 배의 무게중심 G의 위치는 "**제4장 배의 옆 안정성**"에서 언급한 바와 같이 메타센터 M과의 위치 관계에서 초기 미소경사 때 배의 옆 안정성을 좌우하는 가장 중요한 요소이기 때문에 항상 무게중심 위치가 안정측, 즉 $GM > 0$이 되도록 할 필요가 있다. 또한 무게중심 G의 위치 변화와 그에 따른 복원지레의 변화, 즉 복원성 변화와 그것을 나타내고 있는 복원성곡선에 대해서는 구체적으로 파악해 두어야 한다.

이 장에서는 복원성에 큰 영향을 미치는 배의 무게중심 G의 상하위치와 복원지레와의 관계 그리고 그 관계가 복원성곡선에 어떻게 구체적으로 나타나는가에 대해 고찰하기로 한다.

9.1 중심의 상하이동과 복원지레와의 관계

그림 9.1에 나타낸 바와 같이 배 안에 있는 중량물(화물 등) w를 원래 위치에서 위쪽으로 이동시키면 배의 무게중심 G는 원래의 위치보다 위쪽인 G_1으로 이동한다.

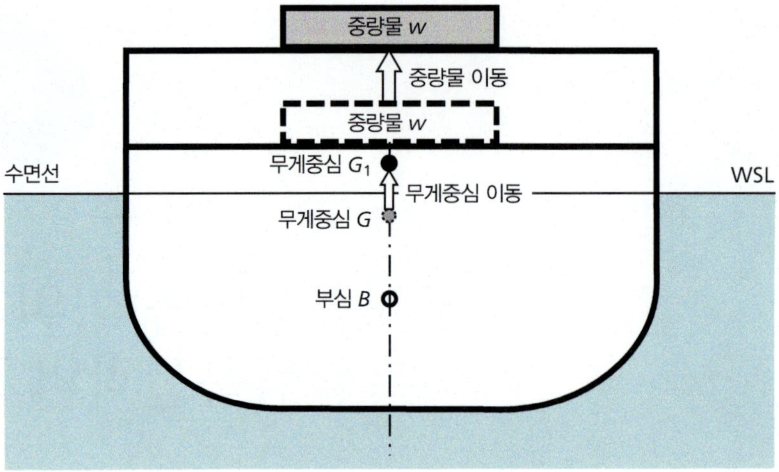

그림 9.1 중량물(화물 등)을 위쪽으로 이동한 경우.

또한 그림 9.2에 나타낸 바와 같이 배 안에 있는 중량물(화물 등) w를 원래 위치에서 아래로 이동시키면 배의 무게중심 G는 원래의 위치보다 아래쪽 G_2로 이동한다.

배 안내에 있는 중량물(화물 등) w를 상하 방향으로 이동시킨 경우 배의 무게중심 G가 원래의 위치보다 상하 방향의 G_1 또는 G_2로의 이동은 제1장 "**1.5절 일부 물체의 이동과 전체의 무게중심 이동**"에 근거하면 구할 수 있다.

이제 무게중심 G가 중량물(화물 등)의 이동에 의해 원래의 위치에서 위쪽으로 이동한 경우 혹은 아래쪽으로 이동한 경우의 복원지레에 미치는 영향에 대해 고찰한다.

그림 9.3과 같이 배의 무게중심이 G점에 있고 임의의 경사각 θ만큼 경사하여 평형 상태인 경우에 대해 생각해 본다.

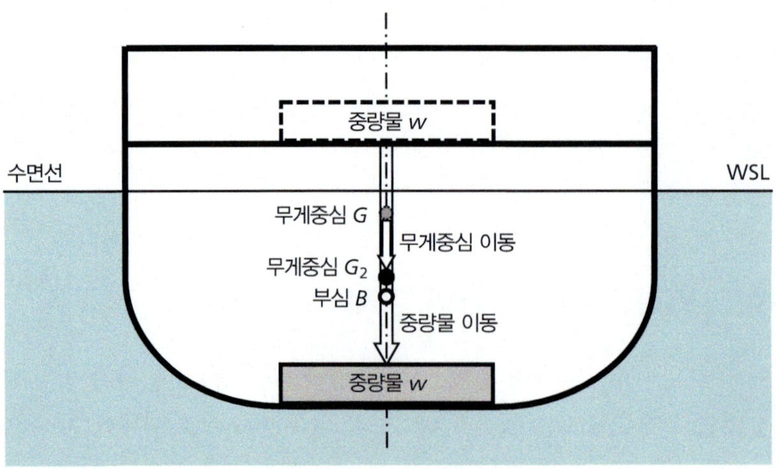

그림 9.2 중량물(화물 등)을 아래쪽으로 이동한 경우.

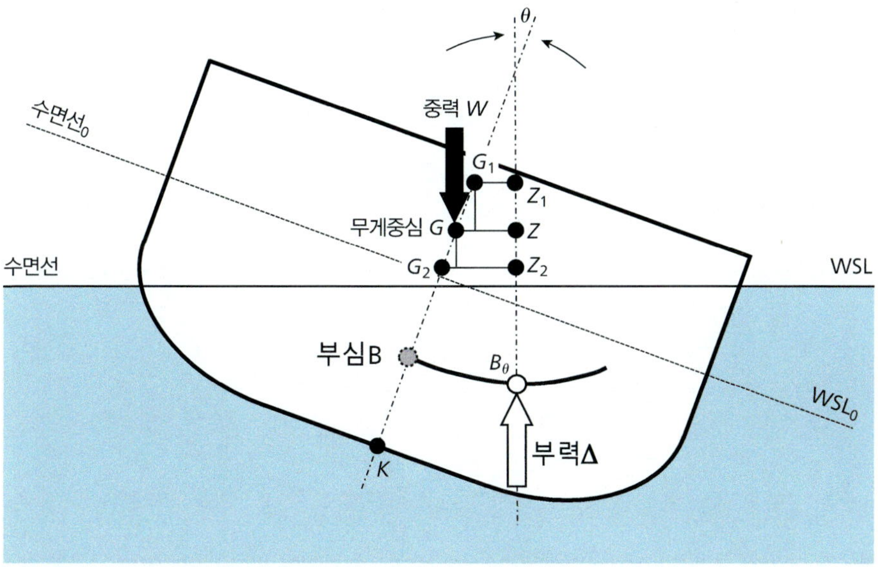

그림 9.3 무게중심 G의 상하이동에 의한 GZ의 변화.

이때 중력 W는 무게중심 G에 작용하고 부력 Δ는 부심 B_θ에 작용한다. 그리고 이 짝힘에 의한 복원지레가 $GZ(\theta)$인 것은 이미 논의하였다.

이제 무게중심이 화물 등의 이동에 의해 G에서 G_1으로 올라가면 중력 W는 올라간 무게중심 G_1에 작용하고, 따라서 이때의 복원지레는 G_1Z_1이 된다. 마찬가지로 무게중심 G가 G_2로 내려가면 중력 W는 내려간 무게중심 G_2에 작용하여 복원지레는 G_2Z_2가 된다.

이러한 복원지레 $G_1Z_1(\theta)$, $G_2Z_2(\theta)$는 무게중심 G의 상하 방향의 이동량이 각각 GG_1, GG_2라고 하면, 원래 복원지레 $GZ(\theta)$를 이용하여 다음 식으로 구할 수 있다.

$$\left.\begin{aligned} G_1Z_1(\theta) &= GZ(\theta) - GG_1 \cdot \sin\theta \\ G_2Z_2(\theta) &= GZ(\theta) + GG_2 \cdot \sin\theta \end{aligned}\right\} \tag{9.1}$$

무게중심이 상하 방향으로 이동한 후의 위치 G_1과 G_2를 일반 표시로 G'으로 나타내면 이동 후 복원지레 $G'Z(\theta)$는 (9.1)식을 정리하여 다음 식으로 구할 수 있다.

$$G'Z(\theta) = GZ(\theta) - (KG' - KG) \cdot \sin\theta \tag{9.2}$$

9.2 가정 무게중심 높이와 실제의 무게중심 높이에 대한 복원성곡선

조선소 기본 설계에서는 건조하는 배의 기선으로부터의 무게중심 높이를 가정하고 복원지레 계산을 실행하여 복원성곡선을 구하지만, 그것은 어디까지나 **가정 무게중심** G_A (assumed center of gravity)의 기선으로부터의 **가정 무게중심 높이** KG_A에 대하여 얻어진 것이라는 점에 유의해야 한다.

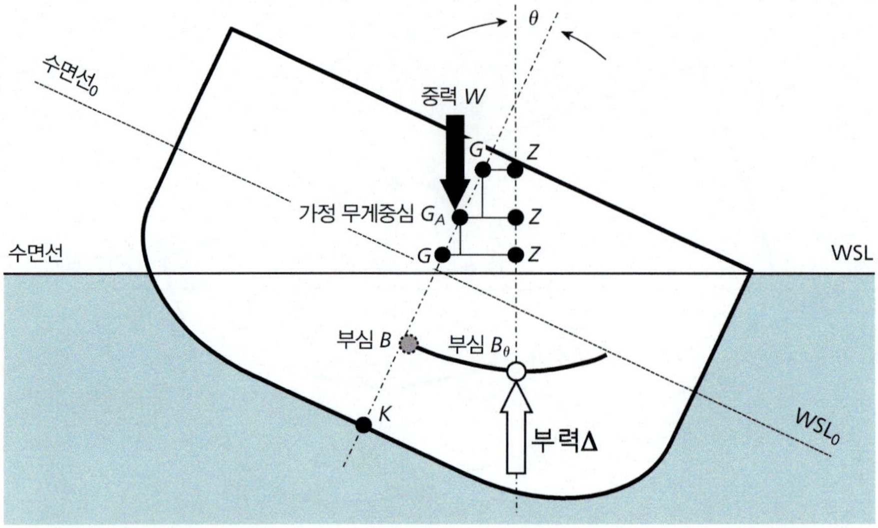

그림 9.4 가정 무게중심 G_A에 대한 무게중심 G의 상하위치에 의한 GZ의 변화.

따라서 건조한 배의 실제 무게중심 높이 KG가 경사시험(inclining experiment)에서 정해진 경우에는 재차 실제 무게중심 위치에 대한 복원성곡선을 구해야 한다. 이 작업은 매우 중요하다. 이 작업도 9.1절의 방법에 따라 실시한다.

즉 가정 무게중심을 G_A에 두고 구한 복원지레가 $G_AZ(\theta)$이라면, 그림 9.4에서와 같이 실제 무게중심 G의 위치가 가정 무게중심 G_A보다 위($(KG - KG_A) = GG_A > 0$) 또는 아래($(KG - KG_A) = GG_A < 0$)의 위치에 정해진 경우, 실제 무게중심 G에 대한 복원지레 $GZ(\theta)$는 (9.1)식 또는 (9.2)식을 이용하여 다음 식으로 구할 수 있다.

$$GZ(\theta) = G_AZ(\theta) - (KG - KG_A)\cdot\sin\theta \tag{9.4}$$

(9.4)식이 가리키는 생각으로 가정 무게중심 G_A에 대한 복원성곡선으로부터 실제 무게중심 G에 대한 복원성곡선을 구하는 방법을 그림으로 나타내면 그림 9.5 및 그림 9.6과 같이 된다.

먼저 실제 무게중심 G가 가정 무게중심 G_A보다 위쪽에 있는 경우($GG_A > 0$)는 (9.4)식에서 그림 9.5와 같이 $G_AZ(\theta)$곡선으로부터 $GG_A\cdot\sin\theta$만 뺀 실제 $GZ(\theta)$곡선이 얻어진다. 이 때문에 실제 무게중심 G가 가정 무게중심 G_A보다 위쪽에 있으면, 가정 무게중심 G_A에 대해 얻어진 복원지레보다 실제 복원지레가 더 작고, 따라서 복원성이 나빠지는 것을 보여주고 있다.

다음으로 실제 무게중심 G가 가정 무게중심 G_A보다 아래쪽에 있는 경우($GG_A < 0$)는 (9.4)식에서 그림 9.6과 같이 $G_AZ(\theta)$곡선으로부터 $GG_A\cdot\sin\theta$만 추가한 실제 $GZ(\theta)$곡선이 얻어진다. 이 때문에 실제 무게중심 G가 가정 무게중심 G_A보다 아래쪽에 있으면 가정 무게중심 G_A에 대해 얻어진 복원지레보다 실제 복원지레가 더 크고, 따라서 복원성이 좋아지는 것을 보여주고 있다.

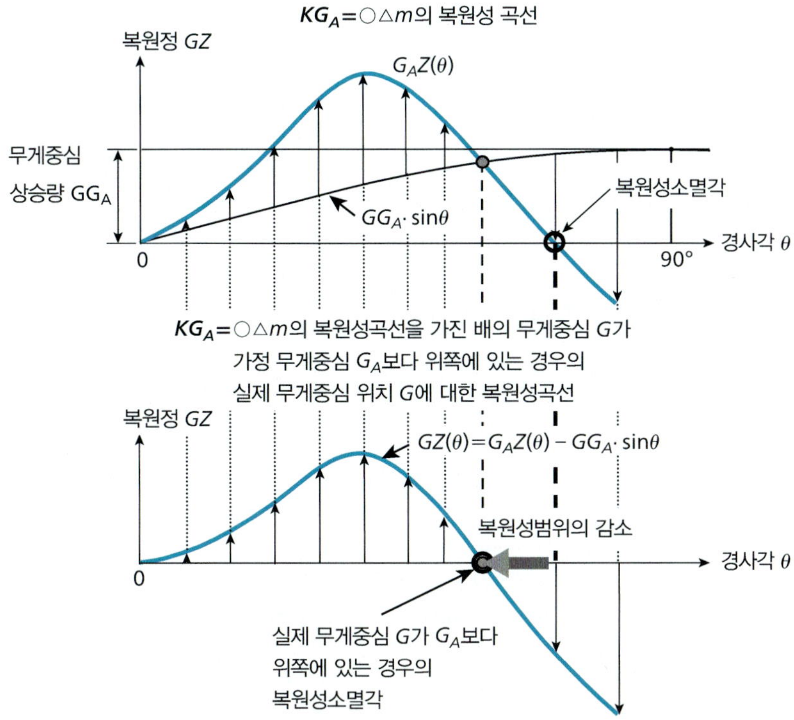

그림 9.5 실제 무게중심 G가 가정 무게중심 G_A보다 위쪽에 있는 경우.

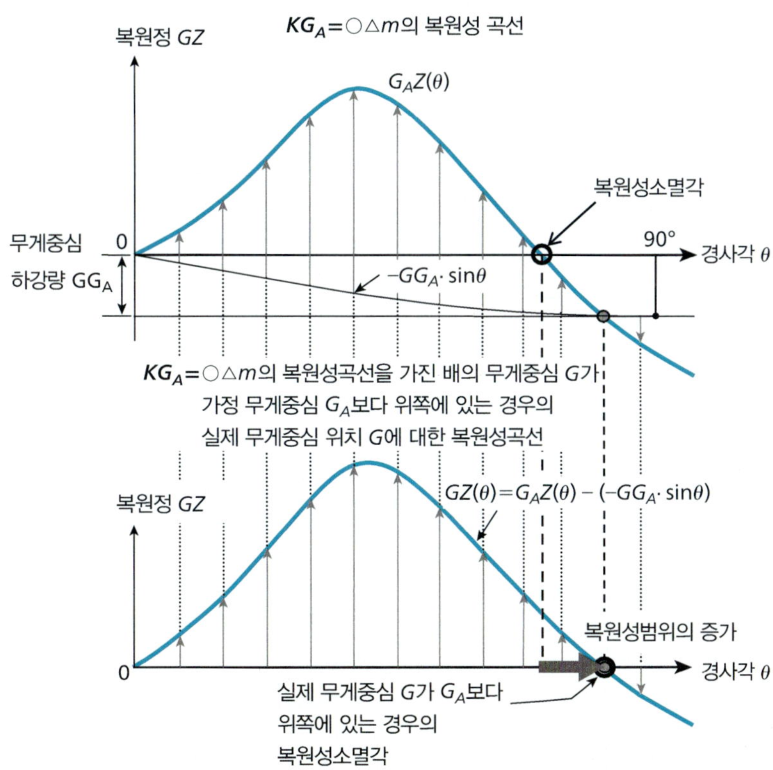

그림 9.6 실제 무게중심 G가 가정 무게중심 G_A보다 아래쪽에 있는 경우.

이때 중요한 것은 주어진 복원성곡선의 가정 무게중심 높이 KG_A와 실제 무게중심 높이 KG가 서로 명확하다는 것이다. 게다가 배수량이 동일함은 물론이다.

이상과 같이 배의 복원성은 무게중심 위치의 상하 이동에 따라 변화한다는 것을 의미하고, 특히 운항 시 배의 옆 안정성(옆 안전성)의 관점에서 무게중심 상승은 배의 복원성을 감소시키기 때문에 특별한 주의가 필요하다는 것을 시사한다.

9.3 $GM = 0$의 구체적인 상태

그림 9.7은 배의 무게중심 G가 어떠한 원인(화물의 위로 이동 등)으로 메타센터 M과 같은 곳인 G'으로 이동($GG' = GM$)한 경우의 복원성곡선을 나타내고 있다.

그림 9.7은 (9.4)식 또는 (9.5)식에 따라 배의 무게중심이 $GG' = GM$만 상승했을 경우의 복원성곡선을 구한 그림이다.

그림에서도 알 수 있듯이 직립 상태($\theta = 0$)로부터 θ_2 사이는 대부분 $GM = 0$, $GZ(\theta) = 0$이므로 제4장 "**4.8절 $GM = 0$ (중립의 평형)**"에서 설명한 중립의 평형 상태이다.

그림 9.7과 같은 상태인 경우 경사각이 $-\theta_2$로부터 θ_2 사이에서는 경사에 대한 복원모멘트가 발생하지 않으므로 경사해도 복원하지 않고 그 경사 상태로 평형 상태가 된다. 따라서 경사각 $-\theta_2$ 와 경사각 θ_2 사이에서는 임의의 경사 상태가 되고, 그런 경사에 대해서는 복원

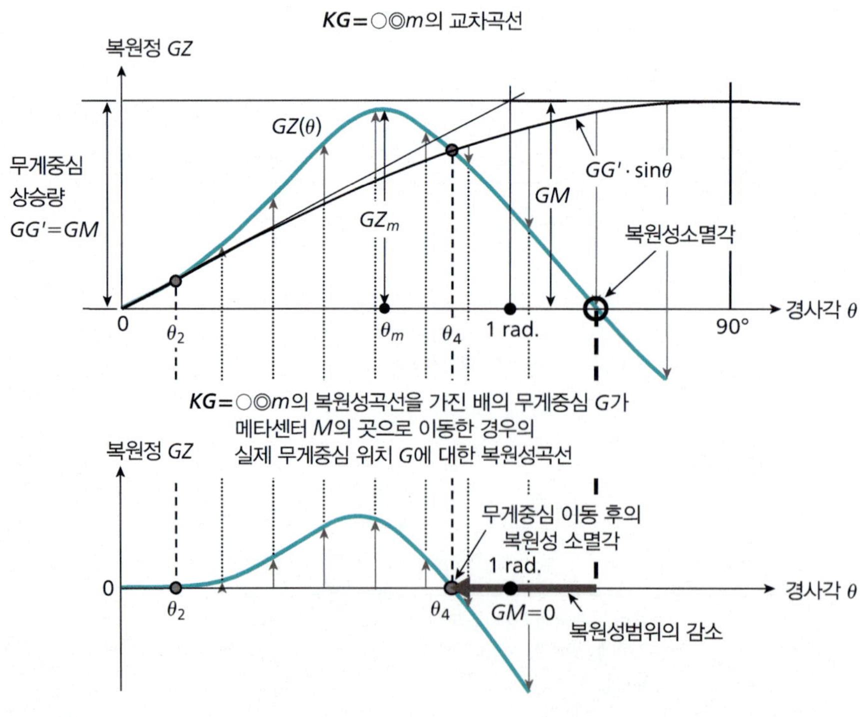

그림 9.7 무게중심 G가 메타센터 M과 같은 곳으로 이동한 경우($GM = 0$)의 복원성곡선.

모멘트가 생기지 않으므로 배는 $-\theta_2$와 θ_2 사이에서 작은 외력이 작용해도 흔들린다. 이것이 배 중립의 평형 상태이다.

9.4 $GM < 0$와 비틀거리는 상태(Loll)의 관계

그림 9.8은 배의 무게중심 G가 어떠한 원인(화물의 위로 이동 등)에 의해 메타센터 M보다 높은 G'으로 이동($GG' > GM$)했지만, 최대 복원성의 각도(angle of maximum stability) θ_m인 곳에서 $GG' \cdot \sin\theta_m$이 GZ_m보다 작은 경우의 부심궤적 및 프로 메타센터 M_p ($p = 1, 2, 3, 4, 5$)를 나타내고 있다.

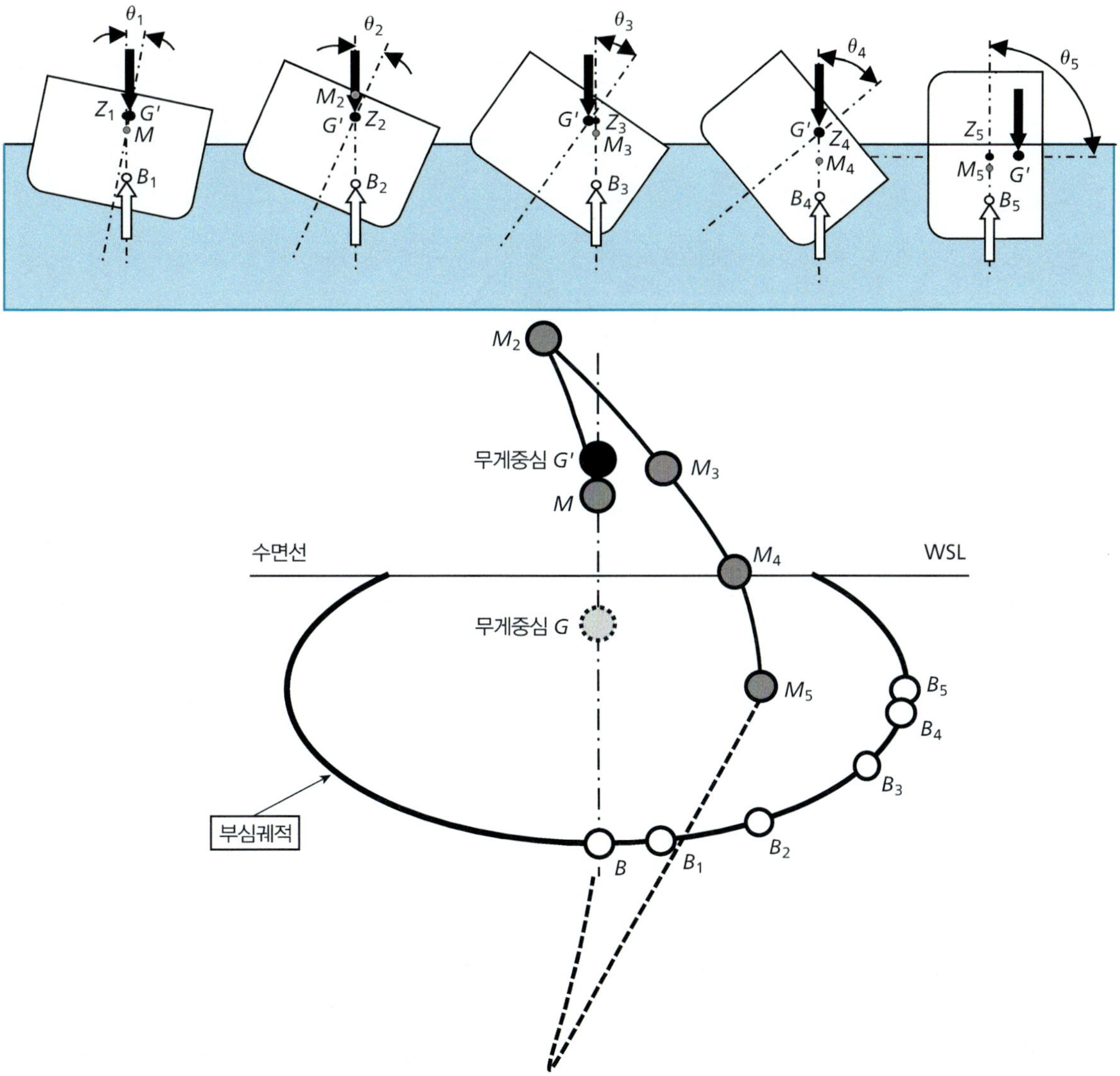

그림 9.8 무게중심 G가 M보다 위로 이동한 경우($GM < 0$)의 프로 메타센터 M_p 궤적.

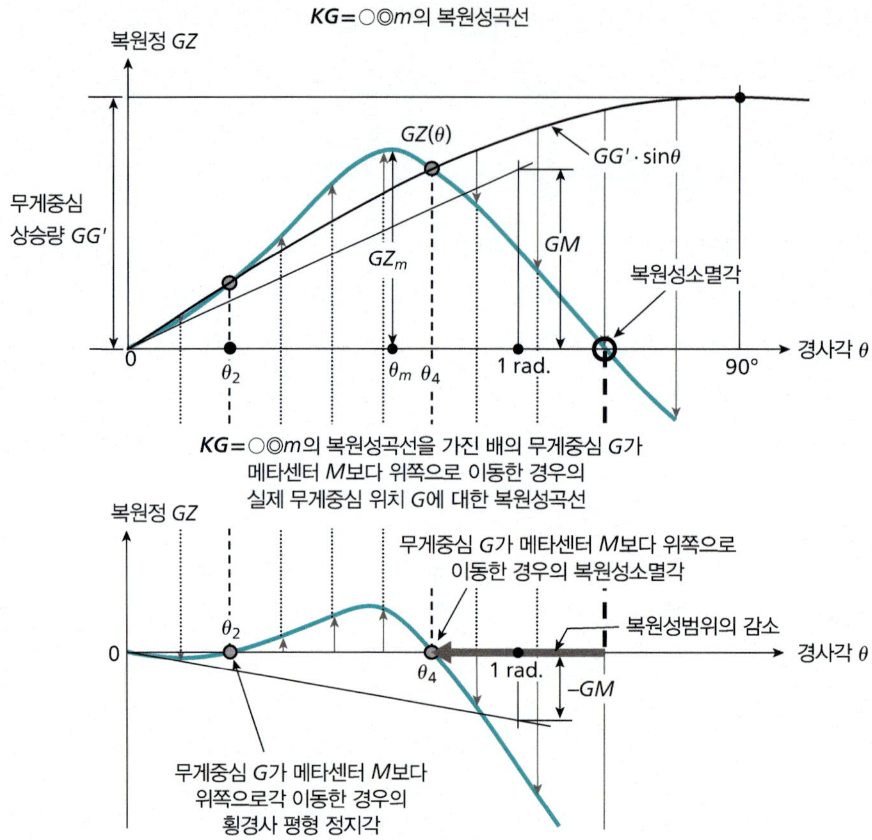

그림 9.9 초기 경사 시의 $GM < 0$ $(-GM)$ 상태의 복원성곡선.

이 경우 그림 9.8의 경사각 θ_1에서는 직립 상태에서 무게중심 G가 메타센터 M보다 높은 G'에 위치하기에 $G'M < 0$ (소위 $-GM$)으로 되어 제4장 **"4.7절 $GM < 0$ (불안정한 평형)"**에서 설명한 불안정한 평형이 된다.

이 초기 경사 시의 $GM < 0$ $(-GM)$의 상태를 복원성곡선(GZ 곡선)으로 나타내면 그림 9.9와 같이 된다. 이 그림 9.9는 그림 9.5와 같이 구할 수 있지만 무게중심 G의 상승량이 초기 GM보다 커지고 있기 때문에 $GG' \cdot \sin\theta$ 곡선이 경사각 θ_2와 θ_4의 2점에서 $GZ(\theta)$곡선과 교차하고 있다. 따라서 무게중심 G가 G'으로 이동한 후 복원성곡선(GZ 곡선)은 그림 9.9의 아래 그림과 같이 된다.

이 그림에서도 알 수 있듯이 무게중심 G가 G'으로 이동한 후, 배는 직립 상태에서 $G'M < 0$ (소위 $-GM$)이기 때문에 불안정한 상태가 되어 경사해 가지만, 경사각 θ_2까지 경사하면 $G'M > 0$ (이른바 $+GM$)이 되어 안정 상태가 되고 경사각 θ_4까지 $GZ(\theta) > 0$의 복원성이 있다.

초기 경사 시의 $GM < 0(-GM)$ 상태에 대하여 좌우 양현측으로 경사하는 경우의 복원성곡선(GZ 곡선)을 나타내면 그림 9.10과 같이 된다.

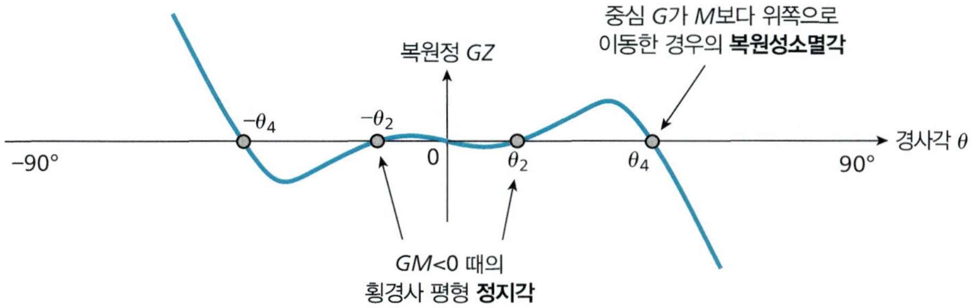

그림 9.10 비틀거리는 상태 "Loll"의 복원성곡선.

그림 9.10에서 보는 바와 같이 **배를 포함한 부체의 불안정한 평형 상태는 직립 상태에서 무게중심 G가 메타센터 M보다 위쪽에 있는 상태를 말하지만, $GM < 0(-GM)$의 상태에 있는 배가 반드시 전복하는 것은 아니다.** 이 상태의 배는 우현 또는 좌현으로 경사하여 경사각 θ_2 또는 $-\theta_2$에서 경사 상태가 되고 작은 외력에 의해 반대 현측으로 경사하여 $-\theta_2$ 또는 θ_2의 경사 상태에서 평형 상태가 되는 이른바 경사각 θ_2와 $-\theta_2$ 사이에서 비틀거리는 상태가 된다. 이 **비틀거리는 상태**를 "Loll"이라고 부른다. 이 경우의 복원지레 $GZ(\theta)$는 경사각 θ_2와 $-\theta_2$ 사이의 직립 상태에서 $GZ(\theta) = 0$이지만, 그 이외에서는 $-\theta_2 < \theta < 0$에서 $GZ(\theta) > 0$, $0 < \theta < \theta_2$에서 $GZ(\theta) < 0$이 된다.

이 상태를 배의 경사에 대한 부심궤적으로 표현하면 그림 9.11과 같이 된다. 즉 부심궤적은 오뚝이 장난감의 지탱점 이동면에 상응하지만 "오뚝이"의 중심선에서의 지탱점 이동면의 곡률 반경이 작아져 직립 상태로 서 있지 못할 경우에 해당한다.

그림 9.11(a)의 상태는 그림 9.10의 직립 상태에서 경사각 θ_2 또는 $-\theta_2$까지의 경사 상

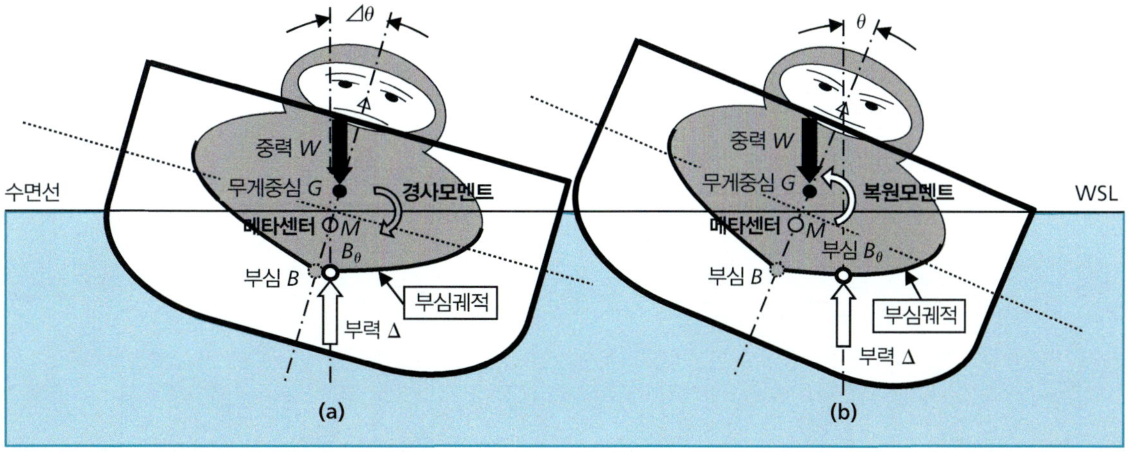

그림 9.11 비틀거리는 상태 "Loll"의 개념도.

태를 보여주고, 그 사이에서는 배에는 경사가 증가하는 경사모멘트가 작용하게 된다. 그림 9.11(a)의 상태에서 경사가 증가하고 이에 따라 부심 B_θ도 이동하지만 부심 B_θ가 무게중심 G의 바로 밑으로 온 경사 상태가 경사각 θ_2 또는 $-\theta_2$에서의 평형 상태이다. 경사각 θ_2 또는 $-\theta_2$에서의 평형 상태보다 경사가 증가하면 그림 9.11(b)와 같이 복원모멘트가 발생하고 θ_2 또는 $-\theta_2$로 복원한다. 그러나 복원성소멸각 θ_4 또는 $-\theta_4$를 넘으면 전복한다.

배가 비틀거리는 불안정한 평형 상태는 무게중심이 어떠한 이유로 상승한 경우에 발생하지만, 무게중심의 상승에 따라 복원성범위가 크게 감소하고 있다는 점에 주의할 필요가 있다.

또한 경사각 θ_2와 $-\theta_2$에서는 프로 메타센터 M_p(예를 들어 그림 9.8의 M_2)가 무게중심 G'보다 위로 오고 $G'M > 0$ $(+G'M)$이 되기 때문에 경사 상태에서 안정한 평형 상태가 된다. 이 안정한 평형 상태가 되는 경사각 θ_2와 $-\theta_2$를 정지각(静止角)이라 하며, 이것도 “loll” 라고 한다.

9.5 $GM < 0$이고 $GZ_m < GG' \cdot \sin\theta_m$인 경우

그림 9.9는 배의 무게중심 G가 어떠한 원인(화물의 위로 이동 등)으로 메타센터 M보다 높은 G'으로 이동($GG' > GM$)하고 $GG' \cdot \sin\theta_m < GZ_m$의 경우를 나타내고 있지만 $GG' \cdot \sin\theta_m > GZ_m$의 경우는 그림 9.12와 같게 된다.

예시한 그림 9.12의 경우 잔존 복원성이 작고, 즉 배는 복원지레 $GZ(\theta)$가 작은 범위에서 양(+)이지만 매우 작고 대부분의 경사 범위에서 음(−)이 되어 안정성을 유지하는 것이 곤란하고 전복할 가능성이 높다고 볼 수 있다.

또한 $GG' \cdot \sin\theta_m > GZ_m$의 경우 $GZ(\theta)$곡선이 $GG' \cdot \sin\theta$곡선보다 아래로 올 경우에 잔존 복원성이 없어지고, 즉 복원지레 $GZ(\theta)$가 양(+)이 될 경사각은 없고, 이러한 상태가 되면 어떤 경사 상태에 있어도 전복한다.

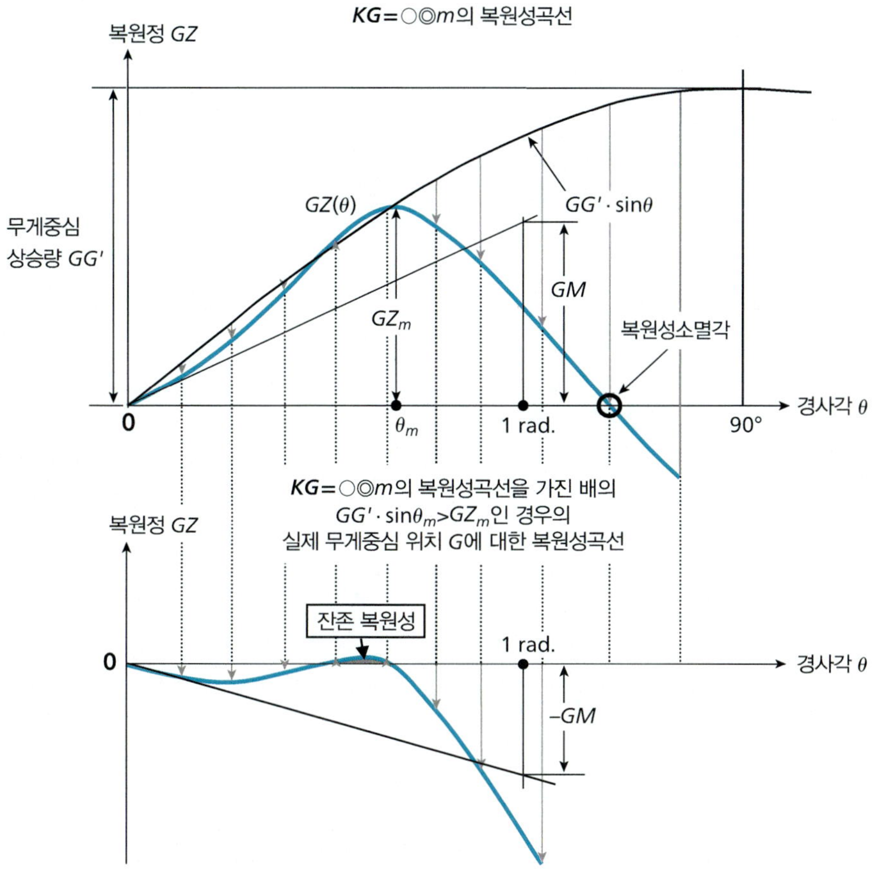

그림 9.12 무게중심 G가 M보다 위로 이동하고 $GG' \cdot \sin\theta_m > GZ_m$의 경우인 복원성곡선.

Capsizing and **Stability** of the **Ship**

Capsizing and Stability of the Ship

제 10 장

잔존 복원성

지금까지는 배가 직립 상태에서 경사가 커져 가는 경우의 복원지레 GZ의 변화를 구하고, 그로 인하여 배의 복원성의 좋고 나쁨을 판단하기 위한 복원성곡선에 대해 논의하였다.

배가 어떠한 상황에 놓여 있어도 직립 상태에 있다는 것은 가장 이상적인 안정 상태라고 말할 수 있다. 따라서 배의 복원성은 어떠한 경사 상태이라도 안정한 직립 상태로 돌아가려고 하는 성질이기 때문에 배가 갖추어야 할 성질 중의 가장 중요한 특성 중 하나이다.

그러나 배가 인공적인 건조물이며 사람이나 물건을 싣고 넓은 바다를 이동하는 부체이기 때문에 항상 직립 상태를 유지하는 것이 이상적이지만 이 이상적인 상태를 유지하는 것은 그리 쉽지 않다.

배는 특수한 것을 제외하면 일반적으로 무게중심을 거치는 연직선에 대하여 좌우 대칭이 되도록 건조된다. 따라서 직립 상태로 보면 그림 10.1과 같이 경사 시의 복원성도 좌우 대칭(복원성곡선은 좌우로의 경사 상태를 나타내고 있기에 원점에 대해서 반대칭곡선으로 되어 있음)이기 때문에 지금까지의 논의도 한쪽으로의 경사에 대해서만 해 왔다.

직립 상태의 배가 어떤 원인으로 임의의 각도로 경사진 경우를 생각해보면, 경사 상태의

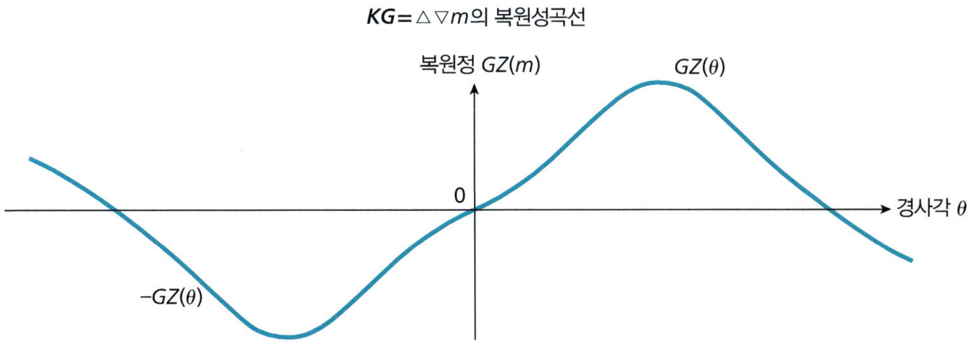

그림 10.1 원점에 대하여 반대칭의 복원성곡선.

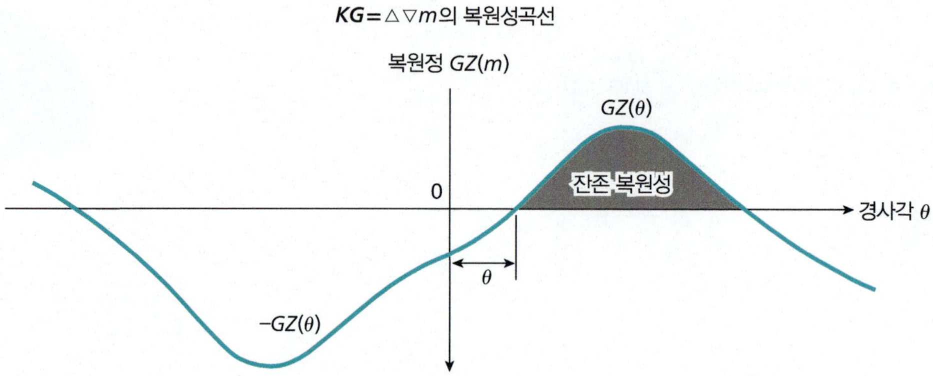

그림 10.2 배가 어떠한 원인에 의한 경사 상태의 잔존 복원성.

배는 무게중심을 거치는 연직선에 대해 좌우 비대칭이 되고, 이 경사 상태에서의 복원성도 좌우 비대칭이 된다. 즉 그림 10.2에 나타낸 바와 같이 θ만큼 경사진 쪽의 복원성은 나빠지고, 반대쪽 복원성은 커진다.

배가 어떠한 원인에 의해 한쪽 현측으로 θ만큼 경사진 상태일 때 감소하고 남은 복원성을 "**잔존 복원성**(residual stability)"이라고 말한다.

따라서 배가 어떠한 원인에 의해 경사할지라도 "잔존 복원성"의 "크고 작음"에 따라 배의 복원성 및 안전성의 좋고 나쁨을 판단할 수 있다.

10.1 무게중심의 옆 이동과 잔존 복원성

제9장에서 언급한 바와 같이 배의 건조 계획 시 선형이 정해지면 수면에 직립으로 떠 있는 상태에서의 부심 B의 위치나 메타센터 M의 위치는 배의 수면 아래의 모양에 따라 정해지기에 바꿀 수 없다.

그러나 배의 무게중심 G의 위치는 배의 형상에 관계없이 화물 배치 상태에 따라 어떻게든지 변화한다. 특히 화물의 옆 이동에 의한 무게중심 G의 옆 방향으로의 이동은 배를 직접 옆 경사시키고, 그 후 그 무게중심 G가 원래 위치로 돌아가지 않는 한 배는 경사 상태에서 평형 상태가 된다.

무게중심 G의 옆 이동에 따른 위치 변화와 그에 따른 복원지레의 변화, 즉 복원성 변화와 그것을 나타내는 복원성곡선에 대해서는 구체적으로 파악해 두어야 한다.

이 장에서는 복원성에 큰 영향을 미치는 배의 무게중심 G의 옆 이동과 복원지레와의 관계, 그리고 그 관계가 복원성곡선에 구체적으로 어떻게 나타나는지에 대하여 고찰하기로 한다.

그림 10.3에 나타낸 바와 같이 배 안에 있는 중량물(화물 등) w를 원래 위치에서 옆쪽으로 이동시키면, 배의 무게중심 G는 원래의 위치보다 중량물 w의 옆 이동과 평행하게 옆쪽

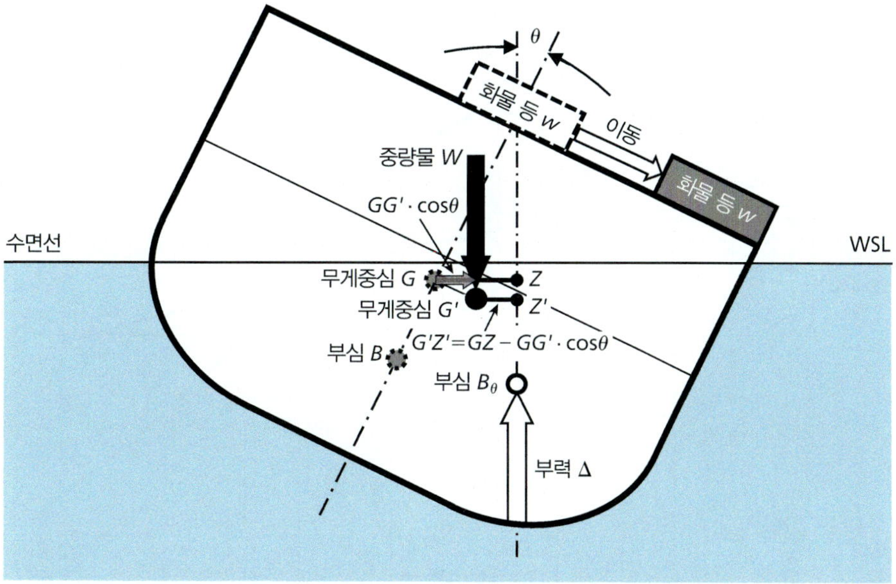

그림 10.3 중량물(화물 등)이 옆 이동한 경우의 무게중심 G와 부심 B_θ의 이동.

G'으로 이동한다. 그리고 배의 무게중심 G가 G'으로 옆 이동한 후 옆 경사하여 경사각 θ의 경사 상태에 있는 경우, 중력 W는 무게중심 G'에 작용하고 부력 Δ는 부심 B_θ에 작용한다. 그리고 이 짝힘에 의한 복원 지레가 $G'Z'(\theta)$인 것은 그림 10.3으로도 분명하다.

그림 10.3에서 무게중심이 옆 이동하기 전의 G의 위치에 있을 때 경사각 θ로 경사한 경우의 복원지레는 $GZ(\theta)$이였기 때문에 무게중심 G가 옆 이동하여 G'으로 이동한 후에는 복원지레는 $GG' \cdot \cos\theta$만큼 감소한다. 따라서 무게중심이 G'으로 이동한 후의 복원지레 $G'Z'(\theta)$는 원래 복원지레 $GZ(\theta)$를 이용하여 다음 식으로 구할 수 있다.

$$G'Z'(\theta) = GZ(\theta) - GG' \cdot \cos\theta \tag{10.1}$$

이를 복원성곡선으로 표현하면 그림 10.4와 같이 된다.

이 경우의 복원지레 $GZ(\theta)$는 직립 상태로부터 경사각 θ_2 사이에서 $GZ(\theta) < 0$이고, 경사각 θ_2로부터 경사각 θ_4 사이에서 $GZ(\theta) > 0$이 된다. 여기서 **경사각 θ_4는 무게중심이 G'으로 이동한 후의 복원성소멸각**이 된다. 그리고 경사각이 θ_4를 넘으면 $GZ(\theta) < 0$이 되어 배는 전복한다. 이 경우 경사각 θ_2로부터 경사각 θ_4 사이에서 $GZ(\theta) > 0$이 되는 곳이 "**잔존 복원성**"이다. 즉 배는 무게중심 G가 옆쪽으로 이동하면 이동한 쪽의 복원성이 잔존 복원성로서 악화한다. 그러나 이 상태에서 반대쪽으로 경사하는 경우의 복원지레 $G'Z'(\theta)$는 복원지레 $GZ(\theta)$가 음으로 표시되기 때문에 (10.1)식을 직접 적용하여 구할 수 있다.

마찬가지로 무게중심 G가 반대쪽으로 이동하면 반대쪽 복원성이 악화하기 때문에 **배는 항상 한쪽 현으로의 경사를 피하고 직립 상태를 유지해야 한다.**

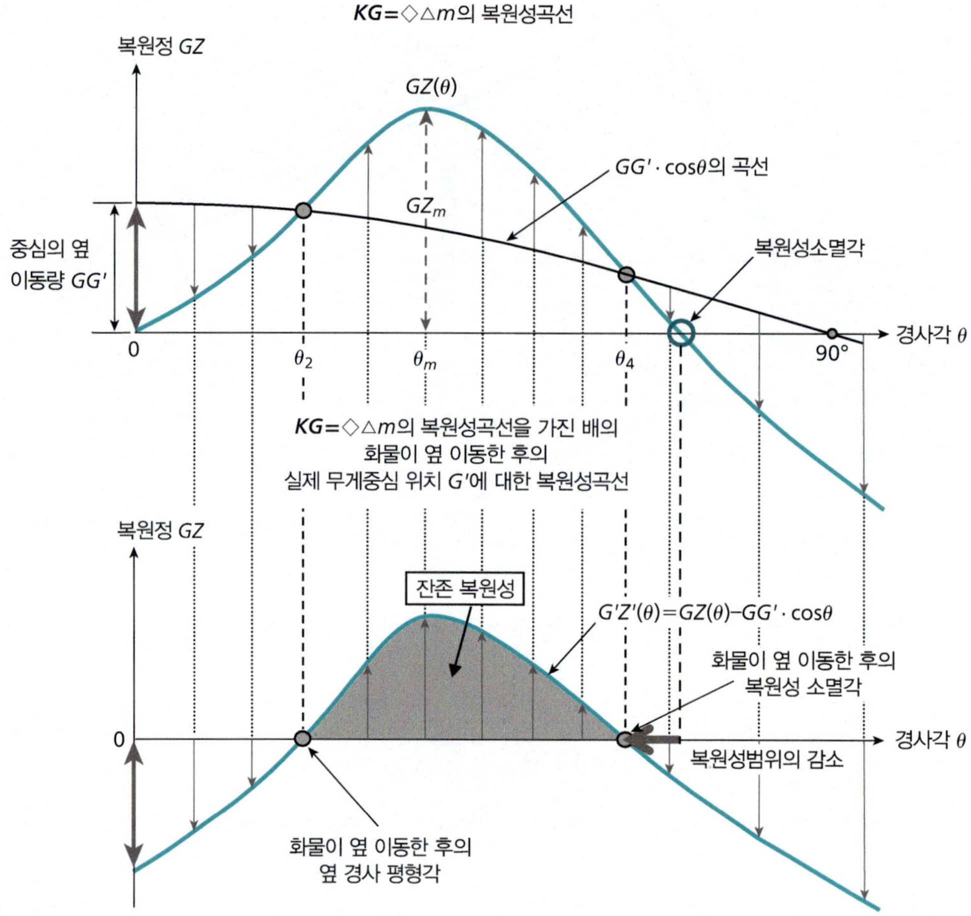

그림 10.4 중량물(화물 등)이 옆 이동하여 경사한 경우의 잔존 복원성.

배 안에 있는 중량물(화물 등) w가 원래 위치에서 옆 방향으로 이동한 경우의 복원성곡선의 변화에 대해서는 그림 10.4로부터 다음과 같이 이해할 수 있다.

❶ 무게중심 G의 옆쪽 이동량 GG'이 작을 때, 즉 배의 배수량에 비해 옆으로 이동하는 화물의 무게가 작은 경우는 옆 경사 평형 각도 θ_2는 작고 복원성소멸각인 경사각 θ_4의 감소도 작다.

❷ 옆으로 이동하는 화물이 크고 그 무게가 무거운 경우 또는 많은 승객들이 함께 옆으로 이동하는 경우는 무게중심 G의 옆쪽 이동량 GG'이 커지고 옆 경사 평형 각도 θ_2는 θ_m에 가까워지고 복원성소멸각인 경사각 θ_4는 작아진다. 이 경우 "잔존 복원성"은 작아진다.

❸ **무게중심 G의 옆쪽 이동은 바로 "잔존 복원성"을 감소하고, "잔존 복원성"의 감소는 선박의 안정성을 위협한다.**

이처럼 배의 무게중심 G의 옆쪽 이동은 직접적인 배의 경사와 동시에 "잔존 복원성"을

사진 10.1 카페리 "아리아케"의 잔존 복원성 상태.
일본 海上保安庁撮影: マルエーフェリー「ありあけ」横転事故 2009.11.13 三重県沖

작게 함으로써 배의 안정성을 위협하는 주요 요인이 된다. 게다가 무게중심 G의 옆쪽 이동에 의한 배의 경사는 이동한 무게중심 G'을 원래의 **무게중심 G의 위치로 돌려놓지 않는 한 직립 상태로 복원하지 않는다.** 따라서 항해 중 화물들의 옆쪽 이동에 의한 배의 경사는 배를 전복시키는 유인이 되기 때문에 어떻게 해서든지 피해야 한다.

또한 어느 정도 큰 잔존 복원성이 있더라도 정상(定常) 경사 상태에서 계속 적하화물의 옆쪽 이동이 발생하면 무게중심 G의 옆쪽 이동량 GG'이 커져 더욱 잔존 복원성이 작아지므로 주의할 필요가 있다.

사진 10.1은 일본의 카페리 "아리아케"가 화물의 옆쪽 이동 때문에 무게중심 G의 옆쪽 이동에 의해 약간의 잔존 복원성 상태로 거의 정상 경사한 채 항해하고 있는 상태를 보여준다. 이 정상 경사의 경사각이 그림 10.4의 θ_2이다. 이 경우 더 이상 무게중심이 옆쪽으로 이동하지 않고 배 안으로 해수 유입도 없으면 전복하지 않고 정상 경사 상태인 채로 있다.

이 상태는 화물의 옆쪽 이동에 의한 무게중심 G의 옆쪽 이동에 의해 발생한 정상 경사 상태이기 때문에 논리적으로는 화물을 원래 장소로 돌려놓으면 무게중심도 이동하기 전 위치로 돌아가고 직립 상태로 복원하지만, 실제 해상에서 화물을 원래 위치로 돌려 놓을 수는 없고, 따라서 직립 상태로 복원할 수도 없다.

카페리 "아리아케"도 사진 10.1 상태에서 복원 못하고 전복한다. 이 전복에 관해서는 "제16장 인위적인 요인에 의한 전복"에서 구체적으로 고찰한다.

10.2 $GM \leqq 0$ 비틀거리는 상태와 무게중심의 옆 이동과 잔존 복원성

배의 무게중심 G가 어떠한 원인(화물의 위로 이동 등)으로 메타센터 M인 곳($GG' = GM$)으로 이동하거나 메타센터 M보다 높은 G'으로 이동($GG' > GM$)하여 $G'M \leqq 0$(이른바 $GM \leqq 0$)이 되면, 제9장 **"9.3절 $GM = 0$의 구체적인 상태"**와 **"9.4절 $GM < 0$와 비틀거리는 상태(loll)의 관계"**에서 설명한 중립의 평형 또는 불안정한 평형이 된다.

제9장의 그림 9.9와 그림 9.10 또는 그림 10.5로도 알 수 있듯이 이 **중립의 평형 상태와 불안정한 평형 상태일 때에 배는 $GM \leqq 0$의 상태로 되지만 반드시 전복한다고는 볼 수 없고, 작은 외력으로 우현 또는 좌현 쪽으로 "비틀거리는 상태"가 된다.** 이러한 **"비틀거리는 상태"**인 배는 경사각 θ_2와 $-\theta_2$ 사이에서는 안정 상태로 볼 수 없고, 그림 10.5에 나타낸 경사각 θ_2 또는 $-\theta_2$로 경사한 상태로 평형 상태가 되기 때문에 승객이나 승무원은 불안을 느끼는 요인이 된다.

$GM \leqq 0$일 때의 경사각 θ_2 또는 $-\theta_2$로 경사하여 평형 상태에 있을 때, 이를 직립 상태로 하려고 짐을 경사한 쪽과 반대쪽으로 이동시키거나 많은 승객이 반대쪽으로 이동할 때 이에 따라 배의 무게중심 G가 G'으로 이동하기 때문에, **"10.1절 무게중심의 옆 이동과 잔존 복원성"**에서도 언급한 바와 같이 복원지레는 $GG' \cdot \cos\theta$만큼 감소한다.

예시하고 있는 그림 10.5는 중량물(화물 등)이 옆쪽으로 이동하여 무게중심 G가 (+)쪽

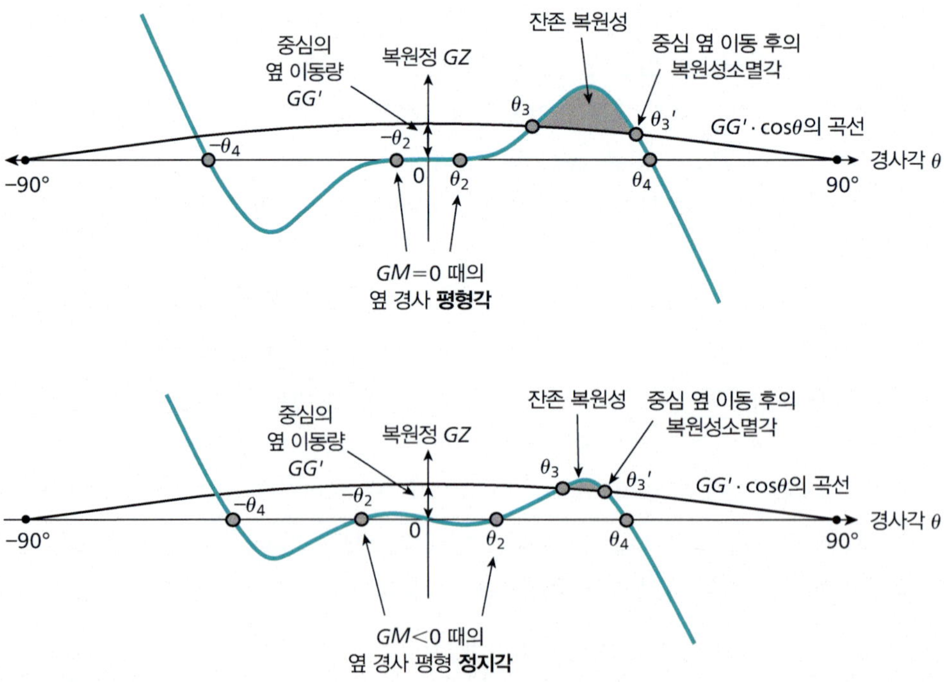

그림 10.5 비틀거리는 상태.

으로 GG'만 이동한 경우의 복원성곡선을 나타내고 있다. 이 경우 무게중심 G가 (+)측으로 GG' 이동하기 때문에 경사 상태의 새로운 평형각은 θ_3로 된다. 게다가 무게중심 이동 후의 복원성소멸각은 θ_3'으로 된다. 따라서 그림 10.5에서도 알 수 있듯이 화물의 옆 이동 등에 의해 무게중심 G가 옆쪽으로 이동하면 화물이 이동한 쪽의 잔존 복원성이 선박의 안전성과 크게 관련된다.

어떠한 원인으로 배의 무게중심 G가 상승하고 $GM \leqq 0$이 되어 "비틀거리는 상태"에 있어서, 화물의 대량 옆 이동이나 승객이 일제히 옆으로 이동하는 것은 잔존 복원성을 매우 작게 하는 요소를 포함하고 있으며, 이러한 경우 배 전복의 요인이 되므로 주의할 필요가 있다.

10.3 풍압력에 의한 경사와 잔존 복원성

배가 옆 바람을 받을 때 그림 10.6과 같이 풍압력 F는 수면상의 배에 작용하고 옆 바람에 의해 생기는 옆 표류 시 물의 저항 R은 수면 아래의 배에 바람 방향과 반대 방향으로 작용한다. 그리고 그 짝힘에 의하여 두 작용 중심점 사이의 거리 h를 지레로 경사모멘트가 발생한다.

이때 제5장 "**5.1절 바람에 의한 경사모멘트**"에서 설명했듯이 풍압력 F와 저항 R에 의한 경사모멘트는 배를 경사시키지만, 배에는 경사에 따라 중력 W와 부력 Δ에 의한 복원모멘트가 발생하여 경사각의 증가에 비례하여 커진다. 그리고 저항 R이 풍압력 F와 같게 되어 표류 속도가 일정하게 되었을 때 풍압력에 의한 경사모멘트가 일정하게 된다.

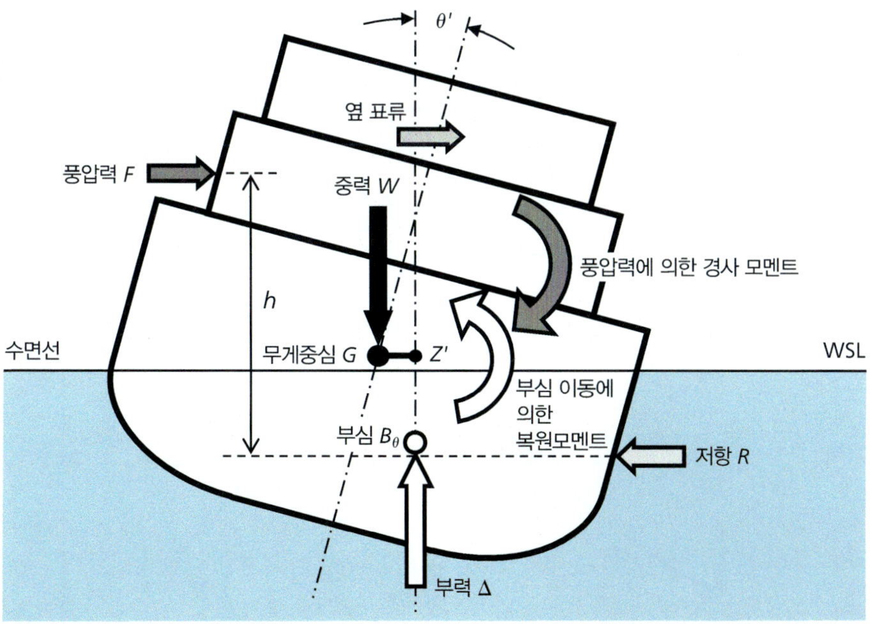

그림 10.6 바람에 의한 정상 경사.

이때 배가 경사함으로써 발생하는 복원모멘트의 크기는 경사모멘트와 같게 되어 경사각 θ'에서 평형 상태로 된다. 이 평형 상태에서의 복원지레는 그림 10.6에서 GZ'임을 알 수 있다.

즉 배에 작용하는 중력 W가 일정하다는 점에서 복원지레 GZ'의 크기는 배가 풍압력에 의해 경사하고 경사 상태에 있는 경우의 복원모멘트의 크기, 즉 그만큼 경사시킬 풍압력에 의한 경사모멘트의 크기를 나타내고 있다.

이 복원지레 GZ'의 크기를 직립 상태의 복원성곡선 $GZ(\theta)$에 도시하면 그림 10.7의 위쪽 그림과 같이 된다.

복원지레 GZ'은 그림 10.7의 위쪽 그림에서 직립 상태의 복원성곡선 $GZ(\theta)$에 겹치도록 옆쪽 직선으로 나타내고 있으며, 이때 경사각 θ'와 경사각 θ''에서 교차하고 있음을 알 수 있다. 이 경사각 θ'이 그림 10.6에 나타낸 평형 상태의 경사각 θ'인 것이다.

따라서 풍압력에 의해 일정한 속도로 옆으로 표류하면서 정상 경사각 θ'으로 옆 경사한 배의 복원성곡선은 그림 10.7의 아래쪽 그림과 같이 된다. 그림 10.7의 아래쪽 그림에서 배의 경사각 θ가 $0 < \theta < \theta'$일 때, $GZ(\theta) < 0$, $\theta' < \theta < \theta''$일 때, $GZ(\theta) > 0$, $\theta'' < \theta$일 때에

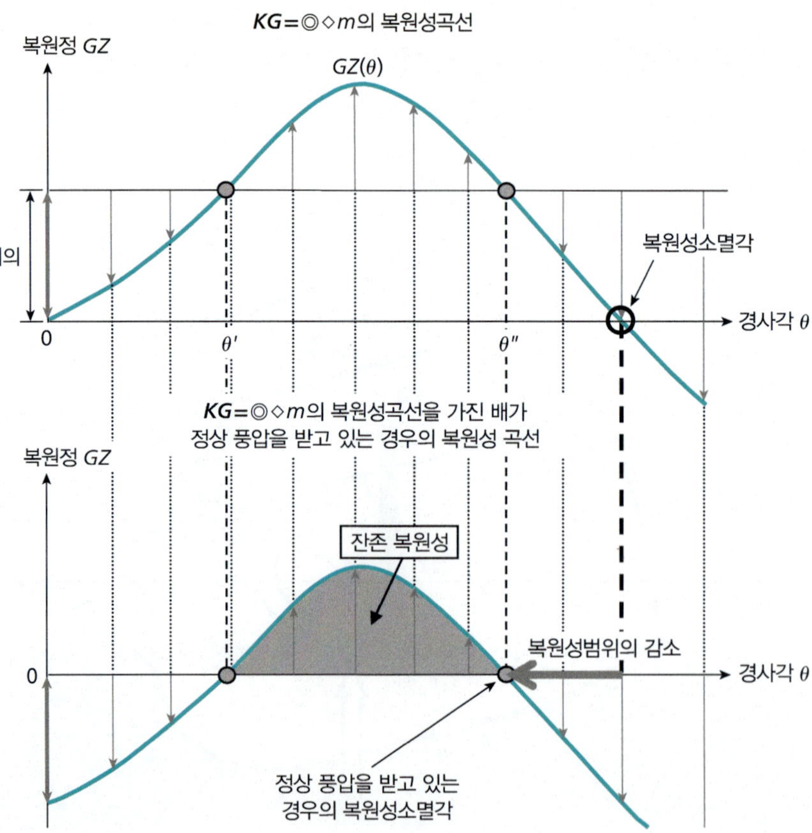

그림 10.7 바람에 의한 정상 경사 시의 복원성곡선과 잔존 복원성.

$GZ(\theta) < 0$이 되고, 경사각 θ'와 경사각 θ'' 사이만 $GZ(\theta) > 0$가 됨을 알 수 있다. 이 경사각 θ'와 경사각 θ'' 사이의 $GZ(\theta) > 0$가 이 경우의 "**잔존 복원성**"이다.

풍압력이 작고 따라서 GZ'이 작은 경우 잔존 복원성은 직립 상태의 복원성에 가깝지만, 풍압력이 커지면 GZ'이 커지기 때문에 잔존 복원성은 작고 복원성소멸각도 작아지므로 주의할 필요가 있다.

하지만 운행 시에 배의 조종자는 풍압력에 의한 GZ'의 크기를 알 수가 없다. 배의 조종 시에는 조타실 경사계 등으로 풍압력에 의한 평균 경사각을 추정한다. 그림 10.7의 위쪽 그림의 복원성곡선에 있어서 평균 경사각(그림에서 θ'에 해당하는 각도)에 수직선을 그어 GZ 곡선의 교차점까지의 GZ'을 구하면, 이것이 풍압력에 의한 복원지레이며 이로부터 잔존 복원성을 추정할 수 있다.

Capsizing and **Stability** of the **Ship**

제 11 장

복원성에 영향을 미치는 요인

11.1 배수량의 변화

제7장의 그림 7.4에 표시한 임의의 경사각에 대한 복원지레곡선을 구하는 방법과 같은 방법으로 경사각 θ (θ = 15°, 30°, 45°, 60°, 75°, 90°)마다 구한 복원지레곡선을 함께 표시하면 그림 11.1과 같은 교차곡선이 얻어진다. 이 그림 11.1은 가정 무게중심 높이 KG_A에 대한 교차곡선이다.

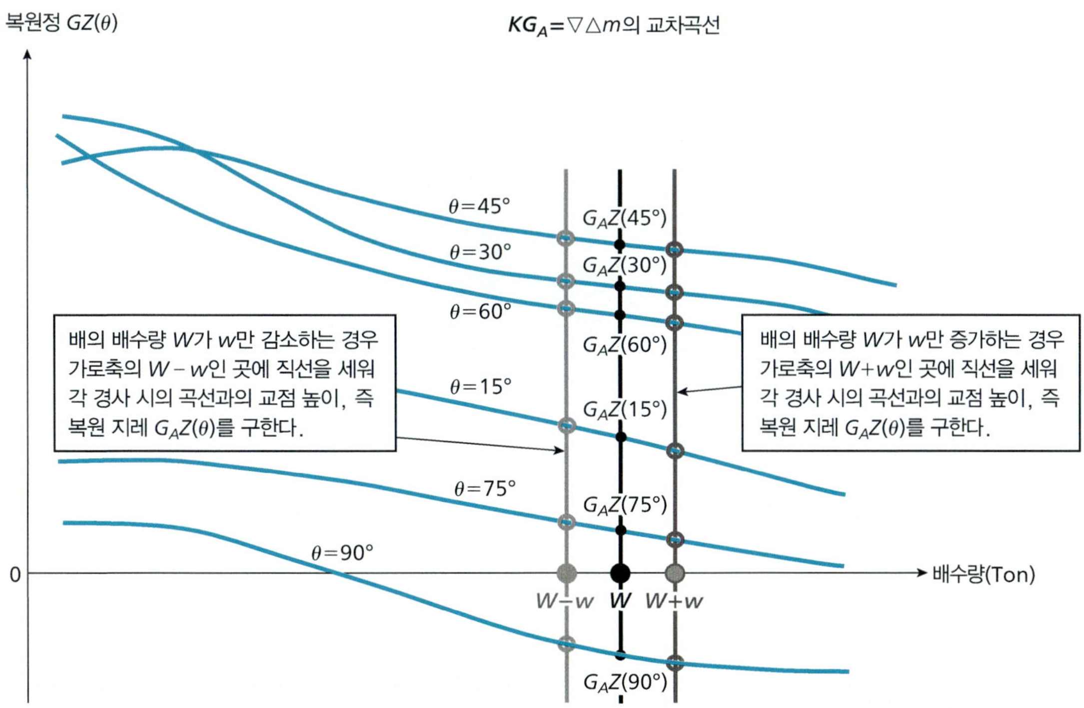

그림 11.1 교차곡선.

제7장에서도 설명했듯이 교차곡선은 일반적으로 쉽게 구할 수 없고 배 건조를 위한 설계 시 가정 무게중심 G_A에 대하여 구해진다. 따라서 운행 시의 복원성곡선을 구할 때나 복원성 및 안정성을 판단해야 할 때에는 모두 이 교차 곡선을 이용해야 한다.

배수량이 변화할 경우는 그림 11.1과 같이 변화한 배수량에 대해 복원성곡선을 구해야 하지만, 가정 무게중심 G_A는 배수량의 증감에 관계없이 먼저 정한 제자리에 그대로 남아 있다.

그림 11.1에 나타낸 바와 같이 배수량이 증가하면 증가한 배수량 $W + w$인 곳에 감소하면 감소한 배수량 $W - w$인 곳에 수직선을 그어 경사각마다 나타낸 복원지레 곡선과의 교점을 구하면 배수량의 증감 시의 각 경사각에 대한 복원지레 $G_AZ(\theta)$의 크기를 구할 수 있다.

그림 11.2는 배수량 증감 시의 복원성곡선을 3차원적인 교차곡선과 함께 나타낸 개념도이다. 이 그림에서도 알 수 있듯이 여기서 교차곡선과 복원성곡선은 운행 시의 것이 아니라 가정 무게중심 높이 KG_A에 대한 것임에 주의하자.

그림 11.2는 왼쪽에서 보면 그림 11.1의 교차곡선을 나타내고 오른쪽에서 보면 그림 11.1에서 보여준 배수량 증감 시의 배수량에 대한 복원성곡선들을 나타내고 있다.

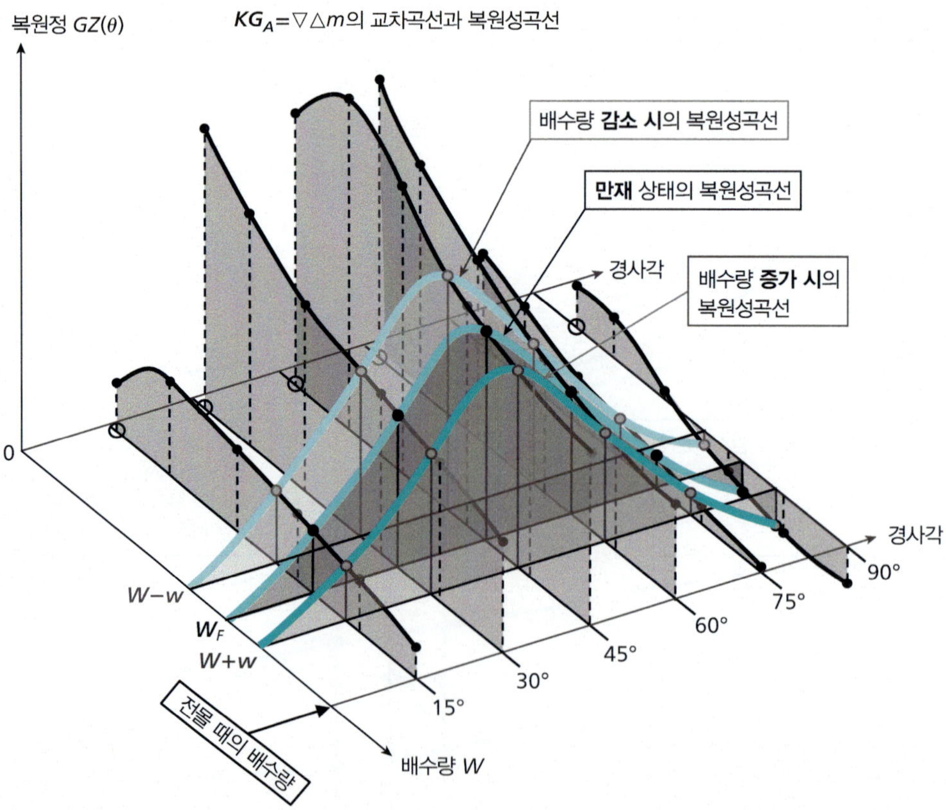

그림 11.2 교차곡선과 배수량의 증감 시의 복원성곡선의 3차원 개념도.

예를 들어 제7장 그림 7.8에서 나타낸 배의 경하 상태와 만재 상태에서의 복원성곡선도 그 상태에서의 배수량 W_L 및 W_F의 점에 세운 수직선과 경사각마다 표시된 복원지레곡선과의 교점을 연결하는 곡선으로 구할 수 있다. 따라서 이것도 배수량의 변화에 따른 복원성곡선이라고 할 수 있다.

가정 무게중심 높이 KG_A에 대한 배수량의 증감 시의 복원성곡선이 구해지면 그 후에 실제 무게중심 높이 KG에 대한 복원성곡선은 제9장에서 설명한 방법으로 구하여 운행 시의 복원성을 평가해야 한다.

11.2 하역

앞 절에서 "배수량의 변화"에 대한 복원성곡선과의 관계를 나타냈었는데 이것은 배의 중심선 위에서 하역(짐을 싣고 내림)을 하고 하역에 의해 배의 경사가 발생하지 않고 배수량만 증감하는 경우에 해당한다.

이제 그림 11.3에서 보듯이 무게 w의 짐을 배에 싣기 위해 배의 하역 장치의 데릭을 이용하여 부두에서 들어 올리는 경우에 대해 생각해 본다. 무게 w의 짐을 데릭 붐의 선단부 풀리에서 들어 올리면 배수량은 $W + w$, 부력은 $\Delta + \delta$이 되고, 무게중심 위치도 부심 위치도 변화한다.

무게 w의 짐을 부두에서 배 위의 데릭 붐의 선단부 풀리를 거쳐 들어 올릴 때 배는 경사하지만 그 경사의 크기는 짐의 무게에 따라 다르다. 또한 들어 올리는 화물의 무게 w는 배의

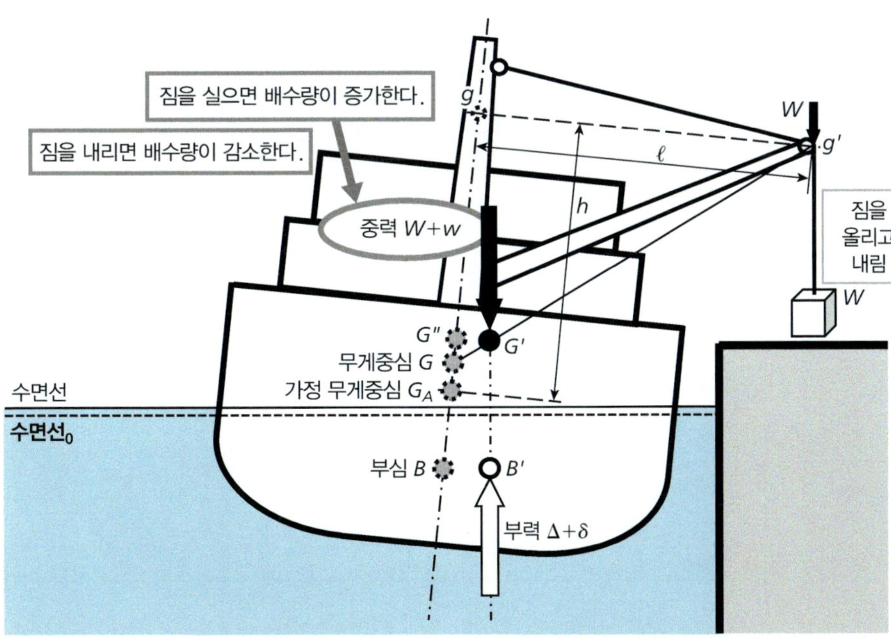

그림 11.3 하역 시의 무게중심 이동.

경사 또는 들어 올리는 높이와는 관계없이 항상 붐의 선단부 풀리 g'에서 연직 아래쪽 방향으로 작용한다. 따라서 배 위의 데릭으로 들어 올리는 화물의 무게 w를 다룰 때는 항상 붐의 선단부 풀리 g'에 있고 연직 아래쪽으로 작용하는 것으로 취급한다.

먼저 그림 11.1에 나타낸 바와 같은 교차곡선의 배수량 $W + w$ 점에서 수직선을 그어 경사각마다 복원지레를 구하여, 그림 11.4의 위쪽 그림의 $G_AZ(\theta)$곡선, 즉 복원성곡선을 구한다.

앞 절에서 논의한 바와 같이 교차곡선은 일반적으로는 쉽게 구할 수 없고 배 건조를 위한 설계 시 가정 무게중심 G_A에 대해 구할 수 있다. 따라서 운행 시의 복원성곡선을 구할 때 또는 복원성 및 안정성을 판단해야 할 때에는 이 교차곡선을 이용해야 한다. 교차곡선은 가정 무게중심 G_A에 대하여 구해지는 곡선이기 때문에 반드시 KG_A를 정확히 기입해야 한다.

이때 배의 무게중심 G의 위치가 알려졌거나 알려지지 않거나에 관계없이 새로운 무게중심은 짐의 무게 w를 더해 진정한 무게중심 위치인 G점과 붐의 선단부 풀리 g'을 연결하는 배 위의 G'으로 이동한다.

배의 무게중심 G가 G'으로 이동하는 것은 다음과 같이 가정하여 생각하면 알기 쉽다. 먼저 들어 올린 화물의 무게 w는 가정 무게중심 G_A와 같은 위치에 실었다고 하자. 이 경우 배수량은 $W + w$로 되지만 배의 무게중심 위치에 변화는 없다. 그 짐 w를 가정 무게중심 G_A

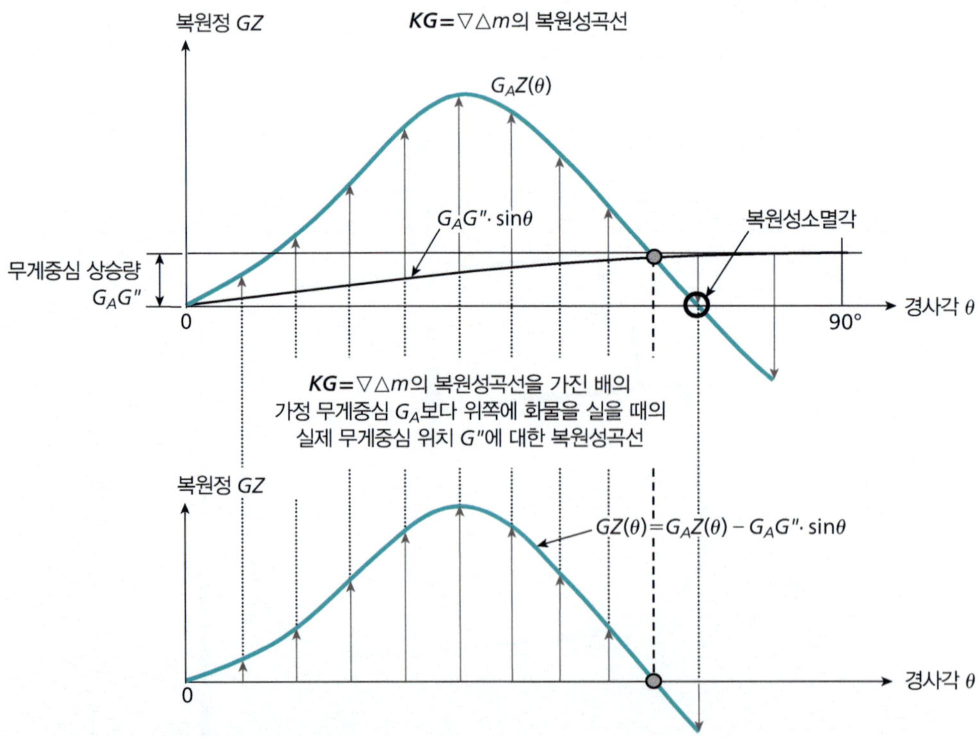

그림 11.4 무게중심의 상승량 G_AG''을 고려한 복원성곡선.

보다 h만큼 바로 위의 g점으로 이동시킨다. 이때 무게중심의 상승량 G_AG''은 다음 식으로 구할 수 있다.

$$G_AG'' = \frac{w \times h}{W + w} \tag{11.1}$$

배수량 $W + w$일 때 가정 무게중심 G_A에 대한 복원성곡선이 그림 11.4에서 위쪽 그림의 $G_AZ(\theta)$곡선이다. 이 그림에 무게중심 상승량 G_AG''에 의한 $G_AZ(\theta)$의 감소량 $G_AG'' \cdot \sin\theta$를 그려 넣어 이를 감하면 그림 11.4의 아래쪽 그림과 같은 복원지레곡선을 구할 수 있다. 그 다음 짐 w를 g점에서 ℓ만 옆쪽 g'점으로 옆 이동시킨다. 이때 무게중심의 옆 이동량 $G''G'$은 다음 식으로 구할 수 있다.

$$G''G' = \frac{w \times \ell}{W + w} \tag{11.2}$$

무게중심의 옆 이동량 $G''G'$에 대한 복원성곡선은 무게중심이 옆 이동한 경우의 제10장 그림 10.4와 같은 방법으로 구하면 그림 11.5처럼 구할 수 있다.

그림 11.5에서 무게 w의 짐을 가정 무게중심 G_A에서 h의 높이 g점, 거기에서 ℓ만 옆쪽에 있는 데릭 붐의 선단부 풀리에서 들어 올리면, 경사각 θ_2로 경사하고 평형 상태가 된다. 이때의 복원성 소멸각은 θ_4이고 경사각 θ_2로부터 θ_4까지가 "**잔존 복원성**"이 된다.

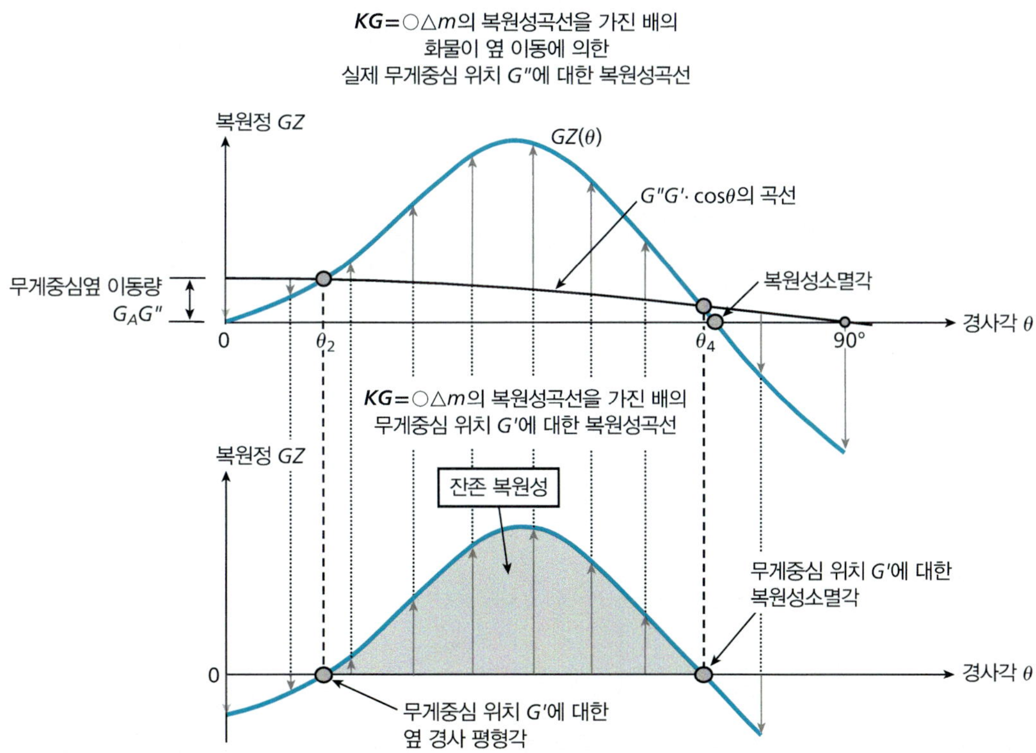

그림 11.5 한쪽 현측에서 화물을 들어 올린 경우의 잔존 복원성.

배수량의 큰 배가 배수량에 비해 비교적으로 가벼운 짐을 실을 경우에는 아무 문제가 없지만, 작은 화물선이나 어선 등이 짐을 실을 때는 경사각 θ_2 및 복원성소멸각에 대해 주의할 필요가 있다. 배의 짐을 들어 올려 부두에 내려 놓을 경우는 내려 놓는 순간까지 배수량에는 변화가 없기 때문에 짐 w의 옆 이동에 주의하여 그림 11.5에서 표시된 경사 균형각 θ_2와 θ_4까지의 잔존 복원성에 주의해야 한다.

11.3 배 안의 자유 액체

배 안의 탱크에 싣고 있는 액체에서 그림 11.6과 같이 탱크에 가득 찬 액체를 제외한 자유 표면을 가진 액체를 자유 액체라 정의한다. 그러나 탱크에 가득 찬 액체라도 음료수와 연료처럼 사용하면 그 양이 줄어들어 자유 표면이 생기는 액체도 자유 액체라 정의한다. 또한 화물이 아니더라도 갑판에 파도가 들이쳐 체류하는 물도 자유 액체이지만 이 경우는 다음 절에서 논의한다.

자유 액체는 어떠한 형태를 만들 수 없는 유동 물질이기 때문에 지구의 중력에 의해 항상 수평 정지 수면을 만들고 안정된 상태가 되려는 성질을 가지고 있다. 따라서 배 안의 자유 액체도 배가 동요하는 측이나 경사하는 쪽으로 쏠려 정지 수면을 만든다. 또한 탱크 내의 액체는 사용하지 않는 한 무게는 변화하지 않는다.

배의 동요 및 경사에 의해 배 안의 자유 액체가 한쪽으로 쏠리는 것은 액체의 무게중심 이동을 의미하고, 화물의 무게중심 이동은 물론 경사모멘트를 유도하게 되며, 이로 인해 배의 복원모멘트가 작아지게 된다.

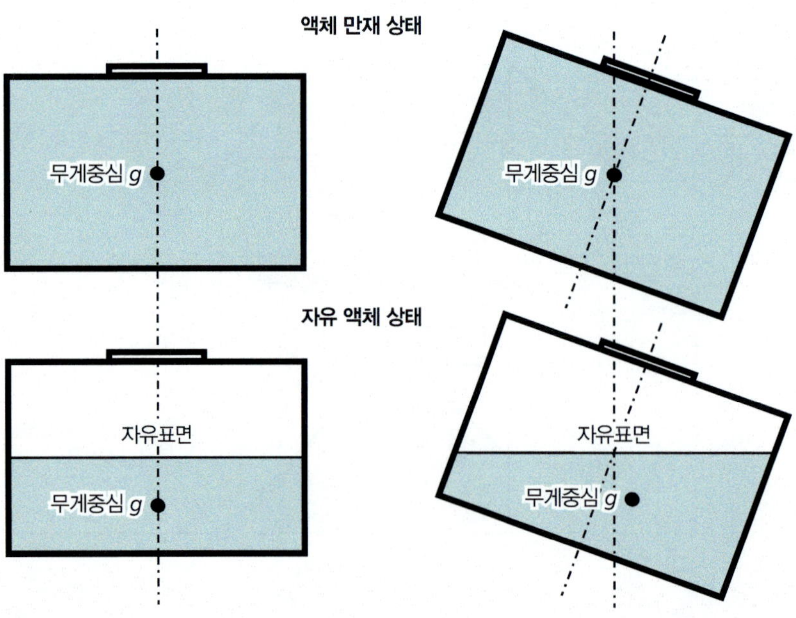

그림 11.6 자유 표면을 갖는 자유 액체.

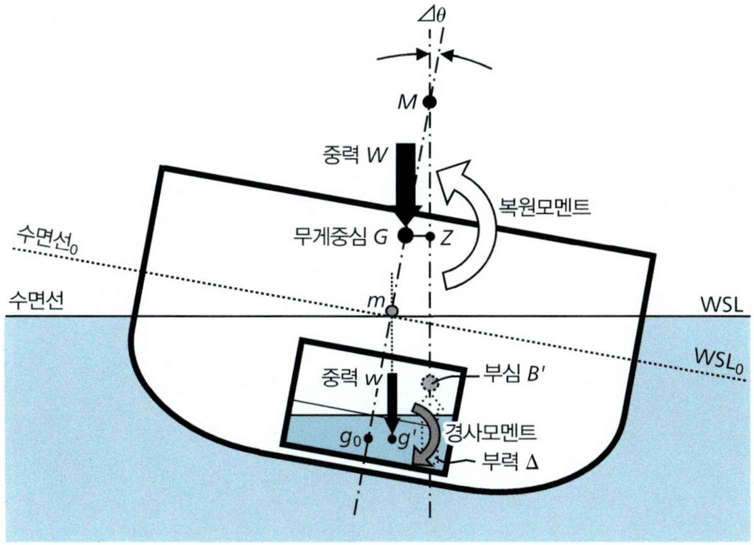

그림 11.7 탱크 내의 자유수의 영향.

이제 그림 11.7에 나타낸 바와 같이 배 안의 탱크에 무게 w (용적 v, 비중 양 γ', 무게중심 위치 g_0)의 자유 액체가 있는 경우, 이것이 복원성에 미치는 영향에 대해 고찰한다.

배가 미소각 $\Delta\theta$만 경사한 경우 탱크 내의 자유 액체는 경사 방향으로 쏠리고 수평 정지 평면을 만들어 안정된 상태가 되려고 한다. 이때 자유 액체가 경사하여 쏠리기에 무게중심 g_0는 g'으로 이동하게 된다. 따라서 자유 액체의 중력 w는 이 g'점을 통해 작용한다.

이때 배에는 복원모멘트로 $W \cdot GZ$가 작용하지만 자유 액체의 중력 w에 의한 모멘트 $w \cdot g_0g'$은 경사모멘트로서 작용한다. 여기서 g_0g'은 자유 액체의 무게중심 이동이다. 따라서 탱크 안에 자유 액체가 있는 배가 직립 상태에서 미소각 $\Delta\theta$만 경사한 경우의 복원모멘트를 M_{FW}라 하면, 다음 식과 같이 된다.

$$M_{FW} = W \cdot GZ - w \cdot g_0g' \tag{11.3}$$

여기서 자유 액체의 중력 w의 작용선과 직립 상태에서 g_0를 거치는 작용선과의 교점을 m이라 하면, 점 m은 자유 액체의 무게중심 이동의 곡률 중심, 즉 탱크의 자유 액체 메타센터라고 볼 수 있다. 자유 액체의 무게중심 g_0에서 자유 액체의 메타센터 m까지를 g_0m이라 하면 제4장 "**4.2절 메타센터 반경 *BM*을 구하는 방법과 메타센터 *M*의 위치**"의 개념에 따라 다음 식으로 구할 수 있다.

$$g_0m = \frac{i}{v} \tag{11.4}$$

단 i는 배가 직립 상태로 떠 있을 때의 자유 액체 표면의 면적 중심을 지나는 세로축 주위의 2차 모멘트이다. (11.3)식의 우변 제2항의 g_0g'은 배의 경사가 미소(매우 작음)이기 때문에 (11.4)식으로 얻어지는 g_0m을 이용하여 다음 식으로 나타낼 수 있다.

$$g_0g' = g_0m \times \sin\varDelta\theta \tag{11.5}$$

이것은 또한 배의 경사각이 미소한 경우 점 m이 자유 액체의 무게중심 이동의 곡률 중심이기 때문에 성립되는 것이며, 자유 액체의 중력 w는 점 m에 작용하고 있다고 보아도 지장이 없음을 나타내고 있다.

(11.3)식에 (11.4)식과 (11.5)식을 이용하면 (11.3)식은 다음 식과 같이 된다.

$$\begin{aligned} M_{FW} &= W\left(GM - \frac{w}{W}g_0m\right)\cdot \sin\varDelta\theta \\ &= W\left(GM - \frac{v\cdot\gamma'}{W}\cdot\frac{i}{v}\right)\sin\varDelta\theta \\ &= W\left(GM - \frac{i\cdot\gamma'}{W}\right)\sin\varDelta\theta \qquad (11.6) \end{aligned}$$

제4장의 (4.17)식으로 나타낸 초기 복원모멘트의 식과 (11.6)식을 비교하면 메타센터 높이 GM이 $i\cdot\gamma'/W$만큼 감소하고, 즉 배의 무게중심 G가 $i\cdot\gamma'/W$만 상승하여 복원성을 감소시키고 있음을 알 수 있다.

게다가 (11.6)식으로부터 알 수 있듯이 복원성을 감소시키는 원인의 $i\cdot\gamma'/W$의 대소는 자유 액체의 무게 w가 아니라 자유 액체 표면의 면적 중심을 지나는 세로축 주위의 2차 모멘트 i의 크기에 비례하고 있음을 알 수 있다. 이것은 자유 액체의 무게 w가 같아도 i가 커지는 형상, 즉 자유 액체 표면의 폭이 넓은 형상이 되는 자유 액체가 배의 복원성을 크게 감소시킨다고 말할 수 있다.

활어 운반선처럼 폭이 넓은 자유 액체 표면을 갖는 경우 $i\cdot\gamma'/W$가 GM보다 커지면 그림 11.8과 같이 배의 무게중심 G가 겉보기에 G'''으로 이동하고 $G'''M < 0$ (소위 $-GM$)가 되어, 제9장의 그림 9.9와 같이 **불안정한 평형**이 될 수 있다.

이 경우의 불안정한 균형 상태는 직립 상태에서 무게중심 G가 메타센터 M보다 위쪽에 위치하여 초기 미소경사 상태에서는 $GM < 0$ $(-GM)$의 상태에 있는 배라도 반드시 전복하는 것은 아니지만, 우현측 또는 좌현측으로 기울어진 경사 상태가 되고 작은 외력으로도 반대 현측으로 기울어져 경사 상태가 되는 이른바 비틀거리는 상태가 된다.

배의 경사가 초기 미소 경사보다 더 커지면 그림 11.8에 나타내고 있는 자유 액체의 메타센터 m은 직립 상태에서 g_0를 거치는 연직선 위에 없기 때문에 본래의 자유 액체의 무게중심 g_0가 g'으로 이동한 영향을 고려해야 한다.

이 자유수의 무게중심 이동의 영향으로 배의 무게중심 G는 G''으로 이동한다. 그 무게중심 이동량 GG''은 다음 식으로 구할 수 있다.

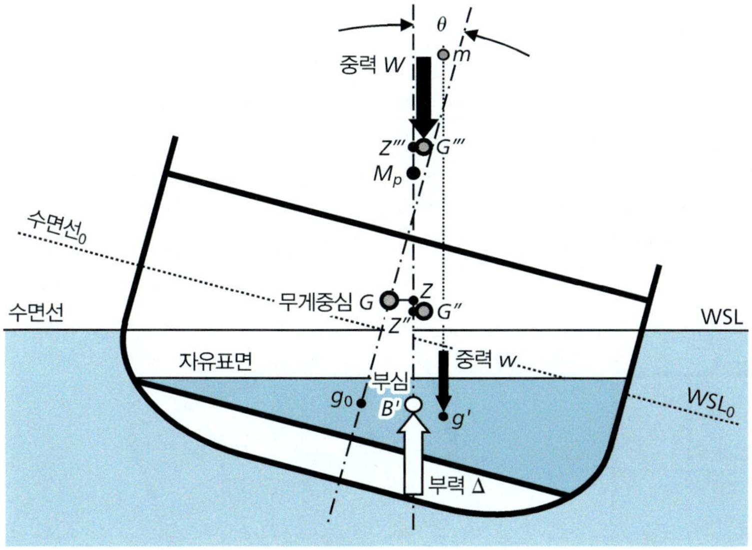

그림 11.8 배 안의 자유수의 영향.

$$GG'' = \frac{w \cdot g_0 g'}{W} \tag{11.7}$$

또한 겉보기 무게중심 G'''은 무게중심 G와 자유 액체의 메타센터 m을 연결하는 선 위에 있고, 그 위치는 다음 식으로 구할 수 있다.

$$G''G''' = \frac{w \cdot g'm}{W}$$

이때 최악의 상태로 비틀거리는 경사 범위를 넘어 제10장 그림 10.5에서 나타내고 있는 잔존 복원성범위도 넘는 무게중심 이동량이 되면, GG''이 커지며 $G''Z'' < 0$로 되면 배는 전복한다. 겉보기 무게중심 G'''은 이동 후의 무게중심 G'' 위에 있기 때문에 $G''Z'' = G'''Z'''$인 것은 당연하다. 따라서 활어 운반을 위한 수조(탱크) 설계 시에는 충분한 주의가 필요하다. 또한 배 안에 n개의 여러 탱크 등이 있는 경우 자유 액체의 영향은 그 합으로 표현되며, (12.4)식은 다음 식과 같이 나타낼 수 있다.

$$M_{FW} = W\left(GM - \sum_{j=1}^{n} \frac{i_j \cdot \gamma'}{W}\right) \cdot \sin \varDelta\theta \tag{11.8}$$

그림 11.9와 같이 같은 양의 자유 액체를 적재하는 경우에도 배의 길이 방향으로 격벽을 설치하고 자유 액체 표면의 폭을 줄이면 옆 복원성에 미치는 영향을 가능한 한 작게 할 수 있다.

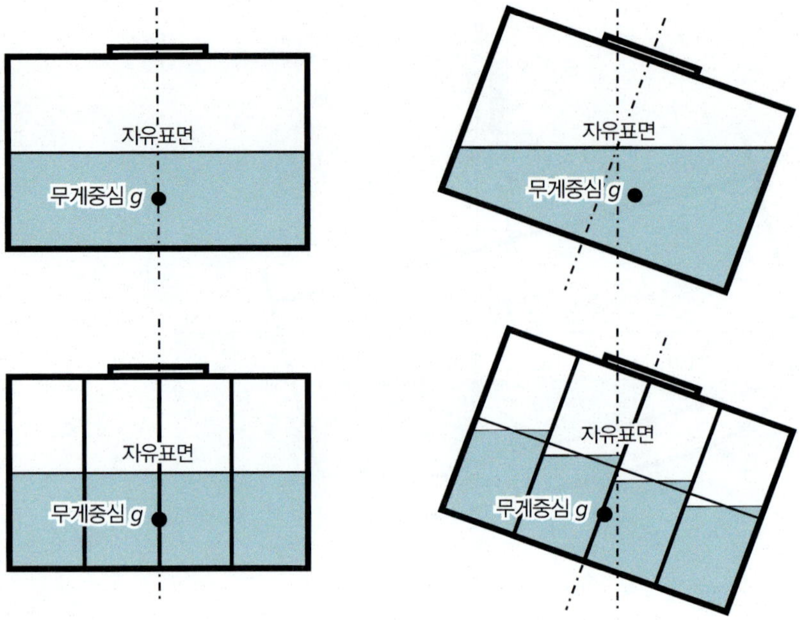

그림 11.9 탱크에 격벽이 없는 경우와 있는 경우의 예.

11.4 갑판상에 들이치는 해수

배의 탱크 내의 자유 액체가 아니라도 황천(荒天: 비바람이 심한 천후) 시에 갑판 위로 들이쳐 갑판상에 체류하는 해수도 복원성에 영향을 미치는 자유 액체이다. 작은 배의 경우 갑판상으로 파도가 들이치는 것을 방지하거나, 갑판에서의 작업 등의 관계로 불워크(bulwark) 높이의 배 폭 또는 깊이에 대한 비율이 비교적으로 크고 1 m 이상인 경우도 있다.

악천후 때에 불워크를 넘어 대량의 해수가 갑판 위로 들이치면, 보통은 불워크의 하부에 설치되어 있는 방수구 또는 배수구에서 배수되게 하여 그 가능한 한 영향을 받지 않게 하고 있다. 그러나 갑판 위로 들이친 해수가 많은 경우 배수로 인해 자유 물(수)의 영향은 작아지지만, 배수되지 않고 갑판에 체류하거나 어떠한 원인으로 방수구나 배수구가 막혀서 해수가 갑판 위에 체류하는 경우 배는 순시에 자유 물의 영향을 받는다.

그림 11.10은 갑판 위로 들이친 해수의 체류 물 w가 정적으로 수평을 유지하고 있는 상태를 나타내고 있다. 체류 물 w의 영향으로 흘수가 깊어지고 체류 물 w가 배의 무게중심 G보다 위쪽에 있는 경우, 배의 무게중심은 G보다 위쪽인 G'으로 이동한다. 반대로 체류 물 w가 배의 무게중심 G보다 아래쪽에 있으면, 배의 무게중심은 G 아래쪽인 G'으로 이동한다. 여기서는 전자를 예로 들어 설명한다.

무게중심이 G에서 G'으로 이동하는 경우의 무게중심 이동량 GG'은 다음 식으로 구할 수 있다.

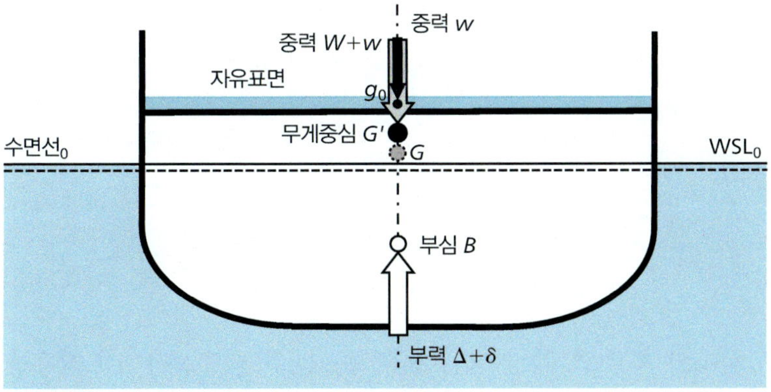

그림 11.10 상갑판상의 수평한 체류 물.

$$GG' = \frac{w \times Gg_0}{W + w}$$

이 상태에서 선체가 미소각 $\varDelta\theta$만 경사하면 그림 11.11처럼 갑판 위의 체류 물의 폭은 최대 갑판 폭과 같기 때문에 (11.4)식으로 나타내는 자유 액체(여기에서 표시하는 체류 물) 표면의 면적 중심을 거치는 세로축 주위의 2차 모멘트 i가 매우 크고, 따라서 자유 액체의 무게중심 이동의 곡률 중심점 m이 매우 높은 위치로 된다. 이 경우에도 m은 체류 물 w의 무게

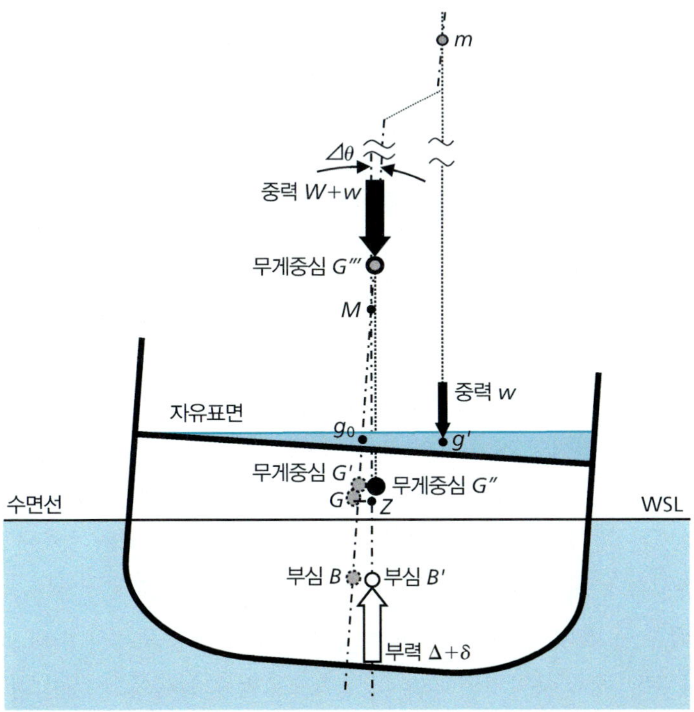

그림 11.11 미소각 $\varDelta\theta$ 경사 시의 체류 물의 영향.

중심 g'에 작용하는 중력 w의 작용점과 선체 중심선과의 교점에 있다고 볼 수 있다. 이때 갑판 위로 들이친 해수의 체류 물 w를 포함한 배의 무게중심 G'은 체류 물 w의 무게중심 이동 g_0g'에 의하여 G''으로 이동한다.

그 무게중심 이동 $G'G''$은 다음 식으로 구할 수 있다.

$$G'G'' = \frac{w \times g_0g'}{W + w}$$

그러나 체류 물 w가 자유 액체이기 때문에 중력 w는 곡률 중심점 m에 작용하고 있다고 볼 수 있고 무게중심 G''은 겉보기에는 G'''으로 이동한다.

그 무게중심 이동 $G'G'''$ 또는 $G''G'''$은 배의 경사가 미소 경사이기 때문에 (11.4)식을 이용하여 다음 식으로 구할 수 있다.

$$G'G''' \approx G''G''' = \frac{w \times g_0m}{W + w} = \frac{i \cdot \gamma}{W + w}$$

따라서 갑판 위에 체류 물을 갖는 배가 직립 상태에서 **미소각 $\varDelta\theta$만 경사한 경우**의 복원 모멘트를 M_{FW}라 하면 다음 식과 같이 된다.

$$M_{FW} = (W + w)\left(G'M - \frac{i \cdot \gamma}{W + w}\right)\sin\varDelta\theta \tag{11.9}$$

이 식은 (11.6)식과 같고 갑판 위로 들이친 해수의 체류 물 w를 고려한 식이다. 여기에서 γ는 해수의 비중량이다.

이 식에서 $i \cdot \gamma/(W + w)$가 G'M보다 커져 배의 무게중심이 겉보기 G'''으로 이동하면 (11.9)식에서 $G'''M < 0$ (소위 $-GM$)이 되어 불안정한 평형이 된다. 이 상태를 복원성곡선으로 나타내면 그림 11.12와 같다.

그림 11.12의 경우는 체류 물이 배의 무게중심 G보다 위쪽에 있는 경우를 상정하고 있기 때문에 그때의 복원성소멸각(복원성범위)은 체류 물이 없는 경우보다 작아진다. 그러나 체류 물이 유동체이기 때문에 경사가 커지면 체류 물이 불워크 탑(bulwark top)을 넘어 바다로 유출하는 경우도 있으며, 이러한 경우 복원성소멸각(복원성범위)도 유동적이고 명확하게 정할 수는 없다.

초기 미소각 $\varDelta\theta$ 경사 시의 (11.9)식은 i가 최대 갑판 폭의 자유 액체(여기에 표시된 체류 물) 표면의 면적 중심을 거치는 세로축 주위의 2차 모멘트이기 때문에 선체가 미소각 $\varDelta\theta$보다 크게 경사하고 **체류 물 폭이 작아지면 성립하지 않기 때문에 주의**해야 한다.

그리고 자유 액체 표면이 직사각형의 경우 경사함으로써 직사각형의 폭이 감소하면 표면의 면적 중심을 거치는 세로축 주위의 2차 모멘트 i는 폭의 감소율의 3승에 비례하여 감소

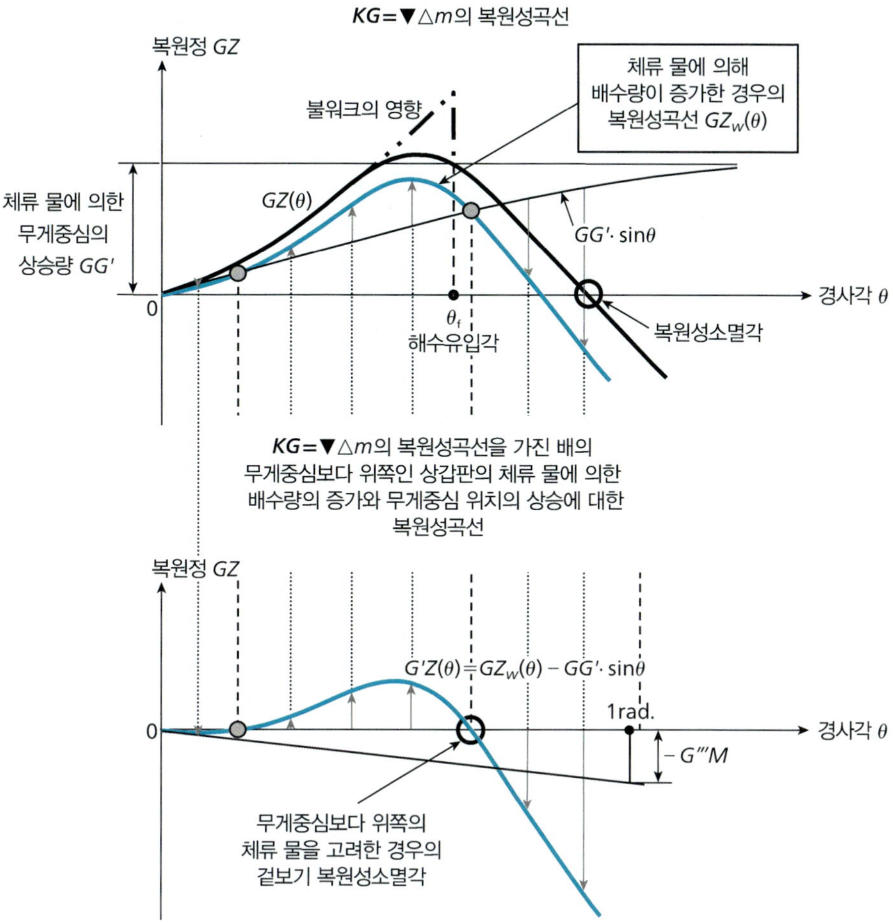

그림 11.12 상갑판의 체류 물의 영향에 의한 복원성곡선의 변화.

한다. 예를 들어 자유 액체 표면의 폭을 1.0으로 하고 2차 모멘트를 i라 하면, 폭이 0.9로 감소하면 2차 모멘트는 0.729i로, 0.7로 감소하면 0.343i로, 0.5로 감소하면 0.125i가 된다.

그림 11.12와 같이 초기 미소각 $\varDelta\theta$ 경사 시의 배의 무게중심이 겉보기 G'''으로 이동하여 $G'''M < 0$ (소위 $-GM$)이 되어 불안정한 평형에서 비틀거릴 때 크게 경사하면, 이에 따라 갑판 위의 체류 물이 옆으로 크게 이동하고 체류 물 폭이 작아진다. 갑판 위의 체류 물이 옆으로 이동한 경우의 복원성 곡선은 그림 11.13과 같다. 갑판 위의 체류 물이 옆으로 이동하면 배의 무게중심도 옆으로 이동하고 무게중심의 옆 이동량 $G'G''$은 체류 물이 불워크 탑에서 유출하는 경사각까지 증가한다. 무게중심의 옆 이동량 $G'G''$이 증가함과 동시에 $G'G''\cdot\cos\theta$가 커지고, 복원지레 $G'Z(\theta)$와 같아질 때까지 커지면 겉보기 복원성은 사라지고 그림 11.13과 같이 된다. 이때 갑판 위의 체류 물이 불워크 탑을 넘지 않고, 즉 **배 외로 유출하지 않고 체류한 상태**를 표시하면 그림 11.14와 같게 된다.

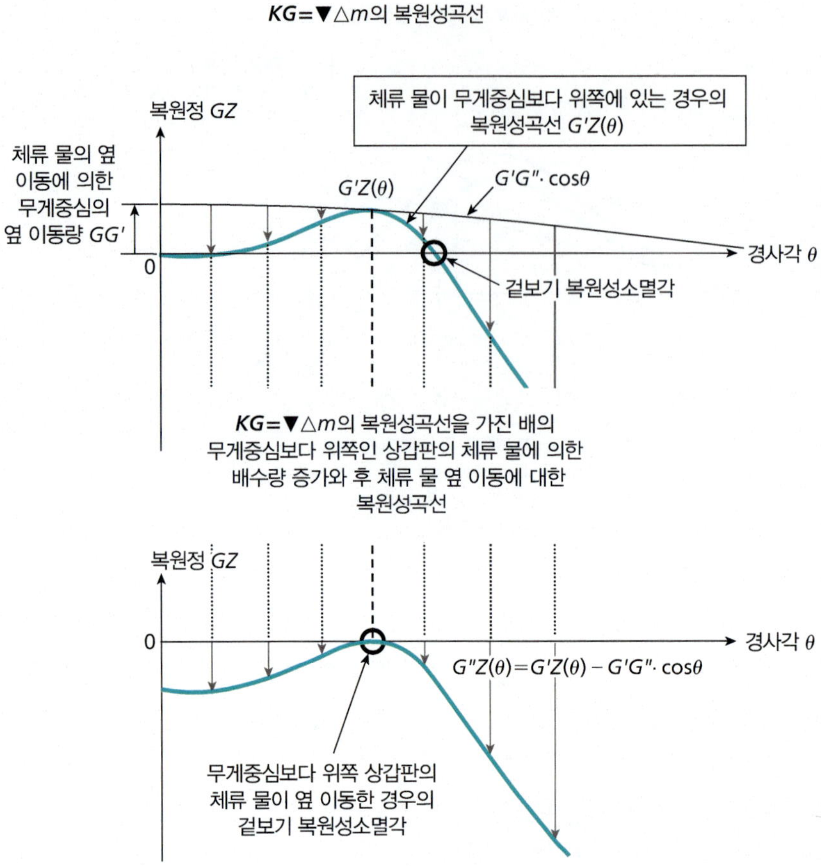

그림 11.13 상갑판의 체류 물이 옆 이동한 경우의 복원성곡선.

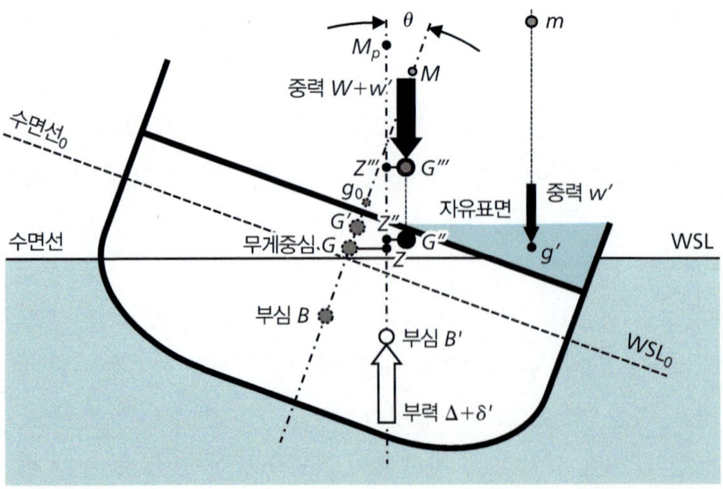

그림 11.14 체류 물이 불워크 탑에서 유출 직전의 경사 상태.

그림 11.7 또는 그림 11.11과 같은 **초기 미소 경사가 아니고** 크게 경사한 그림 11.14와 같은 상태에서는 배의 초기 미소 경사 시의 메타센터 M은 프로 메타센터 M_p로 이동하고 자유 액체의 무게중심 이동의 곡률 중심점 m도 배의 중심선과의 교점이 아닌 체류 물 w'의 무게중심 g'을 거치는 연직선 위에 있다. 따라서 이 경우의 배의 무게중심 G는 체류 물 w'의 무게중심이 g_0에서 g'으로 이동함에 따라 체류 물 w'이 수평으로 있다고 가정한 경우의 무게중심 위치 G'에서 G''으로 이동한다.

그 이동량 $G'G''$은 다음 식으로 구할 수 있다.

$$G'G'' = \frac{w' \times g_0g'}{W + w'}$$

그러나 체류 물 w'이 자유 액체이기 때문에 그 곡률 중심점 m에 중력 w'이 작용하고 있다고 볼 수 있고 배의 겉보기 무게중심 위치는 G'와 m점을 연결하는 선 위의 G'''이 된다.

또는 다음 식에서 G''보다 $G''G'''$만 위쪽에 위치하고 있음을 알 수 있다.

$$G''G''' = \frac{w' \times g'm}{W + w'}$$

이 경우 그림 11.14에서 보듯이 새로운 무게중심 위치 G''과 자유 액체인 체류 물 w'의 곡률 중심점 m의 영향에 의한 겉보기 무게중심 위치 G'''은 연직선 위에 있기 때문에, 배에 작용하는 중력 $W + w'$은 이 연직선 위에서 아래쪽으로 작용한다. 따라서 이 연직선 위에 있는 무게중심 위치 G'' 또는 겉보기 무게중심 위치 G'''에서 부력 작용선 위로 수직선을 그어 그 교점을 각각 Z'' 및 Z'''이라고 하면, $G''Z''$과 $G'''Z'''$은 같고 체류 물을 포함한 경사 상태의 복원지레이다.

체류 물을 포함한 경사 상태에서 $G''Z''$(이른바 GZ) < 0이면, 경사모멘트가 작용하여 배는 전복하는 방향으로 크게 경사한다.

그런데 경사가 그림 11.14보다 커지면 체류 물은 불워크 탑으로부터 바다로 흘러 나가 감소하고, 체류 물에 의한 무게중심의 옆 이동 $G'G''$의 감소와 부심 B의 옆 이동에 의해 어떠한 경사각에서 평형 상태가 된다.

또는 체류 물의 일부가 불워크 탑에서 바다로 흘러 나가도 남은 체류 물의 영향이 크고 계속하여 배를 기울일 경우 정역학적으로는 그림 11.15와 같이 경사가 커져 불워크 탑이 몰수(沒水: 물속으로 들어감)하면 갑판 위의 체류 물의 영향은 없어진다. 따라서 배에는 그림 11.12의 해수 유입각 θ_F보다 큰 경사에 대해서는 불워크의 영향을 받지 않는 설계 시 복원성 곡선(GZ 곡선)의 복원지레 $GZ(\theta)$에 의한 복원모멘트가 작용하게 된다.

그러나 배가 경사 상태에서 복원할 때 불워크 탑이 수면 위로 나오면, 즉 경사가 해수 유입각 θ_F보다 작아지면, 불워크로 해수를 떠내는 상태가 되어 그림 11.14와 같은 체류 물의 영향을 받아 복원할 수 없게 된다.

갑판에 설치된 방수구 또는 배수구에서의 배수는 갑판 위에 있는 체류 물의 배의 복원성

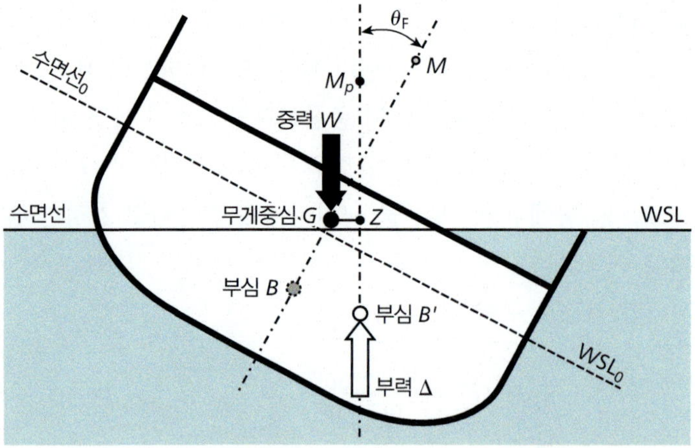

그림 11.15 불워크 탑의 몰수(沒水)와 체류 물 영향의 소멸.

에 미치는 영향을 가능한 한 빨리 제거하여, 배의 안전을 확보하기 위한 가장 간단하면서도 중요한 역할을 하고 있다. 그러므로 어떠한 사정이 있더라도 배수구를 막아서는 안 되고 항상 배수할 수 있는 상태를 유지하는 것이 배의 안전을 확보하기 위한 기초이다.

따라서 해수가 갑판 위로 들이칠 때는 악천후이므로 소형 선박의 복원성 및 안전성을 확보하기 위해서는 갑판 위에 체류 물이 있어도 불안정한 평형이 되지 않도록 복원성을 확보하는 것이 중요하다. 가장 초보적인 방법이 어떠한 기상 및 해상 상태에서도 갑판 위의 해수가 체류하지 않도록 항상 방수구 및 배수구가 그 역할을 충분히 수행할 수 있는 상태를 유지하는 것이다.

11.5 작은 배의 건현

배의 건현(freeboard)은 "만재흘수선규칙" 제2조8에서 "건현용 깊이의 상단으로부터 만재 흘수선까지의 수직거리를 말한다"라고 규정되고 있다. 일반적으로는 건현용 깊이의 상단과 만재 흘수선까지의 수직 거리를 나타내고 있다고 해석되지만, "만재흘수선규칙"에서는 건조하는 배에 적용되는 항해 대역 또는 지역과 계절 기간에 대응하는 건현의 크기를 결정하고 그 크기를 가져서 건현용 깊이의 상단으로부터의 수직거리에 있는 수면 위치를 만재흘수선으로 규정하고 있다.

다시 말해 배의 건현은 통상의 운행 상태에 있어서 우연히 만날 수 있는 풍파 도중에서 안전하게 항행할 수 있는 예비 부력(reserve buoyancy)을 확보하기 위해서 선체중앙부 ⊗의 선측에 있어서 건현 갑판(freeboard deck: 통상 폐위 장치가 있는 최상층의 전통 갑판)의 위 표면으로부터 만재흘수선을 나타내는 수면까지의 수직거리로서 결정된다["조선기하학 제1장 1.8배(선박)의 건현" 참조].

이렇게 건현은 배의 예비 부력을 확보하는 것이기 때문에 배의 안전성을 생각할 때는 중요한 요소의 하나이며, 따라서 “만재흘수선기준”에서 규정되고 있다. 여기서 건현에 의해 확보되는 예비 부력은 만재흘수선으로부터 상부의 배의 수밀부분의 용적(만재흘수선으로부터 건현 갑판 표면까지의 용적)에 관계되는 부력을 말하고, 전 용적 또는 전 부력에 대한 비율로 나타낸다.

예비 부력은 건현이 커짐에 따라 증가하고 이로 인해 파랑 중에 있어서 배의 상하동요(heave)에 대한 **복원력**(restoring force)과 횡동요(roll)에 대한 **복원모멘트**(righting moment or restoring moment)도 증가하기 때문에 배의 안전성에 크게 기여한다. 또한 배의 **능파성**(sea kindliness)에도 기여한다.

배는 앞에서 말한 바와 같이 예비 부력을 확보하고 복원성을 향상시킬 목적으로 법률에 의해 건현이 정해져 있기 때문에, 같은 배에서 완전히 다른 복원성을 가지는 상태로 되는 것은 화물의 상태에 따라 배의 무게중심 *G*의 상하 방향의 위치가 다르거나 과적에 의해 크게 건현의 감소로 인한 경우를 생각할 수 있다.

무게중심 *G*의 상하 방향의 위치에 따른 복원성곡선의 변화에 대해서는 “**제9장 무게중심의 상하위치 및 복원성곡선과의 관계**”에서 논의한 바와 같고, 큰 건현의 감소를 미치는 과적은 일반적으로는 생각할 수 없다.

여기서 논의하는 것은 “선박안전법 제27조(만재흘수선의 표시 등)”의 요건에서 제외된 배이다. 즉 예비 부력을 확보하기 위한 건현 등의 규정이 없어 “선박안전법 제28조(복원성의 유지)”의 적용 외의 소형 배이다. 이러한 법규에 따라 건현이 정해져 있지 않은 소형 배는 복원성의 계산 등을 하지 않는 경우가 많아 옆 안정성의 초보적인 검토도 하지 않고 있는 것이 대부분이다.

이상으로부터 먼저 건현 등의 규정이 없기 때문에 그림 11.16에 보이듯이 동형인 배면서 건현이 다른 상갑판 I과 상갑판 II를 갖은 소형 배의 복원성의 차이가 안전성, 즉 전복 방지의 우열과 큰 관계에 있다고 생각할 수 있다.

그림 11.16에서 실선으로 나타내는 상갑판 II는 건현을 비교적 크게 잡고 있기 때문에 수면상 높고, 이 경우의 복원성은 그림 11.17의 실선으로 나타낸 바와 같은 곡선이 되고 복원정과 복원성 범위가 크다는 것을 알 수 있다.

한편 그림 11.16에 있어서 파선으로 표시된 상갑판 I은 건현을 작게 잡고 있기 때문에 수면에 가깝게 낮고, 이 경우의 복원성은 그림 11.17의 파선으로 나타낸 바와 같은 곡선이 되고 복원정과 복원성 범위가 작다는 것을 알 수 있다.

그림 11.17에서는 상갑판 I과 상갑판 II의 건현의 차이에 의한 복원성곡선의 차이가 분명하지만, 만일 불워크 탑의 위치가 같고 방수구 또는 배수구가 막혀 있는 경우에는 이점 쇄선으로 나타내고 있는 불워크 탑이 몰수하는 경사각까지는 복원성곡선에 차이는 없고 똑같다.

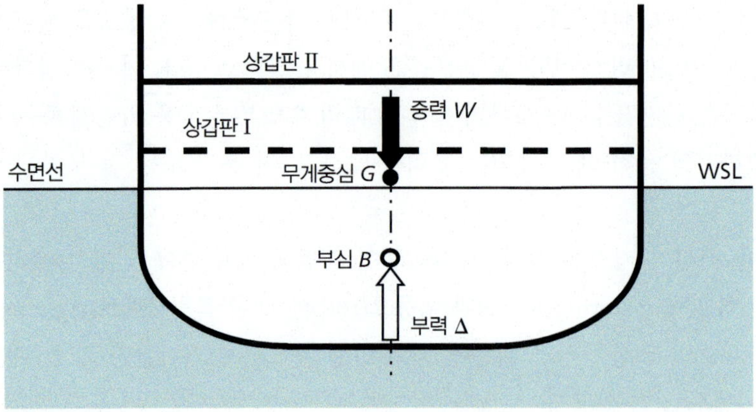

그림 11.16 건현이 다른 규정 외의 소형 배의 예.

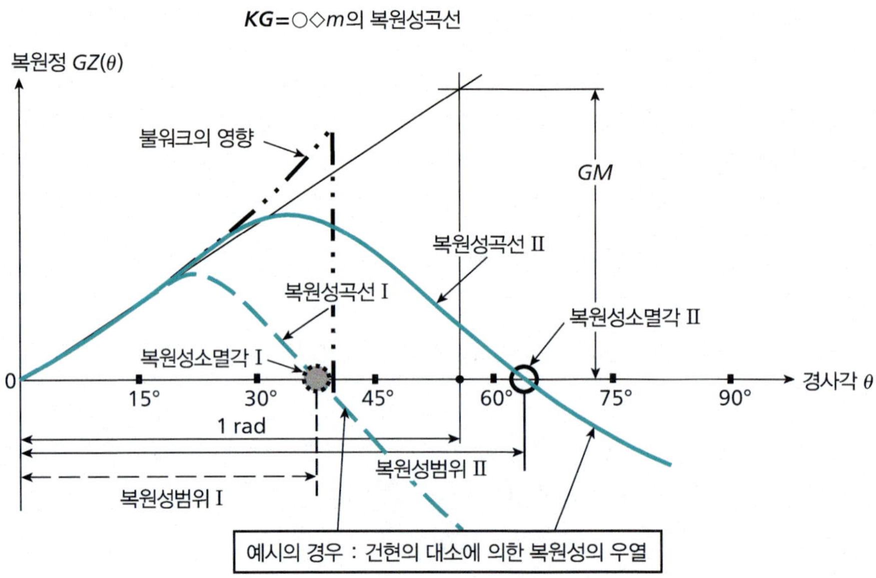

그림 11.17 소형 배의 건현의 대소에 의한 복원성의 우열의 예.

소형 어선 등은 불워크에 의하여 일정한 복원성을 유지하고 있는 것처럼 보이나, 이것이 복원성 및 안전성을 담보하는 것이 아니라는 것에 주의할 필요가 있다.

칼럼 능파성이란?

배가 풍파랑 중에서도 안전하게 항해할 수 있는 성능

칼럼 *선박안전법 제27조와 제28조*

- **"선박안전법 제27조" (만재흘수선의 표시 등)**

  (1) 다음 각 호의 어느 하나에 해당하는 선박소유자는 국토해양부장관이 정하여 고시하는 기준에 따라 만재흘수선의 표시를 하여야 한다. 다만, 잠수선 및 그 밖에 국토해양부령이 정하는 선박에 대하여는 만재흘수선의 표시를 생략할 수 있다. 〈개정 2008.2.29〉

  1. 국제항해에 취항하는 선박
  2. 국토해양부령으로 정하는 방법에 따른 선박의 길이(이하 "선박길이"라 한다)가 12미터 이상인 선박
  3. 선박길이가 12미터 미만인 선박으로서 다음 각 목의 어느 하나에 해당하는 선박

     가. 여객선

     나. 제41조의 규정에 따른 위험물을 산적하여 운송하는 선박

  (2) 누구든지 제1항의 규정에 따라 표시된 만재흘수선을 초과하여 여객 또는 화물을 운송하여서는 아니 된다.

- **"선박안전법 제28조" (복원성의 유지)**

  (1) 다음 각 호의 어느 하나에 해당하는 선박소유자는 국토해양부장관이 정하여 고시하는 기준에 따라 복원성을 유지하여야 한다. 다만, 예인 · 해양사고구조 · 준설 또는 측량에 사용되는 선박 등 국토해양부령이 정하는 선박에 대하여는 그러하지 아니하다. 〈개정 2008.2.29〉

  1. 여객선
  2. 선박길이가 12미터 이상인 선박

  (2) 선박소유자는 제1항의 규정에 따른 선박의 복원성과 관련하여 그 적합 여부에 대하여 복원성자료를 제출하여 국토해양부장관의 승인을 얻어야 하며, 승인을 얻은 복원성자료를 당해 선박의 선장에게 제공하여야 한다. 〈개정 2008.2.29〉

  (3) 제2항의 규정에 따른 승인에 있어서 복원성 계산을 위하여 컴퓨터프로그램을 사용한 때에는 국토해양부장관이 정하여 고시하는 복원성 계산방식에 따라야 한다. 〈개정 2008.2.29〉

  (4) 제2항 및 제3항의 규정에 따른 복원성과 관련된 승인의 기준 · 절차, 복원성자료 및 복원성 계산용 컴퓨터프로그램의 작성요령 등에 관하여 필요한 사항은 국토해양부장관이 정하여 고시한다. 〈개정 2008.2.29〉

11.6 작업용 부체의 건현

제4장 "**4.9절 초기 미소 경사 시의 *GM*에 의한 안정성의 판단**"에서도 간단하게 논의한 바와 같이 법규에서 배로서 정해져 있지 않아도 많은 종류의 부체가 하천, 항만, 해상의 수면에 떠서 다양한 작업에 종사하고 있으며, 이러한 부체도 작업을 하는 데 복원성이 요구된다.

일반적인 작업용 부체는 법규상의 선박이 아니기 때문에 선박에 적용되는 건현의 규제를 받지 않고 임의로 건조하기가 가능하다. 따라서 수면 아래의 모양이 똑같아도 작업 현장에 맞게 적당히 건현을 정하는 것도 가능하다. 게다가 배처럼 대량의 화물이나 많은 사람을 태우는 것이 목적이 아니기 때문에 부체의 폭과 흘수의 비율이 배의 그것보다 크다. 이상의 개념을 그림으로 표시하면 그림 11.18과 같이 된다.

그림 11.18에 표시된 상갑판 I과 상갑판 II의 서로 다른 건현을 가진 두 종류의 부체(직육면체의 방주)의 경우, 상갑판 II를 가진 부체의 복원성곡선이 그림 11.19의 실선으로 나타

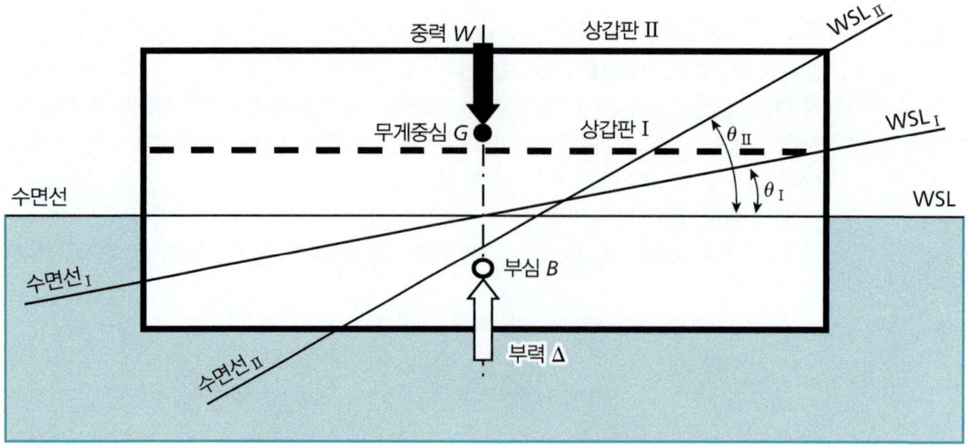

그림 11.18 건현이 다른 부체.

내는 복원성곡선과 같고, 상갑판 I을 가진 부체의 복원성곡선이 그림 11.19의 점선으로 표시된 복원성곡선과 같게 된다.

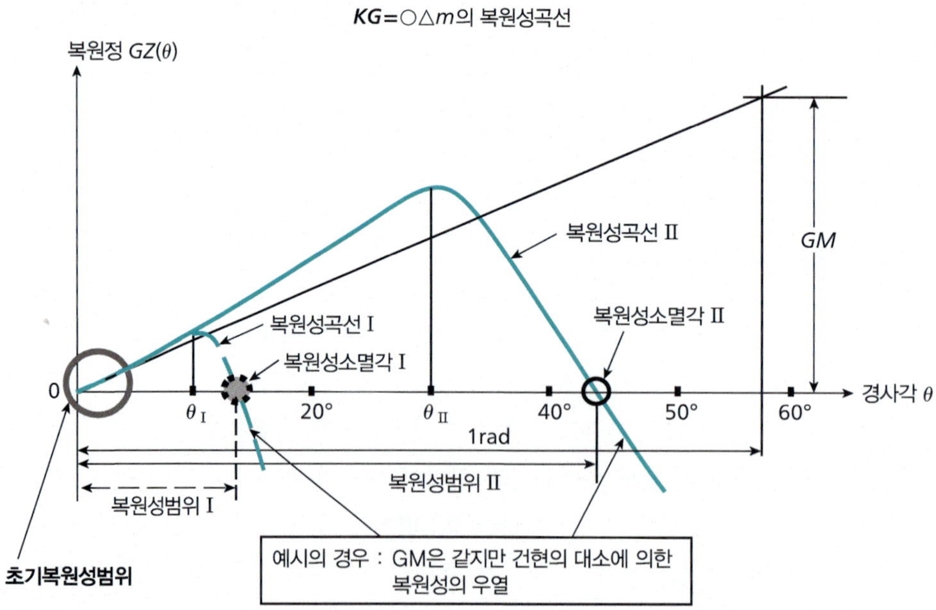

그림 11.19 방주형 부체의 건현의 대소에 의한 복원성의 우열의 예.

이상의 결과는 그림 11.18에서와 같이 크고 작은 건현이 다른 두 종류의 부체에 대한 복원성의 우열을 나타내고 있다. 그러나 그림 11.19에서 건현 차이에 의해 복원성의 우열이 명확함에도 불구하고, 메타센터 높이 *GM*을 보면 건현 차이에 의한 변화는 없고 완전히 같다는 것을 알 수 있다. 이 점으로 보아도 부체의 복원성 및 안정성은 복원성곡선을 이용하여 판정해야 한다는 것을 알 수 있다.

또한 그림 11.18에 나타낸 두 가지 직육면체의 부체는 상갑판연이 몰수하는 경사각(그림 11.18의 θ_I, θ_{II})보다 크게 경사하면 복원성곡선의 구배가 갑자기 음(−)이 될 수 있다. 게다가 음(−)의 구배가 급한 구배로 되기 때문에, 정적으로는 양(+)의 복원지레(*GZ*)를 가지고 있어도 복원성 소멸각까지 여유가 없기에 가장 주의할 필요가 있다. 따라서 법규에서 배로 정해져 있지 않지만 일반 작업용 부체의 안정성을 확보하기 위해서는 충분한 건현을 가지고 경사에 의해 상갑판연이 몰수하는 경사각을 크게 해야 한다. 즉 **“*GM*에 의한 부체의 안정성 판단은 어디까지나 초기 미소 경사 시에 한정되어 있어, *GM*만을 가지고 부체의 복원성 및 안정성을 평가할 수는 없다. 따라서 부체의 복원성 및 안정성은 결국은 무게중심 위치 *KG*와 *KG*에 대한 복원성곡선(GZ 곡선)을 이용하여 판단해야 한다.”**

Capsizing and **Stability** of the **Ship**

제12장

배의 동적 복원성

배가 정수면에 떠 있을 때 배의 무게중심 G에 작용하는 중력 W와 부심 B에 작용하는 부력 Δ는 크기가 같고 서로 반대 방향으로 작용하여 **평형 상태**(equilibrium)에서 정지하고 있다.

직립 상태의 배를 어떤 각도(θ)만큼 경사시킨 경우 새 부심 B_θ를 거치는 부력 작용선에 배의 무게중심 G로부터 수직인 직선을 긋고 그 교점을 Z라고 하면 무게중심 G에 작용하는 배의 중력 W와 Z를 거쳐 위쪽으로 작용하는 부력 Δ는 **짝힘**[couple, **우력**(偶力)]이 되어 배의 경사를 원래의 직립 상태로 돌리려는 **복원모멘트**(righting moment)가 작용한다. 그 크기는 배의 경사에 따라 변화하는 복원지레 GZ에 비례하고 경사각 θ에 의한 복원지레 GZ의 변화를 나타낸 곡선이 **정적 복원성곡선**(statical stability curve)이다.

지금까지 논의해 온 정적 복원성곡선은 배가 어떤 임의의 경사각 θ로 경사져 있는 것을 전제로 **정역학** 범위 내에서 복원지레 GZ를 구하고, 그것을 하나의 선으로 표시한 것이다. 그러나 배가 어떤 임의의 경사각으로 경사하기 위해서는 경사시킬 만한 에너지, 즉 일의 양이 필요하다.

배를 지금의 경사각으로부터 다음의 경사각까지 기울이는 데 필요한 경사모멘트의 일의 양(에너지)에 대하여, 원래의 상태로 되돌리려고 하는 복원모멘트에 의한 일의 양을 동적 복원성(dynamical stability)이라고 한다.

제4장 선박의 옆 안정성에서도 설명한 바와 같이 조선학 또는 선박공학에서는 일반적으로 복원모멘트를 복원력(restoring force 또는 stability)과 같은 의미로 사용하지만, 이 책에서는 "모멘트"와 "힘(력)"의 물리적 의미가 다르기 때문에 일반적인 관습에 따르지 않고, 책 전반에 걸쳐 "복원모멘트"라고 하고 있다. 따라서 **일반적으로 사용하는 "동적 복원력" 대신, "동적 복원모멘트" 또는 "동적 복원성"이라 부르기로 한다.**

12.1 동적 복원성과 정적 복원성의 관계

그림 12.1에서 보듯이 배를 어떤 경사각 θ_{i-1}로부터 다음의 경사각 θ_{i+1}까지 기울일 경우 경사모멘트의 일의 양(에너지)은 배에 작용하는 외력에 의한 경사모멘트와 그에 따른 미소 경사각($d\theta$)을 곱하여 나타낼 수 있다.

여기서 배에 작용하는 경사모멘트는 임의의 경사 상태에 있어서 항상 배에 작용하는 복원모멘트와 같기 때문에, 이 복원모멘트 $W \cdot GZ(\theta_i)$와 경사가 증가한 미소 경사각($d\theta$)를 곱하여 동적 복원모멘트를 나타낼 수도 있다.

그러므로 그림 12.1과 같이 배를 직립 상태로부터 임의의 경사각 θ_D까지 기울일 경우 경사 모멘트의 일의 양(에너지)은 그 사이의 동적 복원모멘트와 같다고 말할 수 있다.

그림 12.1에서 미소 경사각($d\theta$)을 한없이 작게 해 가면 경사각 θ_i는 경사각 θ_{i-1}에서 다음의 경사각 θ_{i+1}까지의 $d\theta$의 미소 구간 내에서 어떻게 골라도 일정한 값이 되어 결과적으로 복원지레 $GZ(\theta_i)$도 일정한 값으로 근접해 간다. 여기서 $d\theta$의 소구간 내의 동적 복원모멘트는 다음 식으로 나타낼 수 있다.

$$d\theta \text{ 구간 내의 동적 복원모멘트} \quad dD_{st} = W \cdot GZ(\theta_i) \cdot d\theta \tag{12.1}$$

(12.1)식에 있어서 배의 배수량 W는 일정하기 때문에 변화가 없고, $GZ(\theta_i) \cdot d\theta$는 그림 12.1에 나타낸 복원지레 $GZ(\theta)$곡선의 경사각 θ_i에서 $GZ(\theta_i)$(장변)와 미소 구간 $d\theta$(단변)로 표시된 직사각형의 면적을 나타내고 있다.

따라서 그림 12.1에서 배의 직립 상태로부터 경사각 θ_D 사이의 동적 복원모멘트 D_{st}는 (12.1)식이 나타내는 $d\theta$의 소구간 내의 동적 복원모멘트를 직립 상태(원점)로부터 경사각 θ_D

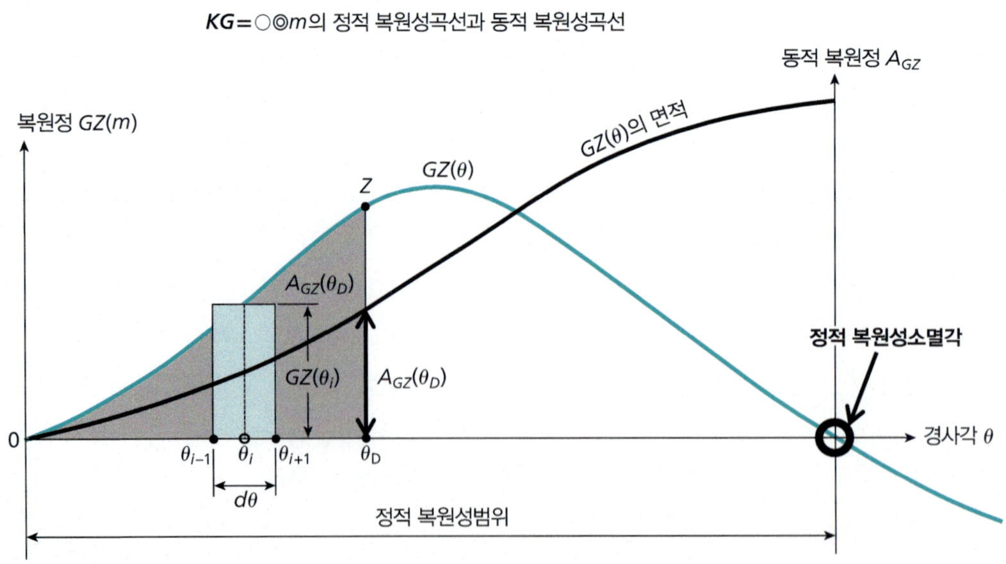

그림 12.1 정적 복원성곡선과 동적 복원성곡선.

까지 적분한 것과 같고, 다음 식으로 구할 수 있다.

$$D_{st} = W \times A_{GZ}(\theta_D) = W \times \int_0^{\theta_D} GZ(\theta_i) \cdot d\theta \qquad (12.2)$$

(12.2)식으로부터 다음 식을 얻을 수 있다.

$$A_{GZ}(\theta_D) = \int_0^{\theta_D} GZ(\theta_i) \cdot d\theta \qquad (12.3)$$

(12.3)식은 그림 12.1에서 보여주고 있는 복원지레 $GZ(\theta)$곡선의 직립 상태로부터 경사각 θ_D까지의 적분 값, 즉 $0Z\theta_D$의 세 점을 잇는 선으로 둘러싸인 도형의 면적 $A_{GZ}(\theta_D)$이다. 게다가 (12.1)식 또는 (12.2)식으로부터 알 수 있듯이 면적 $A_{GZ}(\theta_D)$는 "동적 복원모멘트의 지레"라고 볼 수 있기 때문에 여기에서는 "**동적 복원정** A_{GZ}"라고 부른다.

따라서 그림 12.1의 오른쪽 세로축에 **동적 복원정** A_{GZ}를 취하고 (12.3)식을 이용하여 직립 상태에서 복원성소멸각까지의 복원지레곡선 $GZ(\theta)$의 적분값을 보여주고 있는 것이 "**$GZ(\theta)$의 면적**"을 나타내는 곡선이며, 이것이 "**동적 복원성곡선**(curve of dynamical stability)"이다.

그림 12.1에서와 같은 생각에서 왼쪽 세로축을 복원모멘트 $W \cdot GZ(\theta)$로 취하고, 복원성곡선을 복원모멘트 곡선으로 나타내는 경우 동적 복원성곡선은 복원모멘트 곡선의 적분값을 나타내는 "$W \cdot GZ(\theta)$의 면적"을 나타내는 곡선이 된다.

배의 동적 복원성의 판단에 있어서는 $GZ(\theta)$곡선이 아닌 $W \cdot GZ(\theta)$곡선을 이용하는 것이 좋은 경우도 있다.

칼럼 *직선 및 회전 운동의 일과 일의 양이란?*

- **직선 운동의 일 및 일의 양은?**
  힘이 물체에 작용하여 힘의 작용 방향으로 물체를 이동시켰을 때 힘은 물체에 일을 했다고 말한다. 이 일의 양을 힘 F와 이동 변위 s로 정량적으로 나타낸 양 W_d를 일의 양이라고 한다.

$$W_d = F \times s$$

- **회전 운동의 일 및 일의 양은?**
  모멘트가 물체에 작용하여 모멘트의 작용 방향으로 물체를 회전시켰을 때 모멘트는 물체에 일을 했다고 말한다. 이 일의 양을 모멘트와 회전 각도로 정량적으로 나타낸 양을 일의 양이라고 한다(아래 그림 참조).

$$W_d = F \times s = F \times r \times d\theta = M \times d\theta$$

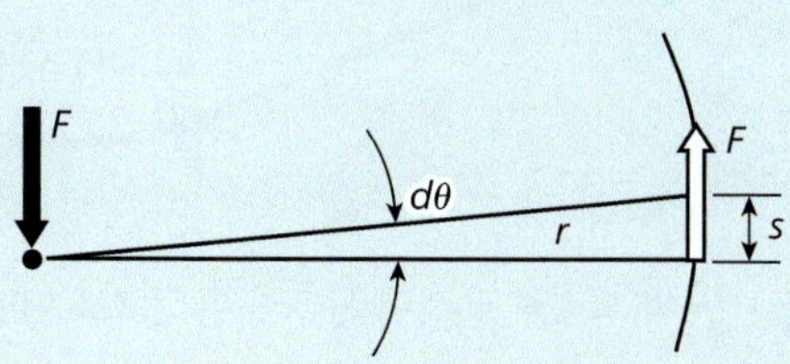

12.2 배의 경사와 동적 복원성

앞 절에서는 배를 기울이기 위한 회전 운동의 일의 양, 즉 배가 기울어진 때의 경사각과 그때의 복원지레를 나타내는 정적 복원성곡선을 이용하여 동적 복원성에 대해 설명했다.

이 절에서는 배가 경사함에 따른 무게중심 G의 움직임과 부심 B의 움직임에 주목하여 동적 복원성에 대해 고찰한다. 여기서 무게중심 G의 움직임 또는 이동은 배의 경사에 따른 공간적인 배 위치를 나타내는 것이며, 배의 무게중심 자체의 이동이 아닌 점에 주의한다.

그림 12.2에서 보듯이 직립 상태로 수면에 떠 있는 배의 무게중심 G와 부심 B는 수직 방향으로 일정한 간격을 가지고 있다. 직립 상태의 배가 경사하면 경사에 따른 배의 노출 또는 몰수에 따라 배의 무게중심 G도 상하로 이동하며 부심 B도 이동한다. 이 무게중심 G와 부심 B의 이동에 의한 수직 간격이 직립 상태일 때의 수직 간격 GB와 다르면, 그 차이와 중력 W를 곱하여 일의 양을 얻는다. 이것이 동적 복원성이다.

그림 12.2에 있어서 배가 경사한 후 무게중심 G와 부심 B_θ와의 수직 간격을 ZB_θ라고 하면, 이때의 동적 복원성은 다음 식으로 구할 수 있다.

$$D_{st} = W \times (ZB_\theta - GB) \tag{12.4}$$

그림 12.2에서 ZB_θ는 다음 식으로 나타낼 수 있다.

$$\begin{aligned} ZB_\theta &= ZR + RB_\theta \\ &= GB \times \cos\theta + RB_\theta \end{aligned} \tag{12.5}$$

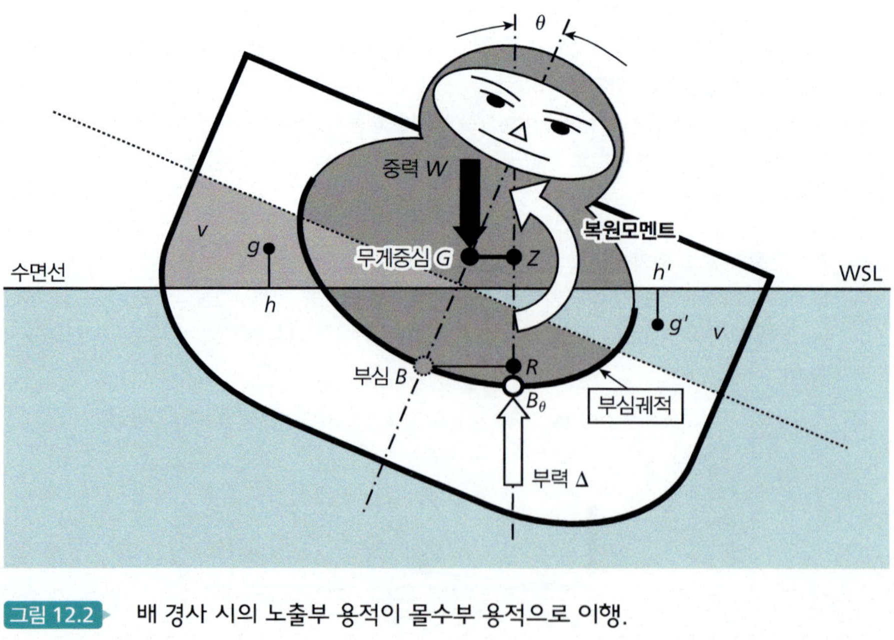

그림 12.2 배 경사 시의 노출부 용적이 몰수부 용적으로 이행.

(12.5)식을 (12.4)식에 대입하면 동적 복원성은 다음 식과 같이 된다.

$$D_{st} = W \times [(GB \times \cos\theta + RB_\theta) - GB]$$
$$= W \times [RB_\theta - GB(1 - \cos\theta)] \tag{12.6}$$

여기서 RB_θ는 부심 B의 상대적인 수직 하강 양이며, 그림 12.2에 있어서 배의 경사에 의한 노출부의 용적 v가 몰수부의 용적 v로 이행한 데 따른 것이기 때문에 다음 식이 성립한다.

$$RB_\theta = \frac{v \times gh + v \times g'h'}{V} \tag{12.7}$$

(12.7)식에서 V는 배수 용적이다.

따라서 (12.7)식을 (12.6)식에 대입하면 동적 복원성은 다음 식으로 표시된다.

$$D_{st} = W \times \left\{\frac{v \times (gh + g'h')}{V} - GB(1 - \cos\theta)\right\} \tag{12.8}$$

(12.8)식은 동적 복원성, 즉 동적 복원모멘트를 나타내고 있기 때문에 { } 내의 식은 동적 복원지레를 나타내고 있다. (12.8)식을 Moseley의 식이라고 한다.

(12.8)식으로도 알 수 있듯이 이 식을 이용하여 동적 복원성을 구하려면 배의 경사각에 대응한 노출부의 용적 또는 몰수부의 용적 v, 노출부의 무게중심 위치를 나타내는 gh, 몰수부의 무게중심 위치를 나타내는 $g'h'$을 계산해야 하기 때문에 대단히 힘든 일이 된다. 따라서 앞 절에서 설명한 정적 복원성곡선을 이용하여 동적 복원성을 구하면 쉽게 구할 수 있다.

12.3 직립 상태에서 돌풍을 받는 경우의 동적 복원성

지금까지의 정역학적인 생각으로는 그림 12.3에서 파선으로 나타낸 바와 같이 정상 바람의 풍압력(wind pressure force)이 F인 경우, 물로부터 받는 저항과의 짝힘에 의한 경사모멘트의 지레를 h로 하면, 풍압력 F에 의한 경사모멘트 $F \cdot h$와 경사에 의한 복원모멘트 $W \cdot GZ(\theta_S)$가 같아지는 정적 평형 경사각 θ_S에서 평형 상태로 된다고 하였다.

이러한 생각을 기초로 한 정적 복원성곡선은 배가 어떤 임의의 경사각 θ로 경사져 있는 것을 전제로 하고 있어, 갑자기 발생하는 경사모멘트와 그로 인해 발생하는 동적 복원모멘트에는 대응하지 않고 있다. 즉 갑자기 발생하는 돌풍력(gust force) F_G에 의한 경사모멘트 $F_G \cdot h$에 의해 배가 경사할 때는 그림 12.3의 실선으로 나타낸 바와 같이 배의 경사가 더 커지고, 정적 복원성곡선만으로 선박의 안정성을 판단할 수 없으며, 12.1절에서 설명한 동적 복원성을 가져서 선박의 복원성을 판단해야 한다.

돌풍력 F_G를 받는 경우의 경사모멘트 $F_G \cdot h$를 배의 배수량 W로 제하면 다음 식으로 나타낼 수 있다.

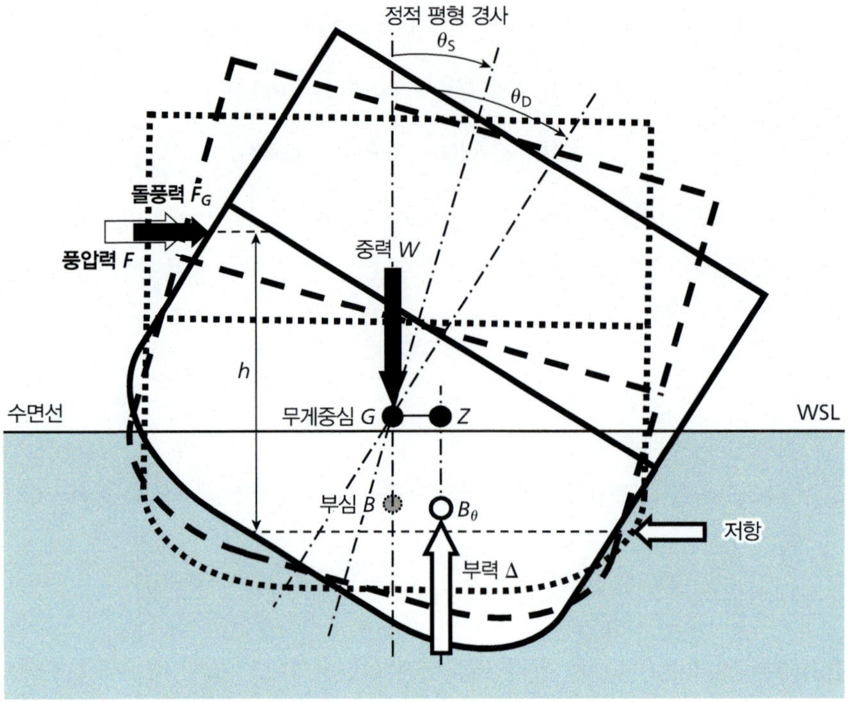

그림 12.3 직립 상태에서 돌풍을 받은 경우의 배의 경사.

$$D_{WG} = \frac{F_G \cdot h}{W} \tag{12.9}$$

여기서 D_{WG}는 배가 돌풍력 F_G를 받아 경사할 때, 그림 12.4에 나타낸 바와 같이 정적 복원성곡선(GZ 곡선)에 대응하는 0점으로부터 H점까지의 "**겉보기 경사모멘트의 지레**"이다.

따라서 그림 12.4의 세로축에 표시한 높이 D_{WG}의 수평선을 직립 상태로부터 경사각 θ_D까지 적분한 값, 즉 $0HK\theta_D$의 네 점을 잇는 선으로 둘러싸인 직사각형의 면적은 (12.1)식 또는 (12.2)식과 같이 "**돌풍 경사모멘트의 지레**"로 볼 수 있으므로, 여기서는 "**돌풍 경사지레**"이라고 부르기로 한다. 또한 그림 12.4에서 직립 상태로부터 임의의 경사각 θ까지의 "돌풍 경사지레"를 나타내는 "$D_{WG} \cdot \theta$의 면적"은 "동적 복원지레(정) A_{GZ}"를 나타내는 "$GZ(\theta)$의 면적"에 대응하고 있다.

"돌풍 경사지레"를 나타내는 "$D_{WG} \cdot \theta$의 면적"과 "동적 복원지레(정) A_{GZ}"을 나타내는 "$GZ(\theta)$의 면적"을 대응시켜 도시하면 그림 12.4처럼 된다.

또한 그림 12.4는 돌풍을 받는 배의 측면은 경사에 따라 수직면으로부터 경사면으로 이행하지만, 경사에 의한 영향은 작다고 보아 고려하지 않고 있다.

돌풍력 F_G에 의해 "겉보기 경사모멘트의 지레" D_{WG}가 배를 기울이는 데 이룬 일의 양은 그림 12.4에서 "돌풍 경사지레"로서 "$D_{WG} \cdot \theta$의 면적"을 나타내는 점선으로 표시되어 있

KG=○◇*m*의 복원성곡선과 동적 복원성곡선

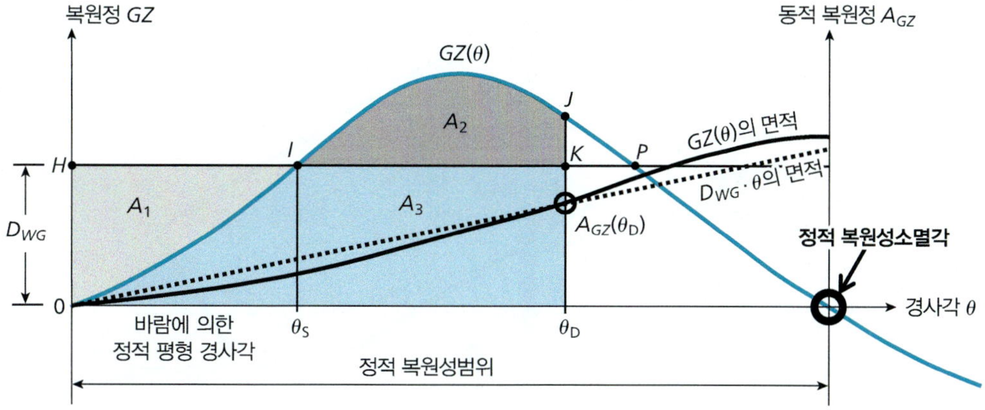

그림 12.4 돌풍을 받는 경우의 돌풍 경사 지레와 동적 복원 지레.

으며, 이 일의 양이 동적 복원지레(정) A_{GZ}로 나타낸 "$GZ(\theta)$의 면적" 곡선과 일치하는 경사각 θ_D까지 배를 경사시킨다.

이 경우 돌풍력 F_G에 의해 "겉보기 경사모멘트의 지레" D_{WG}가 배를 기울이는 데 이룬 일의 양은 그림 12.4에서 $0HK\theta_D$의 직사각형의 면적을 나타낸다. 또한 복원지레 $GZ(\theta)$가 이룬 일의 양은 복원성곡선 $GZ(\theta)$의 $0IJ\theta_D$의 모양의 면적을 나타낸다.

즉 배는 돌풍력 F_G에 의해 발생하는 경사모멘트가 이룬 일의 양으로 복원성곡선 $GZ(\theta)$에 의한 동적 복원모멘트와 같게 되는 최대 경사각 θ_D까지 경사하게 된다.

그림 12.4에 있어서 A_3로 표시된 면적 부분은 "겉보기 경사모멘트의 지레" D_{WG}가 이룩한 일의 양과 복원지레 $GZ(\theta)$가 이룬 일의 양(동적 복원모멘트)의 공통 부분이기 때문에, $0HI$로 둘러싸인 면적 A_1과 IJK로 둘러싸인 면적 A_2가 같음을 알 수 있다. 즉 직립 상태의 배가 돌풍력 F_G를 받으면 그림 12.4에 있어서 면적 A_1 = 면적 A_2로 되는 경사각 θ_D까지 경사한다.

그러나 돌풍력 F_G가 크고 "겉보기 경사모멘트의 지레" D_{WG}가 큰 경우 그림 12.4에 있어서 H점, I점, P점이 위로 올라간다. 그 후 배의 경사각 θ_D가 커져 K점이 P점에 접근하거나 초과하면 면적 A_1 > 면적 A_2 (또는 면적 IJP)의 상태가 될 수도 있다. 이 경우에 배는 전복한다.

12.4 풍압력에 의한 정상 경사 시에 돌풍을 받는 경우의 동적 복원성

지금까지의 정적 복원성의 논의에서는 "**5.1절 바람에 의한 경사모멘트**"에서 보여준 바와 같이 그림 12.5에서 점선으로 표시한 것처럼 배는 정상풍의 풍압력에 의한 경사모멘트와 경사에 의한 복원모멘트 $W \cdot GZ(\theta_S)$가 같게 되는 정적인 평형 경사각 θ_S으로 경사하여 평형 상태가 된다고 하였다.

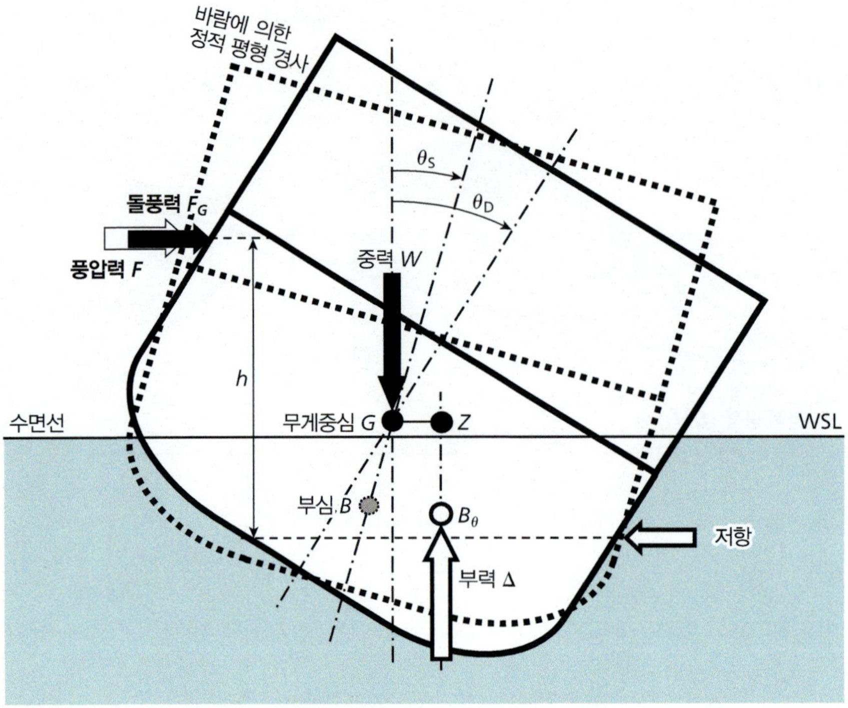

그림 12.5 바람으로 정적 평형 경사 시에 돌풍에 의한 배의 경사.

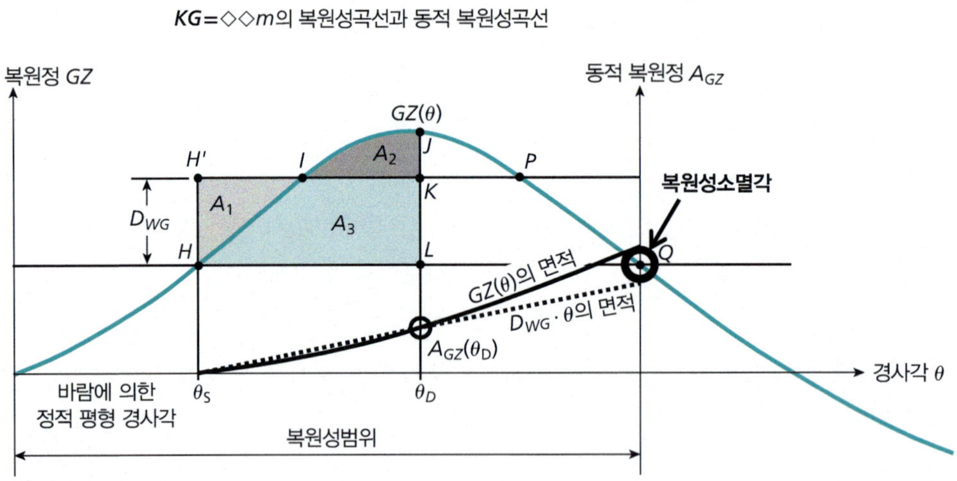

그림 12.6 바람에 의한 정상 경사 시에 돌풍을 받는 경우의 풍력 경사지레와 동적 복원지레.

이 경우에 배는 그림 12.6에 있어서 H점, 즉 경사각 θ_S로 경사하여 평형 상태로 되어 있으며, 이 상태에서의 "**10.3절 풍압력에 의한 경사와 잔존 복원성**"에서 보여준 "잔존 복원성"은 $GZ(\theta)$곡선의 $HIJPQ$로 둘러싸인 부분이다.

이 풍압력에 의한 정상 경사 상태의 배에 또다시 돌풍력 F_G가 작용하면 그림 12.6의 H점보다 위의 돌풍력 F_G에 의한 "겉보기 경사모멘트의 지레" D_{WG}가 이룩한 일의 양은 그림 12.6에 있어서 "돌풍 경사지레"를 나타내는 "$D_{WG} \cdot \theta$의 면적"을 나타내는 점선으로 표시할 수 있다. 이때의 복원지레 $GZ(\theta)$가 이루는 일의 양은 $GZ(\theta)$곡선의 H점에서 시작하는 $HIJPQ$로 둘러싸인 부분의 "잔존 복원성"의 일의 양이며 "$GZ(\theta)$의 면적" 곡선으로 표시되어 있다.

따라서 풍압력에 의한 정상 경사 상태의 배는 그림 12.6에서 돌풍에 의한 일의 양의 "$D_{WG} \cdot \theta$의 면적"을 나타내는 점선이 동적 복원모멘트의 "$GZ(\theta)$의 면적" 곡선과 일치하는 경사각 θ_D까지 경사한다.

이 경우 돌풍력 F_G에 의하여 "겉보기 경사모멘트의 지레" D_{WG}가 이룩한 일의 양은 그림 12.6에서 $HH'KL$의 직사각형의 면적을 나타낸다. 또한 $GZ(\theta)$곡선의 잔존 복원성이 이룩한 일의 양인 동적 복원정(지레) A_{GZ}는 복원성곡선 $GZ(\theta)$의 $HIJL$ 모양의 면적을 나타낸다.

그림 12.6에 있어서 A_3로 표시된 면적 부분은 "겉보기 경사모멘트의 지레" D_{WG}가 이룩한 일의 양과 복원지레 $GZ(\theta)$가 이룬 일의 양(동적 복원모멘트)의 공통 부분이기 때문에 $HH'I$로 둘러싸인 면적 A_1과 IJK로 둘러싸인 면적 A_2가 같음을 알 수 있다. 즉 풍압력에 의한 정상 경사 상태의 배가 또다시 돌풍력 F_G를 받으면, 그림 12.6에 있어서 면적 A_1 = 면적 A_2로 되는 경사각 θ_D까지 경사한다.

그러나 돌풍력 F_G가 크고 "겉보기 경사모멘트의 지레" D_{WG}가 이룩한 일의 양이 큰 경우 그림 12.6에 있어서 H'점, I점, P점이 위로 올라간다. 그 후 배의 경사각 θ_D가 커져 K점이 P점에 접근하거나 초과하면 면적 A_1 > 면적 A_2 (또는 면적 IJP)의 상태가 될 수도 있다. 이 경우에 배는 전복한다.

12.5 파도에 의한 횡동요 시에 돌풍을 받는 경우의 동적 복원성

12.5.1 다 흔들려 돌아갈 순간에 돌풍을 받는 경우의 동적 복원성

배는 횡파(transverse wave: 옆으로 입사하는 파도) 중에서 횡동요(rolling)를 하지만, 여기서는 그림 12.7에 나타낸 바와 같이 좌현 측에 흔들린 각도 $-\theta_R$로부터 우현 측으로 흔들린 각도 θ_R 사이를 횡동요하는 경우에 대해 생각해 본다.

지금 배가 좌현 측으로 $-\theta_R$만 흔들린 후 돌아가려고 하는 순간 돌풍력 F_G를 받으면 그림 12.8의 Q점으로부터 돌아가는 일의 양(동적 복원모멘트)과 L점보다 위의 돌풍력 F_G에 의한 "겉보기 경사모멘트의 지레" D_{WG}가 이룩한 일의 양은 그림 12.8에서 "흔들려 돌아가는 면적과 $D_{WG} \cdot \theta$의 면적"을 나타내는 점선으로 표시할 수 있다.

이때의 0점(원점)으로부터 복원지레 $GZ(\theta)$가 이루는 일의 양, 즉 동적 복원모멘트는 $GZ(\theta)$곡선의 0점에서 시작하여 $0IJ\theta_D$로 둘러싸인 부분의 일의 양이고, 그림 12.8에 있어서 "$GZ(\theta)$의 면적" 곡선으로 표시되어 있다.

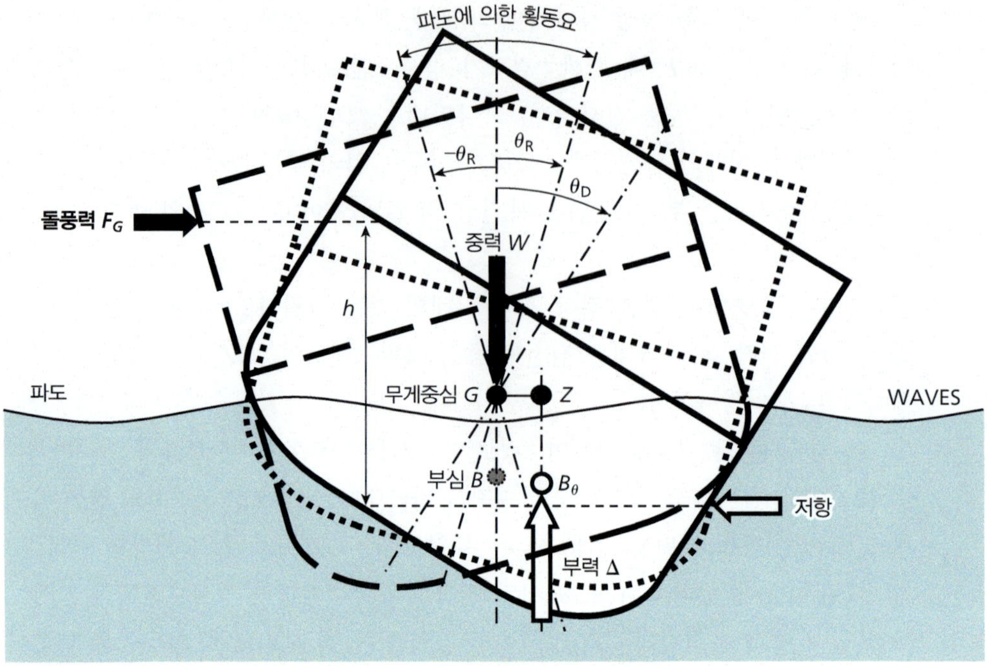

그림 12.7 파도에 의한 횡동요와 흔들려 돌아갈 순간에 돌풍을 받는 경우.

따라서 이 경우의 배는 그림 12.8에서 "흔들려 돌아가는 면적"과 돌풍에 의한 일의 양의 "$D_{WG} \cdot \theta$의 면적"을 합하여 나타낸 점선이 0점(원점)으로부터의 동적 복원모멘트를 나타내는 "$GZ(\theta)$의 면적" 곡선과 일치하는 경사각 θ_D까지 경사한다.

배가 좌현 측으로 $-\theta_R$만 흔들려 돌아가는 경우의 동적 복원모멘트, 즉 흔들려 돌아가는

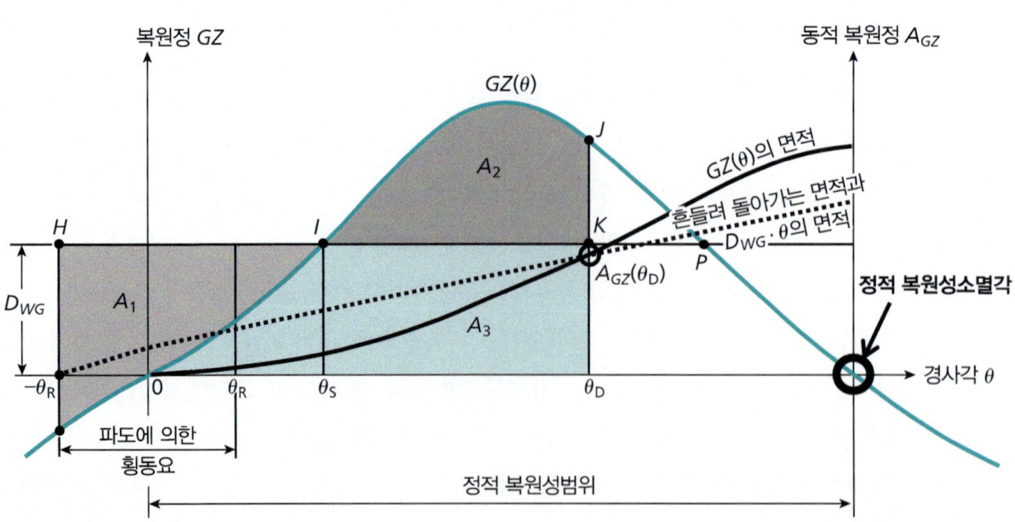

그림 12.8 파도로 횡동요하여 흔들려 돌아갈 순간에 돌풍을 받는 경우의 풍력 경사지레와 동적 복원지레.

일의 양은 그림 12.8에 있어서 $QL0$의 면적을 나타내고 돌풍력 F_G에 의한 "겉보기 경사모멘트의 지레" D_{WG}가 이룩한 일의 양은 그림 12.8의 $LHK\theta_D$의 직사각형의 면적을 나타낸다. 또한 복원지레 $GZ(\theta)$가 이룬 동적 복원모멘트는 복원성곡선 $GZ(\theta)$의 $0IJ\theta_D$ 모양의 면적을 나타낸다.

그림 12.8에서 흔들려 돌아가는 일의 양과 돌풍력 F_G에 의한 "겉보기 경사모멘트의 지레" D_{WG}가 이룩한 일의 양은 면적 A_1 + 면적 A_3이며, 복원지레 $GZ(\theta)$가 이룬 일의 양(동적 복원모멘트)은 면적 A_2 + 면적 A_3이다. 이 때문에 A_3로 나타낸 면적 부분은 공통 부분이며 QHI로 둘러싸인 면적 A_1과 IJK로 둘러싸인 면적 A_2가 같음을 알 수 있다.

즉 파도에 의해 횡동요하고 있는 배가 횡동요하여 흔들려 돌아가는 순간에 돌풍력 F_G를 받으면 그림 12.8에 있어서 면적 A_1 = 면적 A_2로 되는 경사각 θ_D까지 경사한다.

그러나 돌풍력 F_G가 크고 "겉보기 경사모멘트의 지레" D_{WG}가 이룩한 일의 양이 큰 경우 그림 12.8에 있어서 H점, I점, P점이 위로 올라간다. 그 후 배의 경사각 θ_D가 커져 K점이 P점에 접근하거나 초과하면 면적 A_1 > 면적 A_2 (또는 면적 IJP)의 상태가 될 수도 있다. 이 경우에 배는 전복한다.

12.5.2 흔들려 돌아가는 도중에 돌풍을 받는 경우의 동적 복원성

배가 횡파 중에서 횡동요하고 흔들려 돌아가는 도중에 그림 12.9와 같이 돌풍력 F_G를 받는 경우도 앞에서 설명한 것과 같은 사고 방식으로 설명할 수 있다.

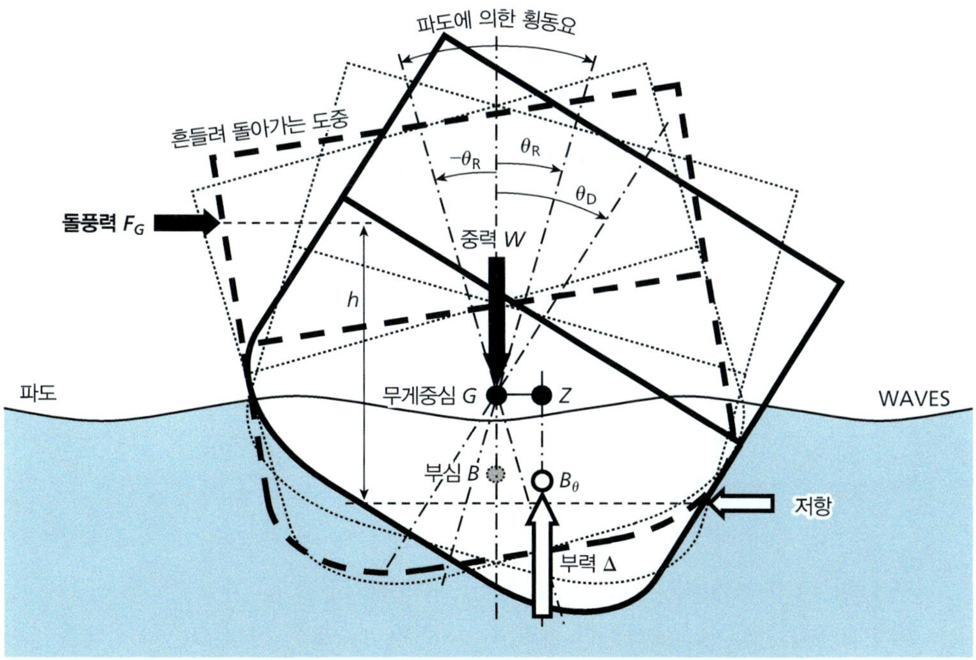

그림 12.9 파도에 의한 횡동요와 흔들려 돌아가는 도중에 돌풍을 받는 경우.

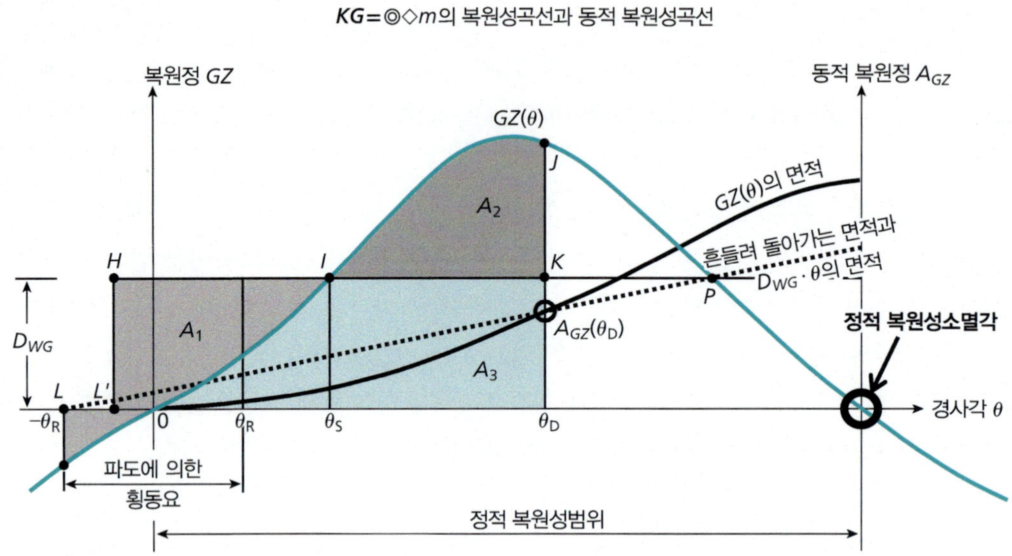

그림 12.10 파도로 횡동요하고 흔들려 돌아가는 도중에 돌풍을 받는 경우의 풍력 경사지레와 동적 복원지레.

배가 좌현 측으로 $-\theta_R$만 횡동요하고 돌아가는 도중에 돌풍력 F_G를 받으면 그림 12.10의 Q점으로부터 흔들려 돌아가는 일의 양(동적 복원모멘트)과 L'점보다 위의 돌풍력 F_G에 의한 "겉보기 경사모멘트의 지레" D_{WG}가 이룩한 일의 양은 그림 12.10에서 "흔들려 돌아가는 면적과 $D_{WG} \cdot \theta$의 면적"을 나타내는 점선으로 표시할 수 있다. 이때의 0점(원점)에서 복원지레 $GZ(\theta)$가 이루는 일의 양, 즉 동적 복원모멘트는 $GZ(\theta)$곡선의 0점으로부터 시작하는 $0IJ\theta_D$로 둘러싸인 부분의 일의 양이고, 그림 12.10에 있어서 "$GZ(\theta)$의 면적" 곡선으로 표시되어 있다.

따라서 이 경우의 배는 그림 12.10에 있어서 흔들려 돌아가는 것과 돌풍에 의한 일의 양을 나타내는 점선이 0점(원점)으로부터의 동적 복원모멘트를 나타내는 "$GZ(\theta)$의 면적" 곡선과 일치하는 경사각 θ_D까지 경사한다.

앞 절과 마찬가지로 생각하면 흔들려 돌아가는 일의 양과 돌풍력 F_G에 의한 "겉보기 경사모멘트의 지레" D_{WG}가 이룩한 일의 양은 면적 A_1 + 면적 A_3이며, 복원지레 $GZ(\theta)$가 이룬 일의 양(동적 복원모멘트)은 면적 A_2 + 면적 A_3이다. 이 때문에 A_3로 표시된 면적 부분은 공통 부분이며, $QLL'HI$로 둘러싸인 면적 A_1과 IJK로 둘러싸인 면적 A_2가 같음을 알 수 있다.

즉 파도에 의해 횡동요하고 있는 배가 횡동요하고 돌아가는 도중에 돌풍력 F_G를 받으면, 그림 12.10에 있어서 면적 A_1 = 면적 A_2로 되는 경사각 θ_D까지 경사한다.

그러나 돌풍력 F_G가 크고 "겉보기 경사모멘트의 지레" D_{WG}가 이룩한 일의 양이 큰 경우 그림 12.10에 있어서 H점, I점, P점이 위로 올라간다. 그 후 배의 경사각 θ_D가 커져 K점이 P점에 접근하거나 초과하면 면적 A_1 > 면적 A_2 (또는 면적 IJP)의 상태가 될 수도 있다. 이 경우에 배는 전복한다.

12.6 바람에 의한 정상 경사 상태에서 파랑 중 횡동요할 때 돌풍을 받는 경우의 동적 복원성

12.6.1 다 흔들려 돌아갈 순간에 돌풍을 받는 경우의 동적 복원성

그림 12.11에서 보듯이 배가 정상풍을 받아 평균 옆 경사각 θ_H 주위에 파도에 의해 좌현 측으로 흔들리는 각도 $-\theta_R$으로부터 우현측으로 흔들리는 각도 θ_R 사이를 횡동요하는 경우에 대해 생각해 본다.

이 경우에 배는 그림 12.12에 있어서 I'점, 즉 경사각 θ_H에서 평균 옆 경사 상태로 되어 있으며, 이 상태에서 "**10.3절 풍압력에 의한 경사와 잔존 복원성**"에서 논의한 "잔존 복원성"는 $GZ(\theta)$곡선의 $I'IJPP'$으로 둘러싸인 부분이다.

이 상태에서 정상풍에 의한 경사모멘트 $F \cdot h$의 "겉보기 경사모멘트의 지레"를 D_W로 나타낸다.

지금 평균 옆 경사각 θ_H을 중심으로 좌현 측으로 $-\theta_R$만 흔들려서 돌아가려고 하는 순간에 돌풍력 F_G를 받으면 그림 12.12의 Q점으로부터 흔들려 돌아가는 일의 양(동적 복원모멘트)과 L점보다 위의 돌풍력 F_G에 의한 "겉보기 경사모멘트의 지레" $(D_{WG} - D_W)$가 이룬 일의 양은 그림 12.12에 있어서 흔들려 돌아가는 일의 양과 돌풍에 의한 일의 양을 나타내는 점선으로 나타낼 수 있다. 이때의 평균 옆 경사각 θ_H으로부터 복원지레 $GZ(\theta)$가 이룬 일의 양, 즉 동적 복원모멘트는 $GZ(\theta)$곡선의 I'점에서 시작하는 $I'IJK'$으로 둘러싸인 부분의 일의

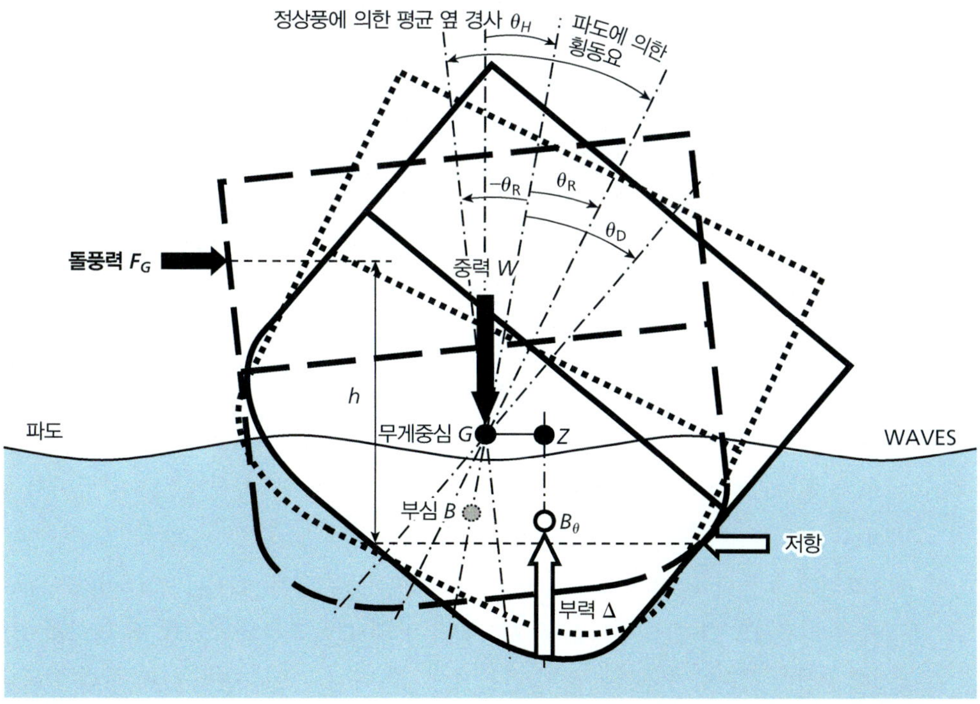

그림 12.11 바람에 의한 평균 옆 경사각 주위의 횡동요 중에 흔들려 돌아가는 순간 돌풍을 받는 경우.

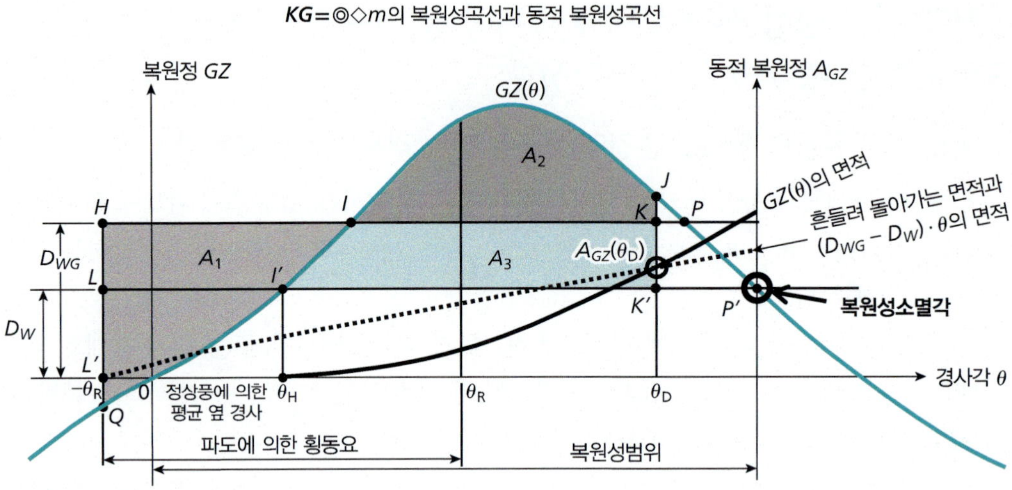

그림 12.12 바람에 의한 평균 옆 경사 주위의 횡동요 중에 흔들려 돌아가는 순간에 돌풍을 받는 경우의 풍력 경사지레와 동적 복원지레.

양이며, 그림 12.12에 있어서 "$GZ(\theta)$의 면적" 곡선으로 표시되어 있다.

따라서 이 경우의 배는 그림 12.12에서 횡동요로 흔들려 돌아가는 것과 돌풍에 의한 일의 양을 나타내는 점선이 평균 옆 경사각 θ_H에 있어서의 I'점에서 동적 복원모멘트를 나타내는 "$GZ(\theta)$ 면적" 곡선과 일치하는 경사각 θ_D까지 경사한다.

정상풍에 의해 평균 옆 경사각 θ_H으로 경사한 배가 좌현측으로 $-\theta_R$만 흔들려 돌아가는 경우의 동적 복원모멘트, 즉 흔들려 돌아가는 일의 양은 그림 12.12의 QLI'의 면적을 나타내고 돌풍력 F_G에 의한 "겉보기 경사모멘트의 지레" $(D_{WG} - D_W)$가 이룬 일의 양은 그림 12.12에서 $LHKK'$의 직사각형의 면적을 나타낸다. 또한 복원지레 $GZ(\theta)$가 이룬 일의 양(동적 복원모멘트)은 $GZ(\theta)$곡선의 $I'IJK'$의 모양의 면적을 나타낸다.

그림 12.12에 있어서 흔들려 돌아가는 일의 양과 "겉보기 경사모멘트의 지레" $(D_{WG} - D_W)$가 이룬 일의 양은 면적 A_1 + 면적 A_3이며, 복원지레 $GZ(\theta)$가 이룬 일의 양(동적 복원모멘트)은 면적 A_2 + 면적 A_3이다. 이 때문에 A_3가 나타내는 면적 부분은 공통 부분이며, QHI로 둘러싸인 면적 A_1과 IJK로 둘러싸인 면적 A_2가 같음을 알 수 있다.

즉 옆 바람을 받고 평균 경사각 θ_H로 옆 경사하여 그 주위를 파도에 의해 횡동요하고 있는 배가 횡동요하여 돌아가는 순간에 돌풍력 F_G를 받으면, 그림 12.12에 있어서 면적 A_1 = 면적 A_2가 되는 경사각 θ_D까지 경사한다.

그러나 돌풍력 F_G가 크고, "겉보기 경사모멘트의 지레" $(D_{WG} - Dw)$가 이룬 일의 양이 큰 경우 그림 12.12에 있어서 H점, I점, P점이 위로 올라간다. 그 후 배 경사각 θ_D가 커지고 K점이 P점에 접근하거나 초과하면 면적 A_1 > 면적 A_2 (또는 면적 IJP) 상태가 될 수도 있다. 이 경우에 배는 전복한다.

여기서 정상풍에 의한 경사모멘트 $F \cdot h$의 **겉보기 경사모멘트의 지레**를 D_W로 나타내고 돌풍에 의한 경사모멘트 $F_G \cdot h$의 "겉보기 경사모멘트의 지레"를 $D_{WG} = 1.5D_W$로 하여 면적 A_2의 동적 복원성이 면적 A_1의 일의 양(운동 에너지)보다 커야 한다고 규정하고 있는 것이 "**선박복원성기준**" **제3장 여객선의 복원성기준**[이 기준에서는 D_W를 경사 **우력정**이라 하고 있다. 제14장의 "**14.1절 전복의 정의 (1)**" 참조]이다. 따라서 면적 A_1의 일의 양을 면적 A_2의 동적 복원성으로 흡수할 수 없는 경우에 배는 전복한다.

12.6.2 흔들려 돌아가는 도중에 돌풍을 받는 경우의 동적 복원성

정상풍에 의해 평균 경사각 θ_H로 기울어진 배가 θ_H로부터 좌현 측으로 $-\theta_R$만 흔들려 돌아가는 도중에 돌풍력 F_G를 받으면, 그림 12.13의 Q점으로부터 흔들려 돌아가는 일의 양(동적 복원모멘트)와 H'점보다 위의 돌풍력 F_G에 의해 "겉보기 경사모멘트의 지레" ($D_{WG} - D_W$)가 이룬 일의 양은 그림 12.13에 있어서 흔들려 돌아가는 것과 돌풍에 의한 일의 양을 나타내는 점선으로 나타낼 수 있다. 이때의 평균 횡경사각 θ_H로부터 복원지레 $GZ(\theta)$가 이룬 일의 양, 즉 동적 복원모멘트는 $GZ(\theta)$곡선의 I'점에서 시작하는 $I'IJK'$으로 둘러싸인 부분의 일의 양이며, 그림 12.13에 있어서 "$GZ(\theta)$의 면적" 곡선으로 표시되어 있다.

따라서 이 경우의 배는 그림 12.13에 있어서 횡동요에 의한 흔들려 돌아가는 것과 돌풍에 의한 일의 양을 나타내는 점선이 평균 옆 경사각 θ_H에 있는 I'점으로부터 동적 복원모멘트를 나타내는 "$GZ(\theta)$ 면적" 곡선과 일치하는 경사각 θ_D까지 경사한다.

정상풍에 의해 평균 옆 경사각 θ_H으로 경사한 배가 θ_H으로부터 좌현 측으로 $-\theta_R$만 흔들려 돌아가는 경우의 동적 복원모멘트, 즉 흔들려 돌아가는 일의 양은 그림 12.13의 QLI'

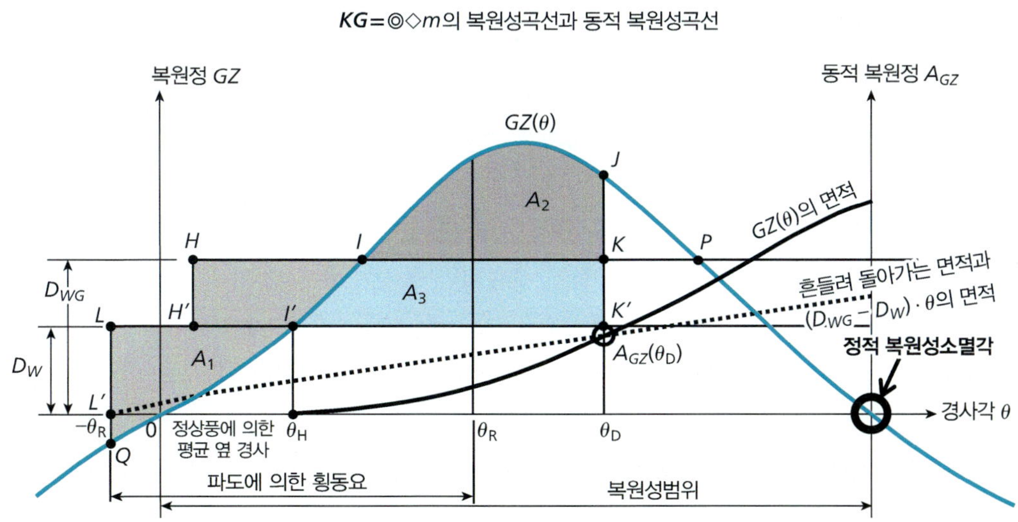

그림 12.13 바람에 의한 평균 옆 경사 주위에서 횡동요하고 흔들려 돌아가는 도중에 돌풍을 받는 경우의 풍력 경사지레와 동적 복원지레.

의 면적을 나타내고, 돌풍력 F_G에 의한 "겉보기 경사모멘트의 지레" (D_{WG} − D_W)가 이룬 일의 양은 그림 12.13의 $H'HKK'$의 직사각형의 면적을 나타낸다. 또한 복원지레 $GZ(\theta)$가 이룬 동적 복원모멘트는 $GZ(\theta)$곡선의 $I'IJK'$의 모양의 면적을 나타낸다.

그림 12.13에 있어서 흔들려 돌아가는 일의 양과 "겉보기 경사모멘트의 지레(D_{WG} − D_W)"가 이룬 일의 양은 면적 A_1 + 면적 A_3이며, 복원지레 $GZ(\theta)$가 이룬 일의 양(동적 복원모멘트)은 면적 A_2 + 면적 A_3이다. 이 때문에 A_3로 표시된 면적 부분은 공통 부분이며, $QLH'HI$로 둘러싸인 면적 A_1과 IJK로 둘러싸인 면적 A_2가 같음을 알 수 있다.

즉 옆 바람을 받고 평균 경사각 θ_H로 옆 경사하여 그 주위를 파도에 의해 횡동요하고 있는 배가 횡동요하고 흔들려 돌아가는 도중에 돌풍력 F_G를 받으면, 그림 12.13에 있어서 면적 A_1 = 면적 A_2로 되는 경사각 θ_D까지 경사한다.

그러나 돌풍력 F_G가 크고 "겉보기 경사모멘트의 지레" (D_{WG} − D_W)가 이룬 일의 양이 큰 경우, 그림 12.13에 있어서 H점, I점, P점이 위로 올라간다. 그 후 배의 경사각 θ_D가 커지고, K점이 P점에 접근하거나 초과하면 면적 A_1 > 면적 A_2 (또는 면적 IJP)의 상태가 될 수도 있다. 이 경우에 배는 전복한다.

12.7 급한 무게중심 이동에 의한 배의 경사와 동적 복원성

12.7.1 직립 상태에서 급한 무게중심 이동에 의한 동적 복원성

배의 화물 등이 옆으로 이동하여 배의 무게중심 G가 G'으로 옆 이동하면 배의 경사에 따른 무게중심 이동 GG'의 변화 $GG'\cdot\cos\theta$를 지레로 하는 경사모멘트 $W\cdot GG'\cdot\cos\theta$와 복원모멘트 $W\cdot GZ(\theta)$로부터, 즉 $GG'\cdot\cos\theta$곡선과 $GZ(\theta)$곡선(제4장 그림 10.4 참조)에 의한 "잔존 복원성"으로만 배의 복원성 및 안정성을 판단해 왔다. 즉 정적 복원성곡선은 무게중심 이동 GG'의 배 경사에 따른 변화 $GG'\cdot\cos\theta$와 복원지레 $GZ(\theta)$가 같게 되는 정적 평형 각도 θ_S (그림 12.14 참조)에서 경사 상태가 되는 것을 전제로 하고 있으며, 급한 무게중심 이동에 의한 경사모멘트나 그로 인해 발생하는 복원모멘트에 대응하고 있지 않다.

급한 무게중심 이동은 다수의 승객이 아주 빨리 한쪽 현측으로 이동하는 경우 등에 발생하며, 이러한 경우에 생기는 급한 경사모멘트에 의해 배가 경사하면 정적 복원성곡선만으로 배의 안정성을 판단할 수 없으며, 12.1절에서 설명한 동적 복원성을 가지고 배의 복원성을 판단해야 한다.

여기서는 그림 12.14에서 보듯이 다수의 승객이 아주 빨리 한쪽 현측으로 이동한 경우의 경사모멘트 발생 등에 의한 배의 경사에 대해 생각해 본다.

다수의 승객이 아주 빨리 한쪽 현측으로 이동한 경우의 배는 직립 상태로부터 경사각을 증가해 가지만, 이때의 일의 양을 도시하면 그림 12.15와 같게 된다.

그림 12.15에 있어서 다수의 승객이 아주 빨리 한쪽 현측으로 이동한 경우는 화물 등의 이동과 마찬가지로 배의 무게중심 G가 G'으로 이동하기 때문에 무게중심 이동 GG'이 경사

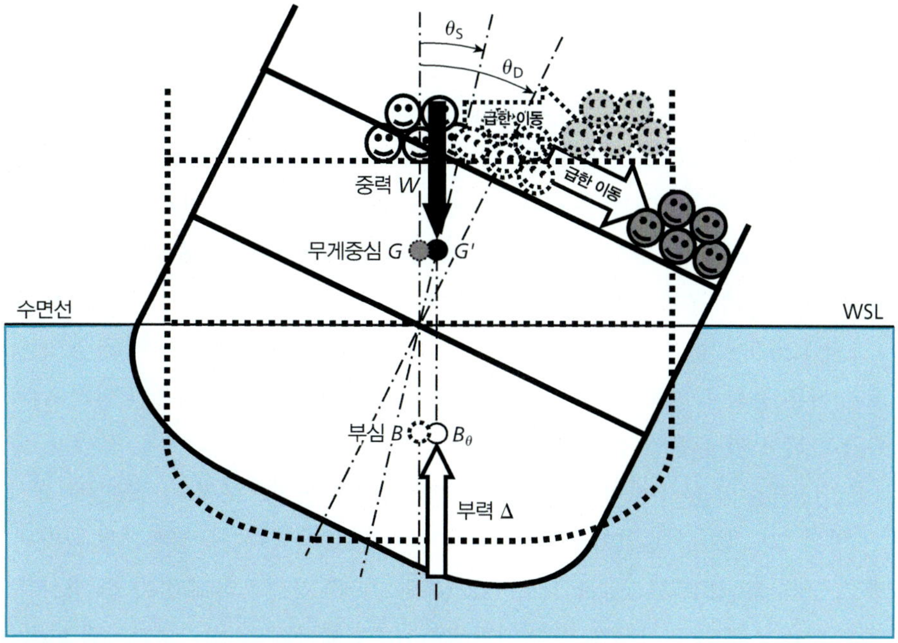

그림 12.14 급한 무게중심 이동에 의한 배의 경사.

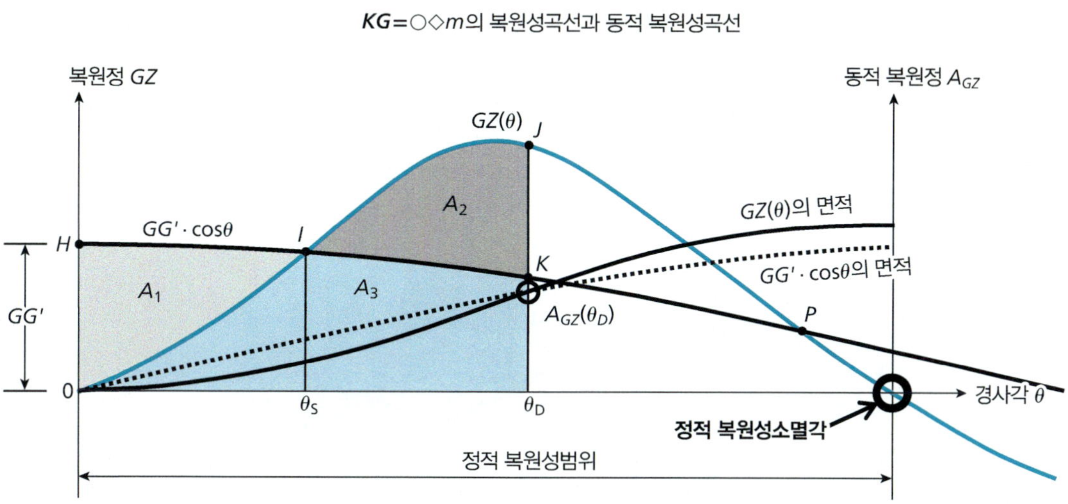

그림 12.15 급한 무게중심 이동에 의해 옆 경사하는 경우의 경사모멘트 지레와 동적 복원지레.

모멘트를 일으킨다. 무게중심 G가 옆으로 이동하여 G'으로 옮긴 후에는 경사모멘트 지레는 경사에 따라 $GG' \cdot \cos\theta$로 된다.

따라서 다수의 승객이 아주 빨리 한쪽 현측으로 이동하여 배의 무게중심 G가 G'으로 이동한 후의 경사모멘트 $W \cdot GG'$이 이룬 일의 양은 "$GG' \cdot \cos\theta$ 곡선의 면적"을 구함으로써 나타낼 수 있다. 이 "$GG' \cdot \cos\theta$ 곡선의 면적"을 그림 12.15에서는 점선으로 나타내고 있다. 이 점선으로 나타내고 있는 일의 양은 "$GZ(\theta)$의 면적" 곡선으로 나타내는 동적 복원정 $A_{GZ}(\theta)$와 일치하는 경사각 θ_D까지 배를 경사시킨다.

이 경우 단시간 사이의 무게중심 이동에 의한 일의 양은 그림 12.15의 $0HIK\theta_D$로 둘러싸인 면적을 나타내고 배는 최대 경사각 θ_D까지 경사하게 된다. 이때 복원지레 $GZ(\theta)$가 이룬 일의 양(동적 복원모멘트)은 $GZ(\theta)$곡선의 $0IJ\theta_D$로 둘러싸인 면적을 나타낸다. 즉 다수의 승객이 아주 빨리 한쪽 현으로 이동함로써 배의 경사각이 θ_D에 도달할 때 경사모멘트 지레가 이룬 일의 양과 복원지레 $GZ(\theta)$가 이룬 일의 양이 같게 되어 그 이상 경사하지 않는다.

그림 12.15에 있어서 A_3가 나타내는 면적 부분은 경사 모멘트가 이룬 일의 양과 복원모멘트가 이룬 동적 복원모멘트의 공통 부분이기 때문에 $0HI$로 둘러싸인 면적 A_1과 IJK로 둘러싸인 면적 A_2가 같음을 알 수 있다.

그러나 다수의 승객이 아주 빨리 한쪽 현측으로 이동함으로써 경사모멘트 $W \cdot GG' \cdot \cos\theta$가 큰 경우 그림 12.15에 있어서 H점, I점, P점이 위로 올라가, 즉 점선으로 나타낸 일의 양이 커지고, 동적 복원모멘트를 나타내는 "$GZ(\theta)$의 면적" 곡선과의 교점이 큰 경사각 쪽으로 이동한다. 따라서 배의 경사각 θ_D가 커지고 K점이 P점에 접근하거나 초과하면 면적 $A_1 >$ 면적 A_2 (또는 면적 IJP)의 상태가 될 수도 있다. 이 경우에 배는 전복한다.

12.7.2 경사 상태에서 급한 무게중심 이동에 의해 반대 현으로 경사하는 경우의 동적 복원성

여기서는 그림 12.16에 보이듯이 한쪽 현측에 있던 많은 승객이 아주 빨리 반대 현측으

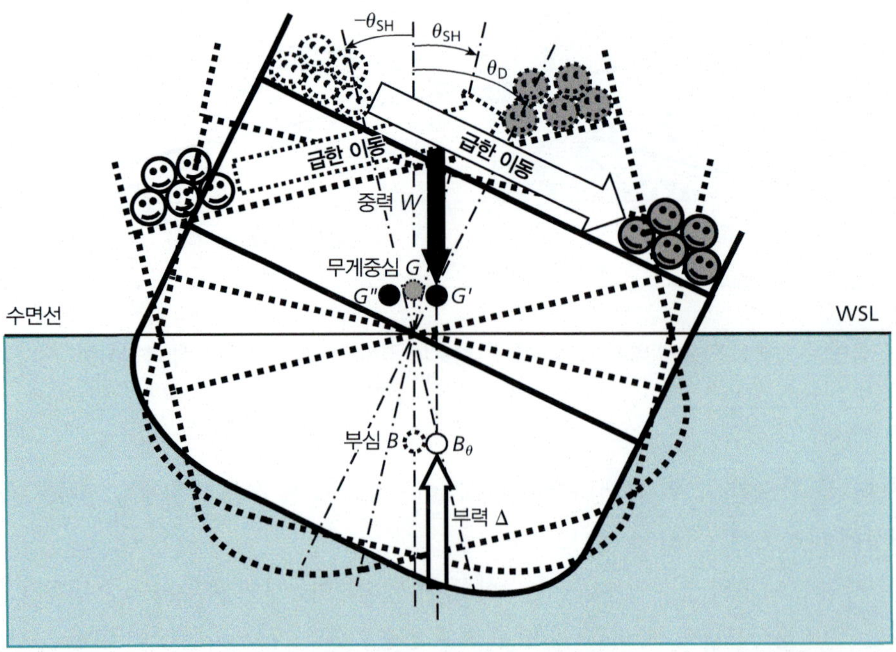

그림 12.16 급한 무게중심 이동에 의해 한쪽 현측에서 다른 쪽 현측으로의 배의 경사.

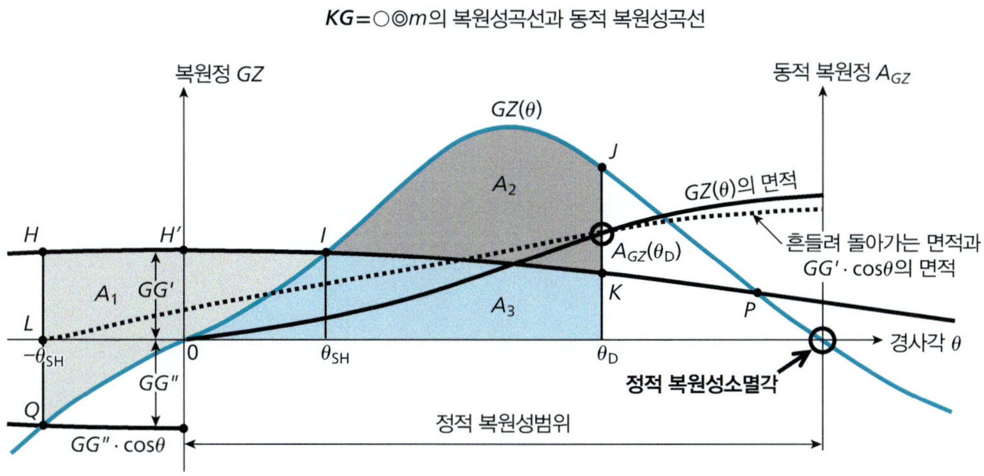

그림 12.17 급한 무게중심 이동에 의해 한쪽 현측에서 다른 쪽 현측으로 경사할 때의 경사모멘트 지레와 동적 복원지레.

로 이동하는 경우 승객 이동에 의한 반대 현으로 발생하는 경사모멘트로 배가 원래 경사 상태와 반대쪽 현으로 경사할 때에 대하여 생각해 본다.

다수의 승객이 아주 빨리 그림 12.16의 한쪽 현측에서 반대쪽 현측으로 이동하는 경우의 배는 한쪽 현측($-\theta_{SH}$)의 경사 상태로부터 반대편(θ_{SH})으로 경사각을 증가시켜 가지만 이때의 일의 양을 표시하면 그림 12.17과 같이 된다.

그림 12.16에 있어서 다수의 승객이 아주 빨리 한쪽 현측에서 반대쪽 현측으로 이동하면 화물의 이동과 마찬가지로 배의 무게중심은 G''에서 직접 G'으로 이동한다.

이 경우 정적으로는 배는 경사각 $-\theta_{SH}$의 경사 상태로부터, 즉 그림 12.17의 Q점부터 직립 상태를 거쳐, 그리고 무게중심 위치가 G'으로 옮긴 후의 경사모멘트 지레 $GG' \cdot \cos\theta$와 $GZ(\theta)$ 곡선이 교차하는 I점에서 평형 상태로 되기 때문에 배는 Q점에서 I점까지 단번에 흔들려 돌아간다.

따라서 배의 평형 위치가 갑자기 Q점으로부터 I점으로 넘어갈 경우 Q점으로부터 직립 상태를 거쳐 I점까지의 일의 양은 무게중심 위치가 G''으로부터 G'으로 이동한 데 따른 그림 12.17의 경사각 $-\theta_{SH}$에서 직립 상태로 "흔들려 돌아간 면적" $QHH'0$와 배의 무게중심 G가 G'으로 이동한 후의 경사모멘트 $W \cdot GG'$이 이룬 일의 양을 나타내는 "$GG' \cdot \cos\theta$ 곡선의 면적"을 합하여 구할 수 있다.

경사각 $-\theta_{SH}$으로부터 직립 상태로 복원하는 일의 양을 나타내는 "흔들려 돌아가는 면적"과 $W \cdot GG'$이 이루는 일의 양을 나타내는 "$GG' \cdot \cos\theta$ 곡선의 면적"을 합하여 그림 12.17에서는 점선으로 나타내고 있다. 이 경우의 배는 점선으로 나타내고 있는 일의 양이 "$GZ(\theta)$의 면적" 곡선으로 나타내는 동적 복원정 $A_{GZ}(\theta)$와 일치하는 경사각 θ_D까지 경사한다.

이때 복원모멘트가 이룬 동적 복원모멘트는 $GZ(\theta)$곡선의 $0IJ\theta_D$ 모양의 면적을 나타낸다. 즉 다수의 승객이 아주 빨리 한쪽 현측에서 반대쪽 현측으로 이동함으로써 배의 경사각이 θ_D에 도달했을 때 흔들려 돌아가는 것 및 경사모멘트 지레가 이룬 일의 양과 복원지레 $GZ(\theta)$가 이룬 일의 양이 같게 되어 그 이상 경사하지 않는다.

그림 12.17에 있어서 A_3가 나타내는 면적 부분은 경사모멘트가 이룬 일의 양과 복원모멘트가 이룬 동적 복원모멘트의 공통 부분이기 때문에 QHI로 둘러싸인 면적 A_1과 IJK로 둘러싸인 면적 A_2가 같음을 알 수 있다.

그러나 다수의 승객이 아주 빨리 한쪽 현측에서 반대쪽 현측으로 이동함으로써 흔들려 돌아가는 것 및 경사모멘트 $W \cdot GG' \cdot \cos\theta$가 큰 경우 그림 12.17에 있어서 H점, I점, P점이 위로 올라가, 즉 점선으로 나타낸 일의 양이 커지고, 동적 복원모멘트를 나타내는 "$GZ(\theta)$의 면적" 곡선과의 교점이 큰 경사각 쪽으로 이동한다. 따라서 배의 경사각 θ_D가 커지고 K점이 P점에 접근하거나 초과하면 면적 A_1 > 면적 A_2 (또는 면적 IJP)의 상태가 될 수도 있다. 이 경우에 배는 전복한다.

12.8 잔존 복원성과 동적 복원성의 관계

정상풍에 의한 풍압력 F가 배에 작용하여 배가 기울어져 있는 경우의 잔존 복원성은 제10장 "**10.3절 풍압력에 의한 경사와 잔존 복원성**"의 그림 10.7에 나타낸 바와 같게 되지만, 이것은 그림 12.4에 있어서 IJP의 범위와 같다.

또한 배의 무게중심 G가 G'으로 이동하여 배가 기울어져 있는 경우의 잔존 복원성은 제10장 "**10.1절 무게중심의 옆 이동과 잔존 복원성**"의 그림 10.4에 나타낸 바와 같게 되지만, 이것은 그림 12.15에 있어서 IJP의 범위와 같다.

그림 12.4의 IJP와 그림 12.15의 IJP가 각각의 정적 복원성곡선에 있어서 잔존 복원성을 나타내고 있기 때문에, 잔존 복원성이 작아지는 큰 옆 경사의 경우 그 자체만으로도 배의 복원성 및 안전성이 위협받고 있다고 말할 수 있지만 정적으로는 배는 안전한 측에 있다고 볼 수 있다. 그러나 그 큰 옆 경사의 원인이 되는 경사모멘트가 이루는 일의 양(에너지)이 큰 경우 잔존 복원성만 가지고 배의 복원성 및 안정성을 확보할 수 있다고는 말할 수 없다.

따라서 **배의 복원성 및 안전성을 확보하기 위해서는 정적으로는 어떠한 해양 환경에 놓여 있어도 충분한 잔존 복원성을 유지해야 하고, 이것이 동적으로는 배를 경사시키는 경사모멘트의 에너지를 충분히 흡수할 수 있는 동적 복원성을 구비하는 것으로 된다.**

제 13 장

실제 복원성 범위

제 4장에서 언급한 복원성곡선에 대한 설명을 한마디로 하면 다음과 같다. "배가 기울어져 갈 때 배의 무게중심 G에서 부력 작용선에 수직인 직선을 긋고 그 교점을 Z라고 하면, 세로축에 복원 지레 GZ를 가로축에 경사각 θ를 취하고 경사각에 따라 변화하는 $GZ(\theta)$를 도시한 것이 **배의 복원성**의 가장 기본이고 중요한 **복원성곡선**(stability curve, curve of stability)이다. 이것을 **복원지레곡선** 또는 ***GZ* 곡선**(GZ-curve)이라고도 한다".

이 복원성곡선에 있어서 배를 직립 상태로부터 경사시켜 가면 특별한 경우를 제외하고 $GZ(\theta)$는 양(+)의 값을 유지하여 증가하고 어떤 각도에서 **최대복원정** GZ_{max}가 된다. 이때의 경사각을 **최대 복원성각(도)**(angle of maximum stability)이라고 한다. 또한 배를 더욱 기울여 가면 $GZ(\theta)$는 가로축과 접하고, 그 교점을 **복원성소멸각**(angle of vanishing stability) 또는 **복원모멘트소멸각**(angle of vanishing restoring moment)이라고 한다. 배가 복원성소멸각을 넘는 경사를 하면 $GZ(\theta)$는 음(−)의 값이 되어 다음의 안정 상태까지 기울어져서 복원하지 않은 채 안정한다. 즉 전복하여 복원하지 않는 상태가 된다. 따라서 **전복각**(capsizing angle)이라고도 한다. 또한 $GZ(\theta)$가 양의 값의 범위를 **복원성범위**(range of stability)라고 한다.

그림 13.1과 같이 지금까지 보아온 복원성곡선은 복원지레 계산에 있어서 건현 갑판(freeboard deck: 일반적으로 상갑판)에 설치된 모든 개구부 및 현창 등을 수밀로 보고 건현 갑판 아래의 선체를 수밀 부체로 보아서 구해진 것이다. 이 경우 건현 갑판의 상부 구조물 또는 갑판실 등은 부력에 기여하지 않는 것으로 보아 복원지레 계산에 고려되지 않았다.

따라서 **그림 13.1과 같은 복원성곡선은 계산상의 이상적인 복원성곡선이며, 여기에 표시된 복원성소멸각 및 복원성범위는 어디까지나 건현 갑판 이하의 선체가 수밀 부체인 경우에 한정되어 있다**는 점에 가장 주의해야 한다.

그러나 **배에 적용할 경우의 "실제 복원성범위"**는 그림 13.1에 표시된 복원성범위가 아니라 선박복원성규칙에서 **배의 경사에 의해 배에 설치된 개구부로부터 배 안으로 해수가 들**

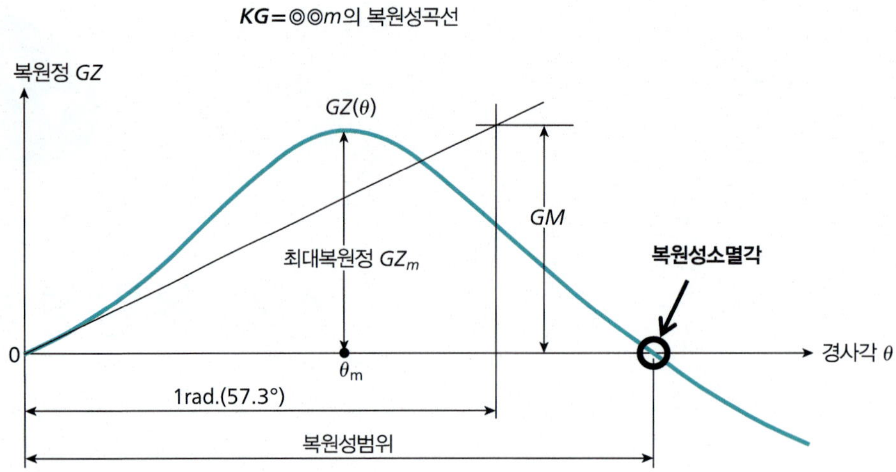

그림 13.1 일반적인 복원성곡선.

어오기 시작하는 경사각(해수유입각)까지라고 하고 있다(선박복원성규칙 제8조 및 제9조 참조). 이것은 어떤 경사각에서 배 안으로 물이 들어오기 시작하면 급격한 복원성의 감소를 초래하므로, 그 이상의 경사각에서 배의 복원을 바랄 수 없고 무효로 하고 있기 때문이다. 따라서 건조하는 배의 일반 배치도가 결정되고 그로 인하여 배에 설치되는 개구부가 명확하게 자리 잡게 되면, 복원지레 계산에 이용한 좌우 대칭 정면선도를 이용하여 선내에로의 해수유입각 곡선을 구할 수 있다.

여기서는 배에 적용하는 "실제 복원성범위"를 규정하기 위해 배 안으로의 해수유입각과 복원성소멸각 및 복원성범위를 구하는 방법에 대하여 설명한다.

칼럼 *선박복원성규칙*

제8조 (부력의 산입범위)

① 복원정을 계산할 경우에는 선박의 상갑판하의 부분 및 선루 기타 이에 준하는 상갑판상의 구조물(이하 "구조물"이라 한다) 이외의 것의 부력은 산입하지 아니한다. 〈개정 1980. 7. 5.〉

② 해운관청은 제1항의 규정에 불구하고 해운관청은 선박의 구조 또는 그 수밀성을 고려하여 제1항의 규정에 의한 부력의 산입범위를 적당히 증감할 수 있다. 〈개정 1980. 7. 5.〉

제9조 (부력의 산입범위)

제8조의 규정에 의한 부력의 산입범위내에 있는 구조물의 일부가 선박의 횡경사각이 해수유입각을 초과할 범위에 있을 경우에는 그 구조물의 부력은 산입하지 아니한다. 〈개정 1980. 7. 5.〉

13.1 해수유입각

그림 13.2에 나타낸 바와 같이 상갑판상에 개구부(창구 및 승강구 등)가 있고 그 주위에 코밍(coaming)이 설치되어 있는 배의 경우 배가 기울어지면 코밍 탑(coaming top: 코밍 상부)으로부터 배 안으로 해수가 유입한다. 또한 코밍이 설치되어 있지 않은 경우는 개구부의

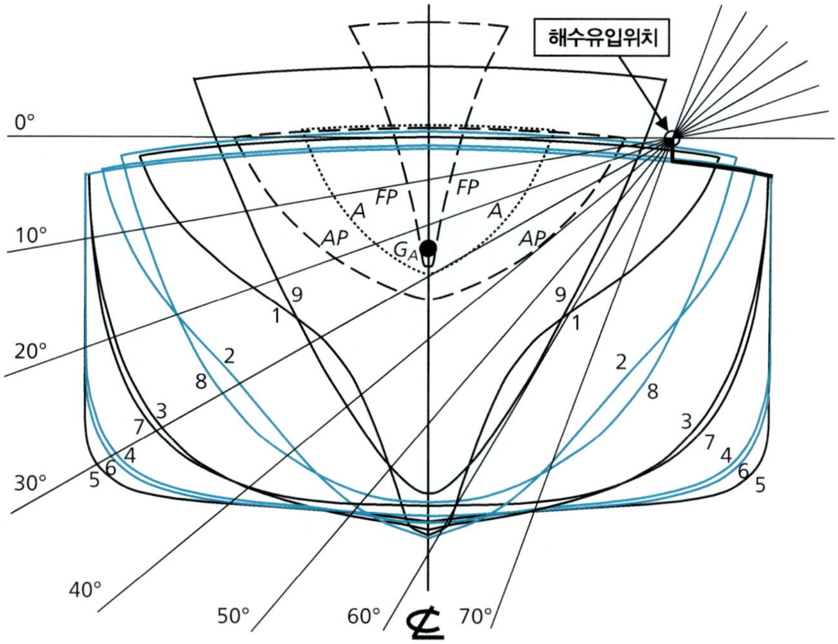

그림 13.2 해수유입각을 구하기 위한 정면선도와 해수유입위치.

가장자리에서 배 안으로 해수가 유입한다. 그리고 그림 13.3과 같이 갑판상에 수밀 선루와 갑판실 등이 있는 배의 경우 배가 기울어지면 수밀이 아닌 출입구 및 현창 등에서 배 안으로 해수가 유입한다. 어떠한 경우에도 **배가 기울일 때 배 안으로 해수가 유입하는 경사각을 해수유입각**(seawater inflow angle)이라 하며 $\boldsymbol{\theta_f}$로 나타낸다. 이 해수유입각 θ_f는 다음과 같이 구할 수 있다.

일반 배치도가 완성하고 개구 배치가 정해지면 그림 13.2와 같이 좌우 대칭 정면선도에 경사에 의한 해수 유입위치를 도시한다. 그리고 유입위치에서 정수면에 평행 수면선을 긋고 이 선을 기준으로 10° 또는 15° 간격으로 70° 또는 75°까지의 수면선을 그어 넣는다. 그림 13.2는 10° 간격으로 70°까지의 수면선을 그어 넣은 경우를 나타내고 있다.

선체선도(lines)의 데이터가 있으면 해수유입점의 위치를 중심으로 경사각마다 나타낸 수면선 이하에 대한 각 Sq.St.의 횡단 면적을 구하고, 배의 길이 방향으로 적분하여 경사각마다 배수량을 구할 수 있다.

면적기 및 적분기를 이용하는 경우도 마찬가지이며, 해수유입점의 위치를 중심으로 경사각마다 나타낸 수면선 이하에 대한 각 Sq.St.의 횡단 면적을 구하여 배의 길이 방향으로 적분하면 배수량이 구해진다. 이렇게 하여 구해진 결과를 세로축에 해수유입각 가로축에 배수량을 취하고 곡선을 그리면 그림 13.3과 같은 그림이 얻어진다.

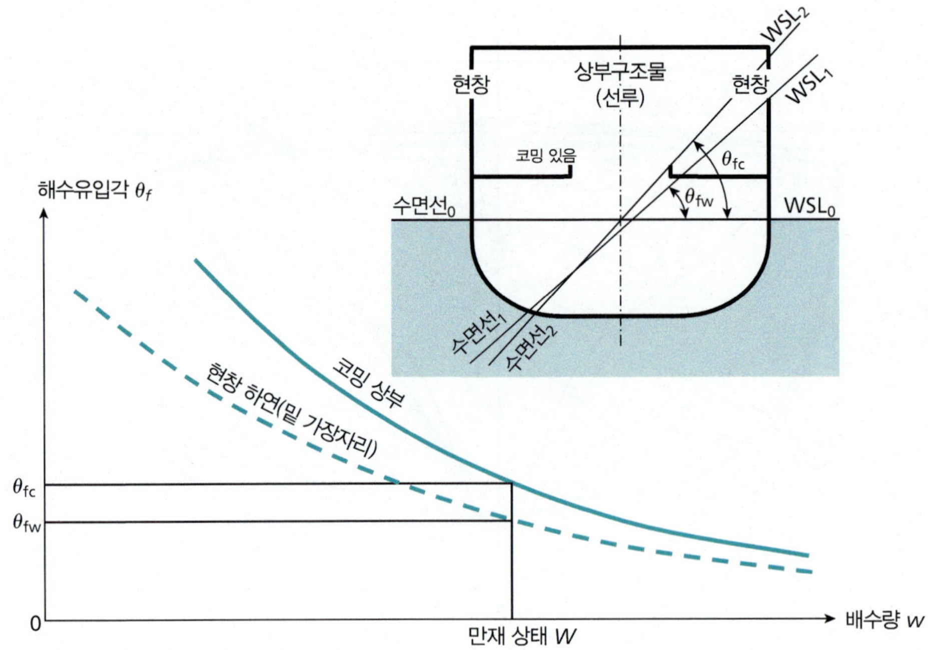

그림 13.3 해수유입각.

그림 13.3에 있어서 배의 만재 상태의 배수량 W가 알려진 경우, 그때의 해수유입각 $\boldsymbol{\theta_f}$을 구할 수 있다.

그림 13.2에서 표시한 바와 같이 건현 갑판에 해수가 유입 가능한 개구부가 있는 경우의 복원성곡선은 그림 13.4와 같이 해수유입각을 초과하는 경사 범위는 부력으로 산입할 수 없기 때문에 **해수유입각 $\boldsymbol{\theta_f}$가 복원성소멸각**이 되고 그리고 **0으로부터 $\boldsymbol{\theta_f}$까지가 복원성범위**로 된다.

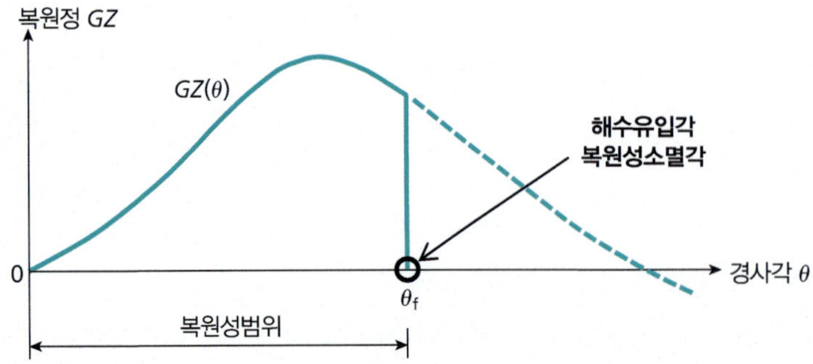

그림 13.4 해수유입각과 복원성소멸각의 관계.

13.2 해치 개구부가 있는 경우

그림 13.5에 나타내고 있는 바와 같이 건현 갑판에 **해치**(hatch or hatchway, 창구 및 승강구)가 있고 그 주위에 코밍(coaming)이 설치되어 있는 경우, 배 안으로 해수가 유입하는 해수유입각 θ_{fH}는 배가 옆 경사하여 코밍 탑(코밍 상부)으로부터 해수가 유입하는 배의 경사각이다.

그림 13.5의 경우 복원지레 계산으로 구해지는 복원성곡선은 직립 상태로부터 실선으로 시작하여 파선과 같은 곡선이 되지만, 실제로는 배가 경사각 θ_{fH}의 옆 경사를 했을 때 코밍 탑으로부터 배 안에 해수가 유입하기 때문에 복원성곡선은 실선과 같게 된다. 즉 θ_{fH}가 복원성소멸각, 그리고 0으로부터 θ_{fH}까지가 복원성범위로 된다. 따라서 파선으로 나타낸 복원성곡선의 부분은 건현 갑판의 개구부로서 부력에 산입할 수 없기 때문에 복원성에 기여하지 않다는 점에 주의해야 한다.

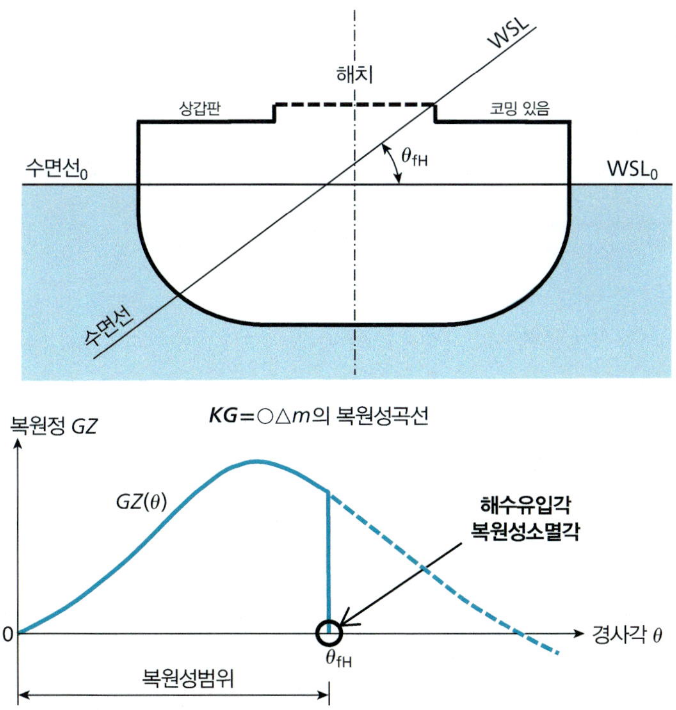

그림 13.5 건현 갑판에 코밍을 가진 해치가 있는 경우의 복원성곡선.

13.3 출입구가 있는 선루는 있지만 수밀 갑판이 없는 경우

그림 13.6과 같이 갑판상에 **수밀이 아닌 출입구가 있는 선루**(상부 구조물: superstructure)가 있는 경우 선루 출입구의 코밍 높이(coaming height)까지는 복원성에 기여하기 때문에 실제로는 배가 기울어 해수가 선루 출입구 코밍 탑(코밍 상부)을 넘어 배 안으로 유입하는 옆 경사각 θ_{fd}까지 복원성은 커진다. 그러나 θ_{fd}보다 크게 경사하면 해수가 선루 출입구 코밍 탑을 넘어 배 안으로 유입하지만, 갑판이 수밀이 아니고 갑판 개구부(예를 들면 계단부)에 코밍이 없기 때문에 개구부 가장자리에서 해수가 유입한다. 그때의 해수 유입 경사각이 θ_{fo}이다. 그러나 코밍이 없는 단순한 개방 갑판은 복원성에 기여하지 않기 때문에, 실제 복원성곡선은 그림 13.6의 실선 부분이다.

따라서 그림 13.6과 같이 배의 경사각이 θ_{fd}로 되면 해수가 배 안으로 유입하기 때문에, 복원성곡선은 실선과 같게 되고 θ_{fd}가 복원성소멸각, 그리고 0으로부터 θ_{fd}까지가 복원성범위로 된다.

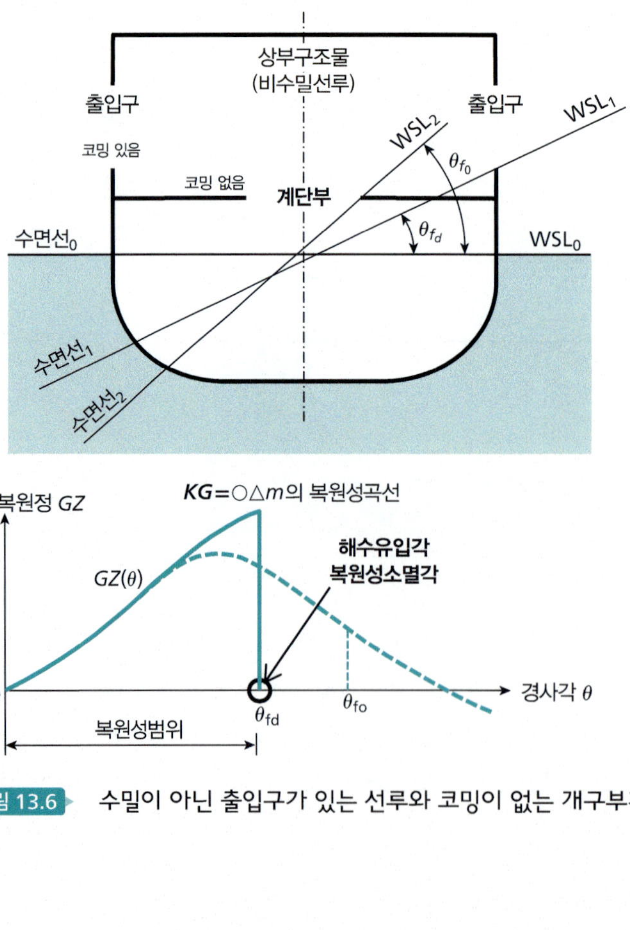

그림 13.6 수밀이 아닌 출입구가 있는 선루와 코밍이 없는 개구부가 있는 경우의 복원성곡선.

13.4 출입구가 있는 선루와 갑판상에 코밍이 있는 경우 1

그림 13.7과 같이 갑판상에 **수밀이 아닌 출입구가 있는 선루**(상부 구조물)가 있는 경우 선루 출입구 코밍 높이(coaming height)까지는 복원성에 기여하기 때문에 실제로는 배가 경사하여 해수가 선루 출입구 코밍 높이를 넘어 배 안으로 유입하는 옆 경사각 θ_{fd}까지는 복원성이 커진다. 게다가 θ_{fd}보다 크게 경사하여 해수가 선루 출입구 코밍 높이를 넘어 배 안으로 유입해도 건현 갑판 개구부(예를 들면 계단부)에 코밍이 있으면, 이 코밍 탑(코밍 상부)를 넘어 선내로 유입하는 경사각 θ_{fc}까지는 복원성이 커진다. 따라서 실제 복원성곡선은 그림 13.7의 실선 부분이다.

그림 13.7의 경우 배의 경사가 θ_{fd}까지는 선루 출입구 코밍 높이를 복원성에 기여한다고 생각해도 좋고 이것에 의해 복원지레가 커진다. θ_{fd}로부터 θ_{fc} 사이는 수밀 건현 갑판으로서 계산한 결과와 같고, 배의 경사각이 θ_{fc}로 되면 해수가 배 안으로 유입하기 때문에 복원성곡선은 실선과 같게 되며, θ_{fc}는 복원성소멸각, 그리고 0으로부터 θ_{fc}까지는 복원성범위로 된다.

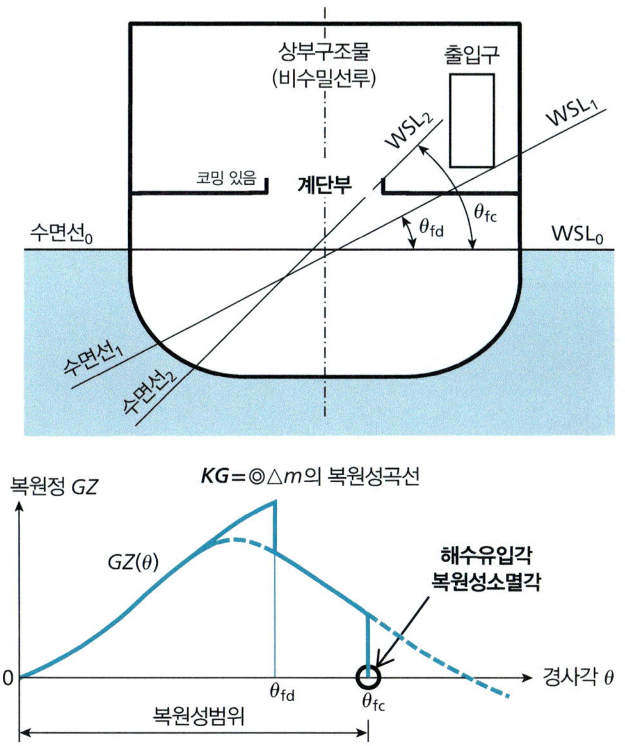

그림 13.7 수밀이 아닌 출입구가 있는 선루와 코밍이 있는 개구부를 가진 경우의 복원성곡선(1).

13.5 출입구가 있는 선루와 갑판상에 코밍이 있는 경우 2

그림 13.8과 같이 갑판상에 **수밀이 아닌 출입구가 있는 선루**(출입구 이외는 수밀 구조)가 있고 건현 갑판상에 코밍을 가진 개구부가 있지만 선루 출입구의 한쪽 끝(하단)이 건현 갑판의 개구부 폭보다 안쪽에 있는 경우, 배가 경사하여 해수가 선루 출입구의 한쪽 끝을 넘어 배 안으로 유입하는 θ_{fd}의 경사까지는 복원성이 커진다.

그러나 θ_{fd}보다 크게 경사하여 해수가 선루 출입구의 한쪽 끝(하단)를 넘어 배 안으로 유입하면 건현 갑판 개구의 코밍 높이를 넘는 경사각 θ_{fc}보다 크게 경사하고 있기 때문에 건현 갑판 개구의 코밍 높이는 복원성에 기여하지 않는다. 따라서 실제 복원성곡선은 그림 13.8의 실선 부분으로 된다. 여기서 θ_{fd}가 복원성소멸각, 그리고 0으로부터 θ_{fd}까지가 복원성범위로 된다.

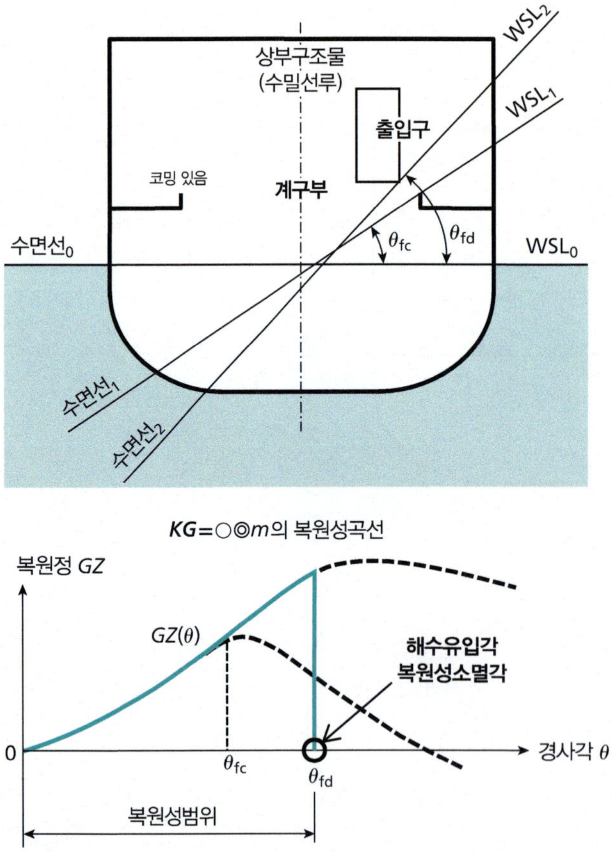

그림 13.8 수밀이 아닌 출입구가 있는 선루와 코밍이 있는 개구부를 가진 경우의 복원성곡선(2).

13.6 현창이 있는 선루와 갑판상 개구부에 코밍이 있는 경우

그림 13.9에 나타낸 바와 같이 여객선과 같은 갑판상에 **수밀문인 출입구가 있는 선루**(수밀 구조)가 있고 선루에 수밀이 아닌 현창이 있는 경우, 현창 밑의 가장자리까지의 경사각 θ_{fw}를 해수 유입각으로 한다. 이 경우 선루의 수밀문은 닫혀 있는 것으로 본다.

그러나 건현 갑판에 코밍을 가진 개구부가 있고 배가 경사하여 현창 밑의 가장자리로부터 유입한 해수가 개구부의 코밍 높이를 넘어 선내로 유입하면, 이때의 경사각 θ_{fc}도 해수 유입각으로 된다.

그림 13.9의 선체구조도와 같이 현창 밑의 가장자리로부터의 해수 유입각 θ_{fw}보다도 갑판상의 개구부 코밍 탑(코밍 상부)으로부터의 해수 유입각 θ_{fc}가 큰 경우, θ_{fc}가 배 안으로의 해수 유입각이 되고 실제 복원성곡선은 그림 13.9의 실선 부분이 된다. 이 경우 θ_{fc}가 복원성 소멸각, 그리고 0으로부터 θ_{fc}까지가 복원성범위로 된다.

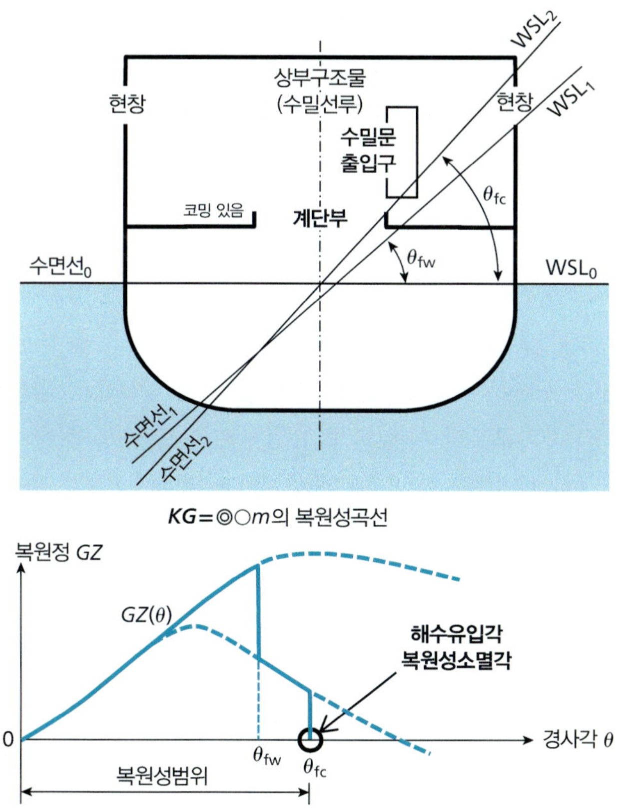

그림 13.9 현창이 있는 선루와 갑판상 개구부에 코밍이 있는 경우의 복원성곡선.

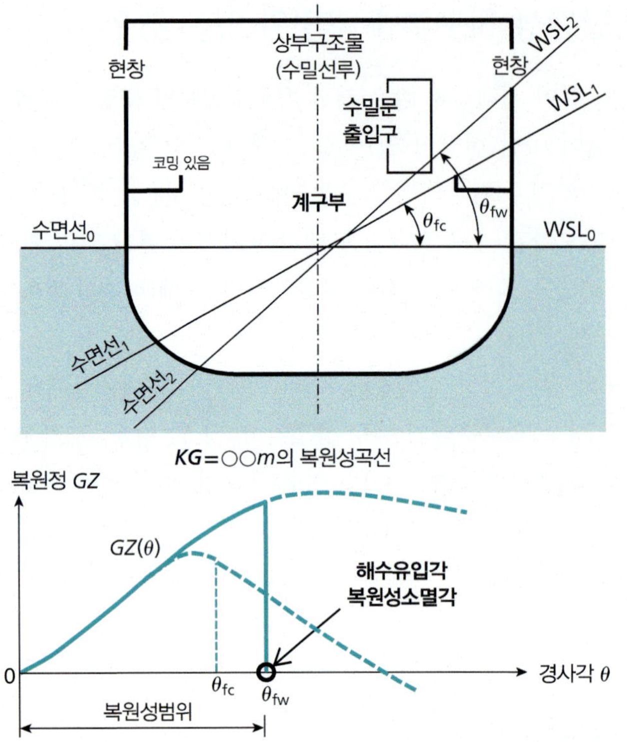

그림 13.10 갑판상 개구부에 코밍이 있지만 개구부가 넓은 경우의 복원성곡선.

또한 그림 13.10과 같이 그림 13.9의 여객선과 같은 구조이지만 건현 갑판에 설치한 코밍을 가진 개구부의 폭이 넓어 배가 경사하여 해수가 현창 밑의 가장자리에서 배 안으로 유입하는 경사각 θ_{fw}가 해수가 개구부 코밍 탑(코밍 상부)을 넘어 배 안으로 유입하는 경사각 θ_{fc}보다 큰 경우 현창 밑의 가장자리로부터 배 안으로 유입하는 경사각 θ_{fw}를 해수 유입각으로 보면 실제 복원성곡선은 그림 13.10의 실선 부분으로 된다. 여기서 θ_{fw}가 복원성소멸각, 그리고 0으로부터 θ_{fw}까지가 복원성범위로 된다.

13.7 출입구가 있는 갑판실과 갑판상 개구부에 코밍이 없는 경우

그림 13.11과 같이 상부 구조로서 **출입구가 있는 갑판실**이 있고 갑판실 내의 건현 갑판에 계단 개구부가 있지만 개구부 주위에 코밍을 설치하지 않은 경우, 해수 유입각은 갑판실 출입구 코밍 탑(코밍 상부)을 넘는 각도 θ_{fd}이다. 이 경우 갑판실은 부력의 범위로는 인정되지 않으므로 배의 복원성에 기여하지 않는 것으로 취급한다. 따라서 θ_{fd}가 복원성소멸각이고, 그림 13.11의 실선으로 나타내는 0으로부터 θ_{fd}까지가 복원성범위로 된다.

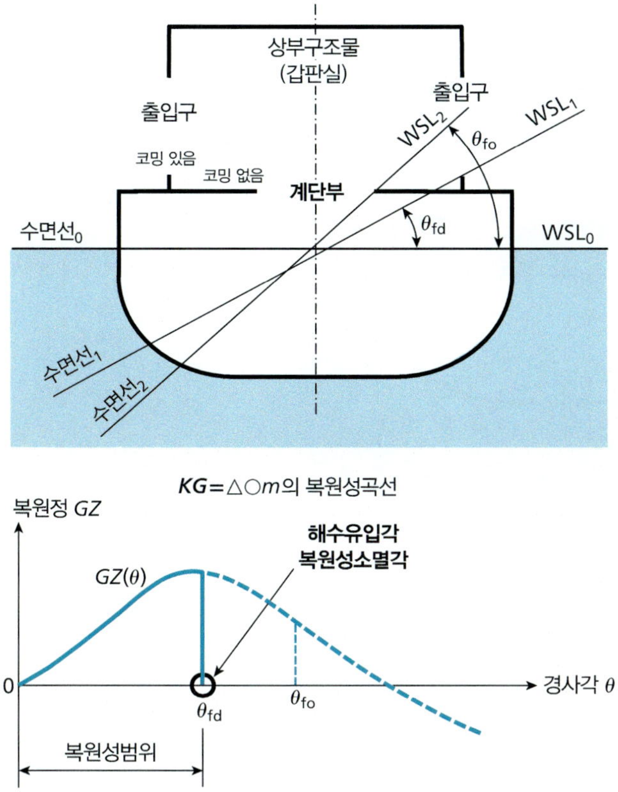

그림 13.11 코밍을 가진 출입구가 있는 갑판실과 건현 갑판 개구부에 코밍이 없는 경우의 복원성곡선.

13.8 현창이 있는 갑판실과 갑판상에 코밍을 가진 개구부가 있는 경우

그림 13.12와 같이 **수밀문을 가진 출입구가 있는 갑판실**(수밀 구조)이 있고 갑판 실내의 건현 갑판에 계단 개구부가 있지만, 개구부 주위에 코밍이 설치되어 있는 경우 이 코밍 탑(코밍 상부)을 넘는 해수 유입각은 θ_{fc}이다.

그러나 그림 13.12와 같이 갑판실(수밀 구조) 현창의 밑 가장자리까지의 옆 경사각 θ_{fw}이 θ_{fc}보다 크고 갑판실 수밀문이 닫혀 있는 경우 θ_{fc}보다 크게 경사해도 배 안으로 해수 유입이 없기 때문에 배 안으로의 해수 유입각은 θ_{fw}로 된다.

이 경우 갑판실은 부력의 범위로 인정되지 않으므로 복원성에 기여하지 않는 것으로 취급하지만 갑판실이 수밀임만을 고려하여 해수 유입각을 θ_{fw}라 하면 그림 13.12의 실선으로 나타낸 바와 같이 해수 유입각 θ_{fw}가 복원성소멸각이며 0으로부터 θ_{fw}까지가 복원성범위로 된다.

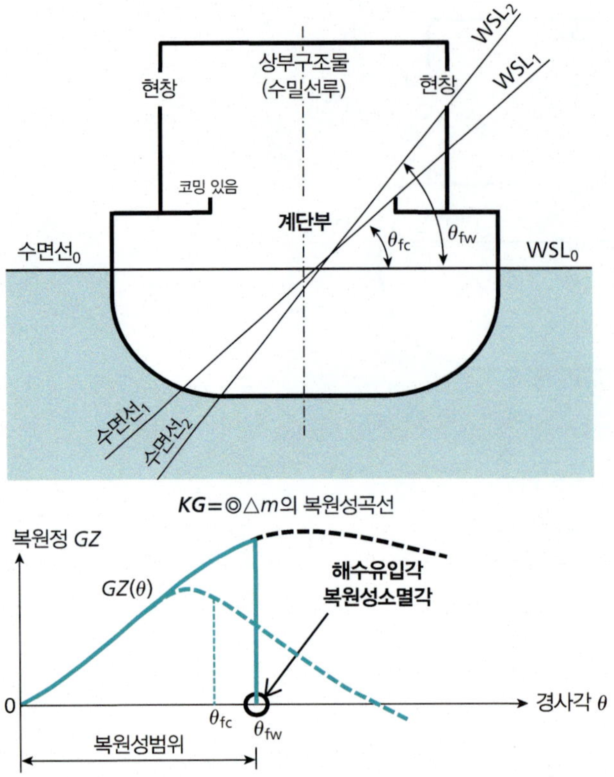

그림 13.12 현창이 있는 갑판실과 갑판에 코밍을 가진 개구부가 있는 경우의 복원성곡선.

13.9 수밀 건현 갑판상에 출입구을 가진 선루가 있는 경우

그림 13.13과 같이 수밀 건현 갑판상에 **수밀이 아닌 출입구을 가진 선루**(상부 구조물: superstructure)가 있는 경우 선루 출입구 코밍 높이(coaming height)까지는 복원성에 기여하기 때문에 실제로는 해수가 선루 출입구 코밍 높이를 넘어 배 안으로 유입하는 경사각 θ_{fd}까지는 배의 경사에 따라 복원성은 커지고 해수유입각 θ_{fd}보다 크게 경사하면 수밀 건현 갑판으로서 구한 복원성곡선과 같게 된다. 즉 그림 13.13의 실선으로 나타낸 복원성곡선처럼 된다.

이 경우 경사각 θ_{fd}가 배의 해수유입각이지만 복원성소멸각은 그림 13.1과 같이 복원성곡선이 경사와 함께 감소하여 가로축과 교차하는 점이다. 또한 이 경우의 복원성범위는 그림 13.13의 실선과 같이 0으로부터 해수유입각 θ_{fd}까지가 아니라 복원성곡선이 가로축과 교차하는 점까지이다.

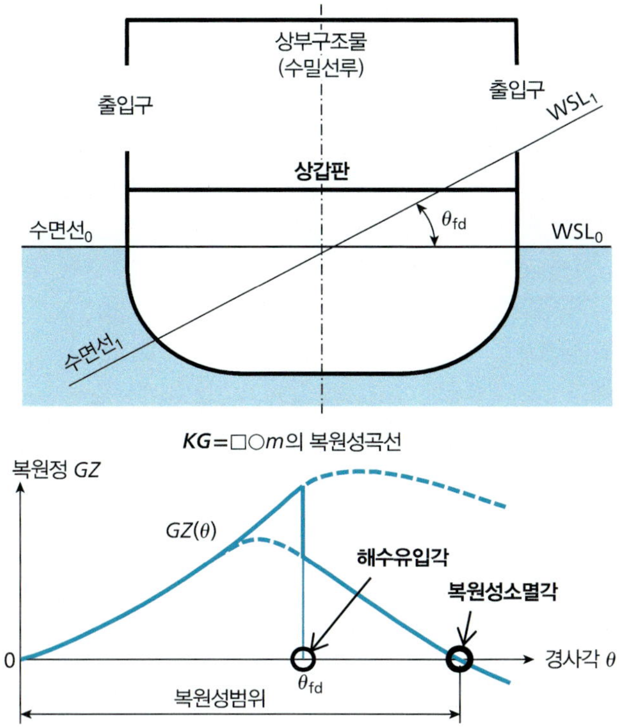

그림 13.13 수밀 건현 갑판상에 출입구을 가진 선루가 있는 경우의 복원성곡선

13.10 상갑판 양현에 높은 불워크를 가진 소형 선박의 경우

그림 13.14와 같은 소형 배의 불워크(bulwark)는 갑판에서 작업의 안전성 등을 고려하여 배의 폭 또는 깊이에 대한 비율이 일반 상선에 비해 매우 크다.

일반적으로 갑판상에 들이친 해수를 배수하기 위해 불워크에 방수구를 마련하지만, 때로는 방수구로부터 해수가 유입하기 때문에 방수구를 막은 채 조업하는 경우도 많이 있다.

그림 13.14는 건현 갑판이 수밀인 소형 배의 횡단면과 복원성곡선을 나타내고 있지만 복원성곡선의 실선이 실제 복원성곡선이다.

다만 불워크의 방수구가 막힌 경우 불워크가 복원성에 기여한다고 가정하여 복원성곡선을 구해 보면, 그림 13.14의 실선의 복원성곡선에 2점 쇄선을 가한 상태가 된다. 이 경우 겉보기에는 복원성이 커지고, 해수가 불워크 탑(bulwark top)을 넘어 갑판으로 유입하는 배의 경사각이 해수유입각 θ_{fB}로 된다.

불워크의 방수구가 막힌 상태에서는 복원성이 커지고 있지만, 실제로는 갑판상으로 해수가 들이쳐 올라왔을 때 이를 배출하지 못하고 갑판상의 체류물을 증가시키는 원인이 되기 때문에 매우 위험한 상태라고 볼 수 있다.

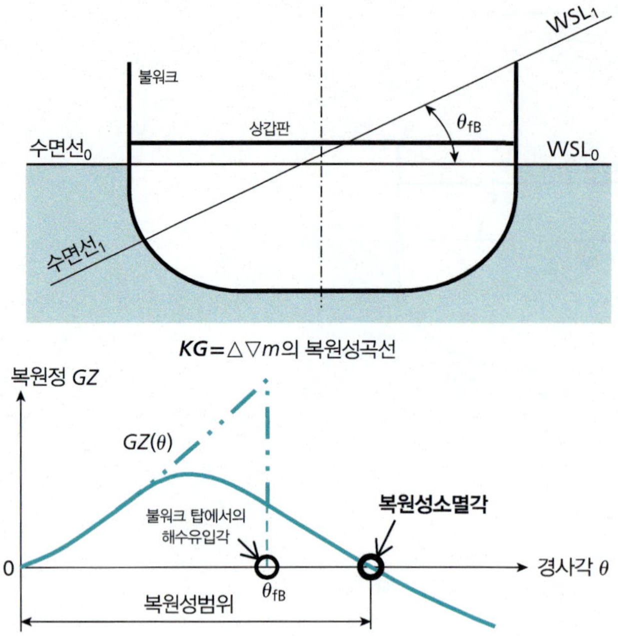

그림 13.14 상갑판 양현에 높은 불워크(bulwark)를 가진 소형 배의 경우.

또한 불워크의 방수구가 작동하더라도 배의 경사에 따른 불워크의 방수구으로부터 해수 유입의 양이 적으면 그림 13.14의 2점 쇄선처럼 불워크가 복원성에 기여하고 있는 것 같이 느낀다. 그러나 그림 13.14의 2점 쇄선 같은 불워크의 복원성에 대한 기여는 구조적으로 절대적인 것이 아니라 과신하면 전복 사고를 일으키므로 특히 주의가 필요하다.

또한 그림 13.15와 같이 갑판상에 가로 쪽으로 넓은 개구부가 있어도 불워크의 방수구가 막혀진 상태에서는 2점 쇄선처럼 불워크가 복원성에 기여하고 있는 듯이 느끼고, 해수가 불워크 탑을 넘어 갑판상으로 유입하는 배의 경사각이 해수 유입각 θ_{fB}인 것처럼 보인다.

그러나 앞에서 언급한 바와 같이 그림 13.15의 2점 쇄선과 같은 불워크의 복원성에 대한 기여는 구조적으로 절대적인 것이 아니기 때문에, 이 경우의 해수유입각은 갑판상 개구부 코밍 탑(코밍 상부)을 넘는 각 θ_{fc}이다. 따라서 해수유입각 θ_{fc}가 복원성소멸각, 그리고 0으로부터 θ_{fc}까지가 복원성범위로 된다.

그림 13.14와 그림 13.15에 표시한 **소형 어선과 같은 작은 배의 경우 불워크의 방수구가 막혀져 갑판상에 해수가 없는 상태에서는 마치 불워크는 복원성에 기여하고 있는 것처럼 느껴지지만, 작은 파도일지라도 불워크의 상단을 넘어 해수가 갑판상으로 들이쳐 올라오면 갑판상의 체류물 증가의 원인이 되어 복원성을 더 악화시키고 전복의 원인으로 된다.**

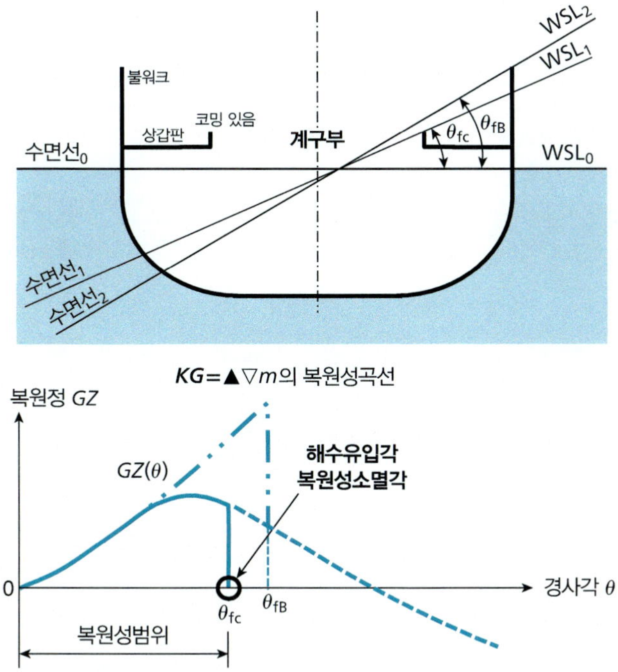

그림 13.15 상갑판 양현에 높은 불워크와 갑판 개구부에 코밍을 가진 소형 배의 복원성곡선.

따라서 그림 13.14와 그림 13.15에서 **불워크의 영향을 나타내는 2점 쇄선 부분은 복원성에 기여하지 않는다는 점이 가장 주의할 점이다.**

Capsizing and **Stability** of the **Ship**

제 14 장

배의 전복이란?

"배의 복원성"은 한마디로 "배의 설계자 및 건조자와 조종자가 승선자의 안전을 확보하기 위해 알아 두어야 할 필수 지식"이다.

배는 그 복원성이 어떠한 원인으로 없어진 때에 전복이라는 최악의 상태가 된다. "배의 전복"은 배라는 재산을 잃을 뿐만 아니라 때로는 고귀한 인명의 희생을 초래하여 발생하기 때문에 역사적으로 오래 전부터 연구하여 왔지만 아직도 전복한 배의 개별적 요인과 그 과정이 분명하지 않은 경우가 많다.

그럼에도 불구하고 "전복"이란 현상은 누구에게 들어도 "엎어지는 것", "전도하는 것", "배가 옆으로 쓰러져 일어날 수 없는 현상" 등의 답변을 얻을 수 있어 모두가 알고 있는 간단한 문제처럼 보이는 경향이 있다. 즉 대부분의 사람들에게 "배의 전복"은 "배의 움직임의 어떠한 현상"이며, 그 결과 "배가 어떠한 상태"로 되어 있는지 상상할 수 있는 매우 알기 쉬운 현상처럼 여겨진다.

그러나 "배의 전복"에 대하여 "왜?" 또는 "어떤 과정을 통해서?"라고 그 원인과 전복과정에 대하여 질문하면, 이에 답변하는 것은 매우 어렵고 설명하기가 곤란하며, 대단히 복잡한 원인과 과정을 통하여 발생하고 있음을 알 수 있다. 따라서 "배의 전복"은 일반적으로는 상상할 수 없는 현상이라고 볼 수 있다.

또한 "배의 전복"은 해난 사고 중에서도 인명과 직접 관계가 있으므로, 전복 사고가 발생할 때마다 원인을 추구해 왔지만 지금도 전복 사고는 끊이지 않고 있다.

제14장에서는 지금까지 얻을 수 있었던 "배의 복원성" 및 "배의 전복"에 관한 학술적 연구 성과로부터 알아볼 수 있는 것과 직접 학술적으로는 취급되고 있지 않은 것으로 보이는 "배의 전복과 그 요인"에 대하여 논의한다.

또한 이 장에서 논의하는 실제로 발생한 전복 사고의 예에서는 많은 고귀한 인명이 손실되었다. 여기에 전복의 원인으로 이어질 것을 기록함으로써 전복 사고로 사망한 사람들의 명복과 이후로 유사한 전복 사고 예방에 도움이 되길 바란다.

14.1 전복의 정의 1

전복에 대하여 일반적인 국어사전에는 “뒤집혀 엎어짐”이라고 써 있다. 이는 앞에서 언급한 바와 같이 전복이 어떠한 현상인지 알기 쉽게 일반적으로 표현한 것이다.

“배의 전복”에 대해서도 일반적으로는 국어사전의 설명대로지만, 어떠한 원인으로 어떠한 상태를 나타내고 있는지는 아직 통일된 정의가 없다. 이 “배의 전복”에 대한 학술적 및 공적인 견해나 취급은 현재 대략 다음과 같이 되어 있다. 설명은 원문 그대로이다.

❶ 정적 복원성 이론

일본의 大串 雅信의 저서 「“이론선박공학(理論船舶工学)」 상권에는 “직립 위치로부터 옆 경사에 따라 복원력이 증가하고 최대 복원력에 도달했을 때의 경사각을 최대 복원력의 각도(angle of maximum stability)라 한다. 여기로부터 복원력은 감소하고 가로축과 교차하는 점에서 복원력은 0이 된다. 이때의 경사각을 복원력소멸각(angle of vanishing stability)이라고 말하고 더 이상 경사하면 복원력은 음(−)으로 된다. 즉 더 경사시키는 경사모멘트가 발생하기 때문에 배는 전복한다.” (원문대로 저자 번역)

원문 중의 복원력은 복원모멘트이고, 복원력소멸각은 그림 14.1에 표시된 복원성소멸각 또는 복원모멘트소멸각이다.

❷ 해난심판법(복원성)

남아 있는 최대 복원아암이 GM의 손실 때문에 이때의 횡경사 아암보다 작아지면 배는 전복될 것이다. (원문대로. 여기서 아암은 지레)

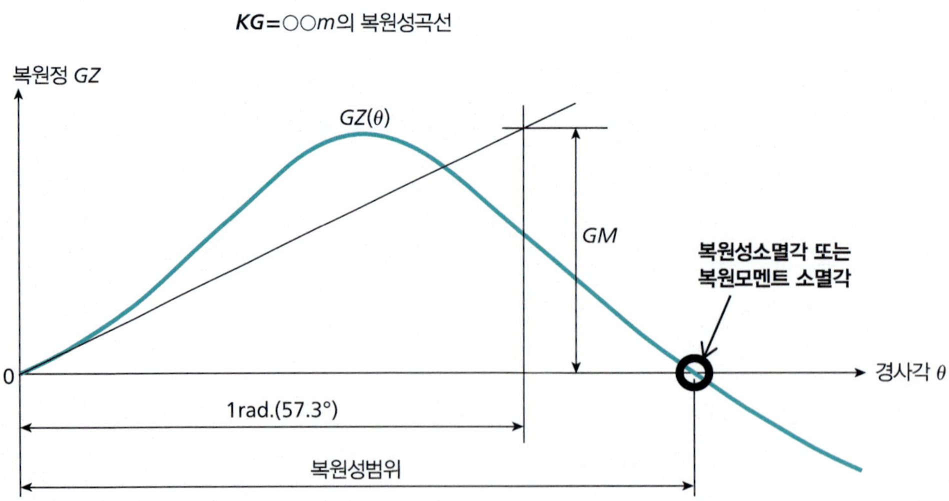

그림 14.1 일반적인 복원성곡선.

❸ *e*-나라지표(해양사고통계 용어해설)

전복: 선박이 뒤집힌 것(충돌, 좌초 등에 따라 발생한 것은 제외)

❹ 복원성 이론 일반

지금의 안정 상태로부터 어떠한 원인으로 다음의 안정 상태로 이행한 상태

❺ 선박복원성기준

"선박복원성기준" 제9조(여객선의 복원성 기준)에서 "격심한 바람에 의한 경사우력정 및 파도에 의한 횡요를 고려할 때 여객선의 복원성은 그림 14.2의 복원정곡선에 있어서 면적 *ABC*가 면적 *BDE*보다 클 것"으로 규정되어 있고 계속해서 다음과 같이 써 있다.

이 경우 그림 14.2와 같이 면적 *ABC*(b)는 복원정(*GZ*)이 경사우력정(M/W)의 1.5배와 같은 복원정곡선상의 점 *B*와 *C*를 통하는 직선과 복원정곡선에 포위된 부분의 면적이고, 면적 BDE(a)는 복원정(*GZ*)이 경사우력정(M/W)과 같은 복원정곡선상의 점에서 왼편으로 횡요각(θ_0)과 같은 거리에 있는 종축에 평행한 직선과 점 *B*와 *C*를 통하는 직선 및 복원정곡선에 포위된 부분의 면적이다. 다만, 같은 그림상의 점 *C*의 횡경사각이 50도를 넘는 경우에는 50도까지로 하며, 해수유입각 θ_f을 초과하는 경우에는 해수유입각까지로 한다. (원문대로)

그림 14.2와 같이 그림에서 정상 바람에 의한 "**걸보기 경사모멘트의 지레**" *Dw*(제12장 "**12.3절 직립 상태에서 돌풍을 받는 경우의 동적 복원성**" 참조: 위 문장에서는 **경사우력정** (*M*/*W*)이라 하고 있음)를 받고 있는 배가 불규칙 파도 중에서 *F*점의 경사각을 중심으로 진폭 θ_0의 횡동요를 하는 경우 바람이 불어오는 쪽인 *E*점까지 경사했을 때 돌풍에 의한 "걸보기 경사모멘트의 지레"가 1.5*Dw*로 되었다고 하면, 배는 바람이 불어가는 쪽으로 기울어짐

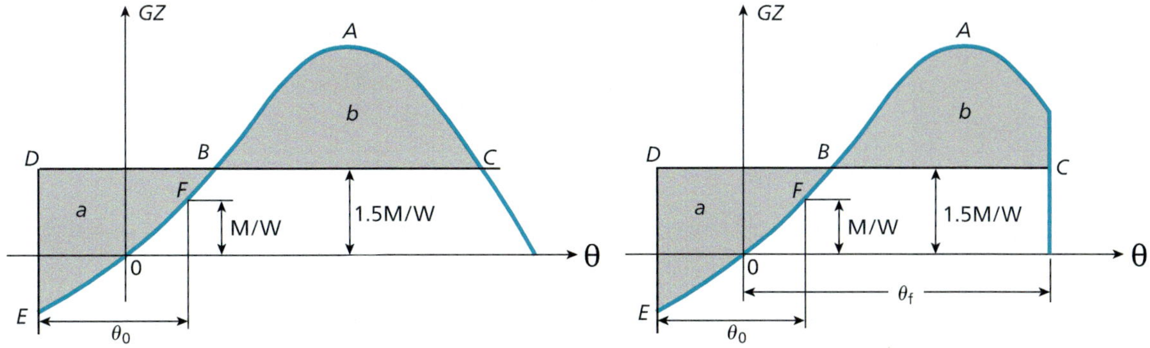

그림 14.2 선박복원성기준.

에 따라 돌풍에 의한 일을 하고 *B*점에서 면적 *BDE*(면적 *a*)에 상당하는 운동 에너지를 가진다. 이 운동 에너지가 잔존 동적 복원모멘트를 나타내는 면적 *ABC*(면적 *b*)로 흡수하지 못하면 배는 전복한다.

앞에서 ❶~❹는 "선박의 정역학"인 "복원론"에 따라 선체의 안정과 전복을 경사 상태에 착안하여 정리한 전복의 정의이다. ❺는 파도에 의한 동요와 돌풍에 의한 동적인 일의 양(에너지)을 고려하고 있지만, 전복에 대해서는 정적 복원성곡선을 이용하여 판정하고 있다.

따라서 배의 복원성 및 안정성 또는 전복의 위험성에 대한 유무의 판단에는 정적 복원성곡선을 사용하는 것이 가장 효과적이다.

14.2 전복의 정의 2

이상으로부터 정적 복원성곡선을 이용하여 선박의 전복에 대해 정리하여 정의하면 "**배의 전복은 배가 복원성을 잃을 때까지 옆 경사하여 그 후 복원할 수 없는 상태에서 안정하고 있는 상태인 것**"으로 된다. 좀 더 "배의 전복"의 정의를 구체적으로 설명하면 다음과 같다.

"배의 전복이란 배가 정적 복원성소멸각 또는 복원성범위를 초과할 때까지 옆 경사하면 복원성을 잃고 옆 경사는 점점 커져 가지만, 이 위험한 경사 상태로 기울어져 가는 현상을 "배가 전복한다"라고 하고, 위험한 경사 상태인 다음의 안정 상태까지 경사하여 복원하지 못하는 안정한 상태를 "전복 상태" 또는 단순히 "전복"이라고 말한다."

일반적인 배가 "정적 복원론"에서 논의되는 복원성이 소멸하여 전복하는 경우 "배의 전복"은 그림 14.1의 복원성곡선에서 복원성소멸각 또는 복원모멘트소멸각보다 크게 경사하여 다음의 안정 상태로 이행하는 경우를 의미한다.

배가 직립 상태로부터 기울기 시작하여 복원성소멸각 또는 복원모멘트소멸각보다 크게 경사하고, 다음의 안정 상태로 경사가 더욱 커져 전복하여 안정 상태로 되는 현상을 표시하면 그림 14.3과 같이 된다.

그림 14.3과 같은 전복부유 상태는 직립 상태로부터 다음의 안정 상태로 이행하기 때문에 전복 상태는 사진 14.1 및 사진 14.2처럼 직립 상태에서 180° 반전하여 안정한 상태로 된다.

이때 직립 상태로부터 전복 상태로 될 때까지를 운동학적으로 보면 반전하여 안정 상태가 될 때까지의 시간 경과는 비교적으로 짧고 배의 크기에 따라 다르지만 이른바 "**순시에 전복한다**"고 볼 수 있다.

사진 14.1은 1972년에 상영된 영화 "**포세이돈 어드벤처**"의 포스터이며, 여객선 포세이돈호가 전복하여 안정된 상태를 보이고 있다.

사진 14.2와 사진 14.3은 2009년 10월에 일본 八丈島(하치죠 지마)의 북동 해역에서 전복된 어선 "第一幸福丸(다이이치 고우후꾸마루)"를 나타내고 있으며, 180° 전복하여 안정된

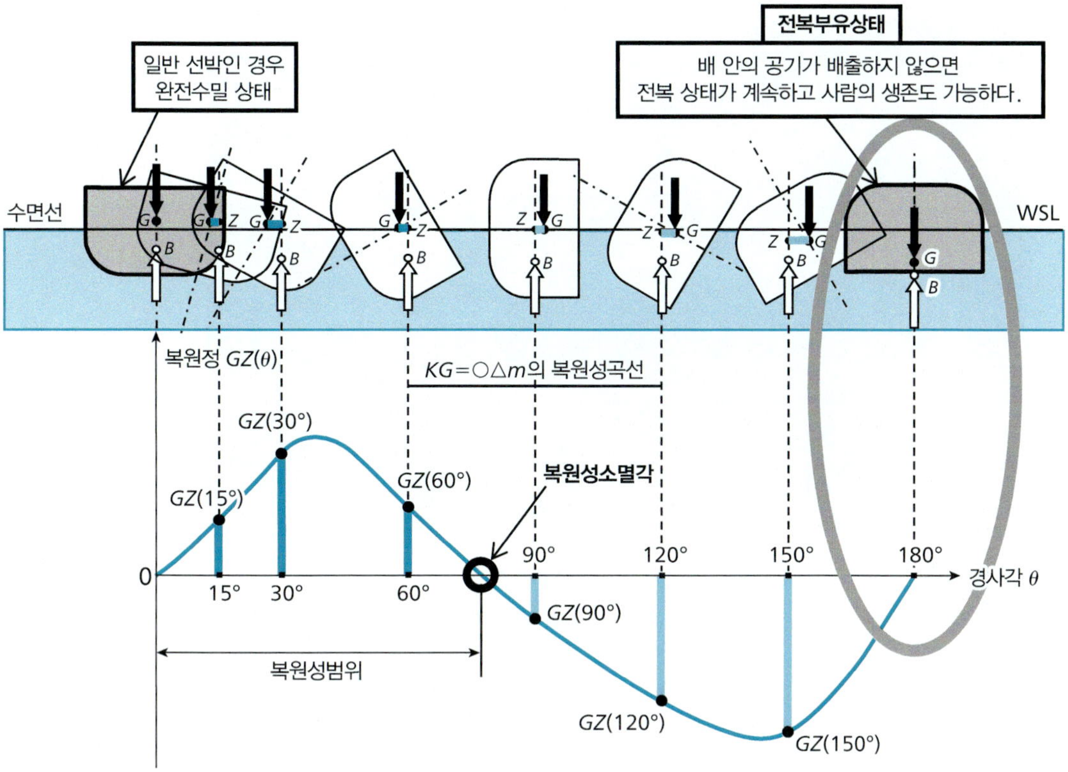

그림 14.3 복원성곡선과 전복 상태.

사진 14.1 여객선 포세이돈호가 전복하여 안정된 상태.

(https://cinesocialuk.com/2016/12/22/the-poseidon-adventure-1972-55-stars-for-the-movie-that-kick-started-my-passion-for-cinema/)

사진 14.2 어선 "第一幸福丸"가 전복하여 안정한 상태.
(일본 해상보안청의 "「海上保安レポート2010」: 救難現場の最前線　漁船『第一幸福丸』")

상태를 보이고 있다.

사진 14.1 및 사진 14.2의 두 경우는 단시간에 전복하였기 때문에 그림 14.3과 같은 전복부유 상태로 되어도 배 안으로 해수 유입이 없고, 따라서 전복 상태로 장시간 바다 수면에

사진 14.3 일본해상보안청의 잠수사에 의한 수색 및 구출.

서 부유하게 된다. 이는 배가 수면 밑 부분이 수밀 구조로 되어 있어 기밀성이 높고, 따라서 비교적으로 단시간에 전복하는 경우 수면 밑 배 안의 공기가 그냥 배 안에 갇히는 상태가 되어 장시간 바다에 떠 있는 것을 나타내고 있다.

사진 14.2의 전복 사고 때는 사진 14.3과 같이 일본해상보안청의 잠수사에 의한 수색에 의해 전복 사고 발생 89시간(3일 17시간) 후에 배 안으로부터 선원 3명이 구출되었다. 이는 배가 비교적 단시간에 전복함으로써 수면 밑 배 안의 공기가 그냥 배 안에 갇혀 있었다는 점, 그리고 이 공기가 있는 공간 내에서 승무원이 생존을 위한 노력을 계속했다는 점, 또한 해상 보안관의 오랜 경험과 뛰어난 구출 방법에 의한 점들이 어울려서 이루어진 것이다. 이 사고로 1명의 사망과 4명의 행방불명자가 나왔다. 전복 사고로 인한 희생자 분들에 대하여 다시 한번 명복을 기원 드린다.

사진 14.4에는 2014년 4월 16일 오전 8시 58분경 전라남도 진도군의 관매도 앞바다 해상에서 전복 및 침몰한 대형 여객선 "**세월**(世越: SEWOL)호"의 전복 및 침몰 과정을 보이고 있다.

사진 14.4의 "세월호" 전복 사고처럼 사진 14.1과 사진 14.2의 경우와는 전혀 다르게 **단시간에 180°로 전복하지 않고 화물 등이 허물어져 무너짐으로써 배 무게중심의 옆 이동에 의한 옆 경사진 상태에서 복원성이 감소하고 복원할 수 없는 상태인 채 점차 크게 경사하여 전복·침몰하였다.**

"세월호" 전복 사고는 사망자와 행방불명자가 304명이 되어 한국에서 발생한 해난 사고로서는 피해자가 가장 많은 대참사이다. 재차 "세월호" 전복 사고 피해자 분들의 명복을 기원 드린다.

"배의 전복"의 정의와 전복 상태는 위에서 언급한 대로이지만 "배의 전복"이 다른 해난 사고와는 달리 인명과 직접 관련되어 있기 때문에, "**어떠한 기상 및 해상에서도 인명의 안전을 확보할 수 있는 배의 상태가 승객과 승무원에게는 안전한 상태이다**"라고 말할 수 있다. 반대로 "승객과 승무원의 안전을 확보할 수 없는 위험한 경사 상태의 배는 전복 상태이다"라고 말할 수 있다.

일반적으로 "**배의 전복**"은 그림 14.1에서 나타낸 바와 같은 **복원성곡선을 이용하여 위에서 언급한 ① 정적 복원성 이론에 따라 판단하는 경우도 많이 있다.** 그러나 사진 14.4의 "**세월호" 전복 사고와 같은 경우**에는 그림 14.1과 같은 **복원성곡선을 직접 적용하여 판단할 수는 없다.** 이에 대해서는 다음 절 이후에서 설명하기로 한다.

따라서 조선학(造船学)적인 "배의 전복"에 관한 연구는 배의 복원성 이론과 직접 관련시켜 전복의 요인과 과정을 규명하고 어떠한 기상 및 해상에서도 항상 안전한 상태를 유지할 수 있는 선형을 고구(考究)해 나가는 것이다.

❶

❷

❸

❹

❺

❻

사진 14.4의 ❶~❻ "세월호" 전복 사고의 경과. (대한민국해양경찰청)

14.3 해양 환경에 의한 전복

해양을 항행하는 배는 풍파에 의해 때로는 피할 수 없는 큰 동요를 하게 된다. 풍파에 의한 배의 운동에 대해서는 오래 전부터 연구해 왔고 그 성과에 대해서는 널리 알려진 바와 같다.

또한 풍파 중에 있는 배의 운동에 대한 연구를 기초로 배의 복원성과 옆 안정성에 대해서는 일정한 성과를 얻을 수 있었지만, 여기서는 배의 정적 복원성에 주목하고 정적 복원성과 전복과의 관계에 대해 설명하려고 한다.

14.3.1 큰 쇄파에 의한 전복

배가 상대적으로 보아 매우 큰 쇄파(碎波, freak wave, rogue wave)를 만나면 배의 모양이나 구조 그리고 복원성의 대소나 조종에 관계없이 매우 급격히 전복할 위험성이 있다. 이러한 큰 쇄파 등이 발생하여 일어나는 전복 사고에 대해서는 현재 그것에 대처할 방법이 없다.

1972년에 상영된 영화 "포세이돈 어드벤처"는 스토리가 어떻든 8100톤의 호화 여객선이 32 m의 쓰나미에 의해 단시간 사이에 180° 전복해 버린다. 바로 큰 쇄파에 의한 대형 선박의 전복을 리얼하게 표현하고 있다.

사진 14.5는 1972년에 상영된 영화 "포세이돈 어드벤처"의 리메이크 작품인 "포세이돈"의 포스터이다. 포스터는 높이 45 m의 거대한 파도(rogue wave)가 호화 여객선으로 몰려와 여객선을 전복시키기 직전의 모습을 스케일을 무시하고 과장되게 표현하고 있지만 현장감은 전해진다.

영화는 대형 선박이라도 항해 중에 큰 쇄파(rogue wave, freak wave)를 만나게 되면 전복될 수 있다는 상황을 보여주고 있다. 현실적으로는 드물지만 큰 쇄파가 발생하고 있고, 배의 조종자는 항상 기상과 해상에 주의를 기울여야 한다.

작은 어선의 경우 상대적으로 큰 파도와 만나는 기회가 많기 때문에 어떠한 수단을 쓰더라도 해상 상황을 파악하는 것이 안전 확보의 첫 걸음이다.

사진 14.5 거대한 파도와 전복 직전의 호화 여객선 "포세이돈".
(https://warnerbros.co.jp/home_entertainment/detail.php?title_id=2833/)

칼럼 *과거의 큰 파도의 기록은?*

1933년 3월 7일 미국 해군 유조선 "라마빠"호가 북태평양에서 풍속 40 m/s의 강풍 속에서 34 m 높이의 파도를 직접 관찰. 대서양과 태평양에서의 육안 관찰의 최고 기록.

1935년 9월 26일, 구 일본 해군의 군함 "아마키리"가 일본 산리쿠 앞바다에서 태풍에 만나 최대 파고 25 m를 직접 관찰. 일본의 기록.

14.3.2 옆 파도, 뒤 파도, 선미사파

배가 옆 파도(beam *s*ea), 뒤 파도(following sea), 선미사파(quartering sea) 중에 전복하는 주된 요인에 대해서는 운동학적으로 밝혀 가고 있다. 그러나 전복에 대한 운동학적인 시사에 따라 수조 실험에서 재현하기는 매우 어렵고 배가 안전한 부체라는 것을 다시 인식할 수 있다.

옆 파도, 뒤 파도, 선미사파의 외력만에 기인하여 발생하는 배의 전복은 매우 드물지만, 현실적으로는 이러한 파도에 의한 1차적인 원인에 의해 배가 크게 옆 경사하고 2차적인 외력적 요인과 인위적 요인이 겹쳐 전복 현상이 발생한다고 생각된다. 여기서 생각할 수 있는 외력 요인으로서는 강한 횡풍, 갑판상에 들이친 해수, 적재화물의 이동, 승선자의 옆 이동, 조종 실수 등을 생각할 수 있다.

14.3.3 갑판상에 들이친 해수 shipping of sea water or shipping water

풍파 중인 해양을 항행하는 배 또는 해상에서 조업하는 배의 갑판에 때로는 해수가 들이쳐 올라올 수도 있다. 배의 구조는 갑판에 해수가 체류하지 않도록 불워크에 방수구나 배수구가 설치되어 있지만, 배수가 충분하지 않거나 배수보다 들이치는 해수의 양이 많을 경우에 갑판상에 체류한 해수가 정적으로나 동적으로 배의 복원성을 악화시킨다.

소형 어선 등은 갑판에서 작업의 지장이 되는 방수구 및 배수구로부터 해수 유입을 방지하기 위해 방수구 등을 막아버리는 경우가 있다. 이 경우 갑판으로 해수 유입은 방지할 수 있어도 불워크 탑(상부)을 넘어 해수가 들이쳐 올라오면 배수되지 않고 갑판에 대량의 해수가 체류하는 원인이 되며, 이 체류 물에 의해 큰 경사를 일으킬 수도 있다.

갑판 위로 해수가 들이치는 상태에 놓인 배는 배의 불워크의 높이와 배의 폭과의 비율이 클수록 갑판에 체류하는 해수량과 배수량의 비율이 커지고 복원성에 나쁜 영향을 미친다.

그림 14.4는 불워크에 방수구 및 배수구가 없다고 가정한 경우의 일례를 도시한 것이다. 그림에서처럼 불워크의 높이가 같더라도 갑판에 체류하는 해수량은 소형 선박에 큰 영향을 미친다는 것을 예상할 수 있다.

게다가 작은 배의 경우 갑판 위의 체류 물 폭이 배의 폭에 가까울수록 제11장 (11.4)식으로 나타낸 자유 액체 표면의 면적 중심을 지나는 세로축 주위의 2차 모멘트 i가 매우 커진다. 따라서 제11장 그림 11.11에서도 알 수 있듯이 자유 액체의 무게중심 이동의 곡률 중심점 m이 매우 높은 위치에 올 수도 있다. 이럴 때 $i \cdot \gamma / W$(γ: 해수의 비중량)가 메타센터 높이 GM보다 커지면 배의 무게중심 G도 G''으로 이동하여, 제11장 (11.6)식에서 $G''M < 0$ (소위

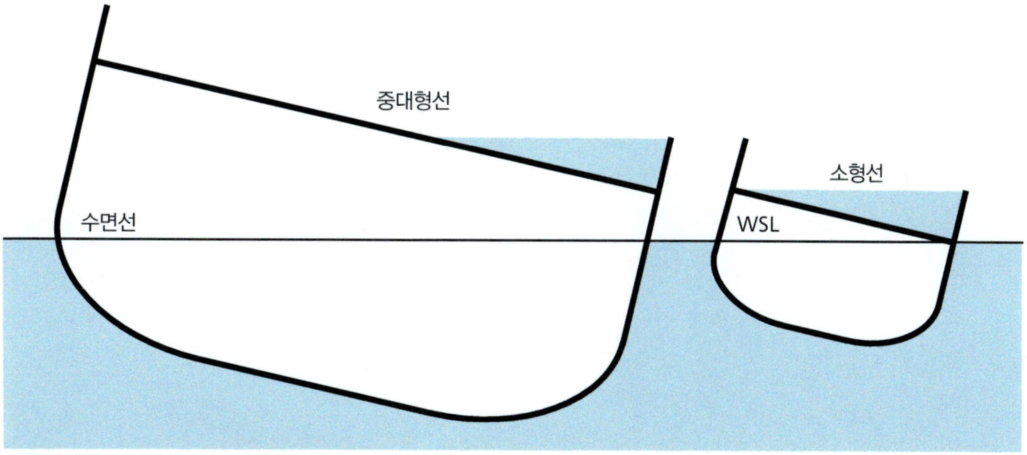

그림 14.4 갑판상 체류 물의 이미지.

$-GM$)으로 되어 **불안정한 평형 상태**가 된다.

이러한 갑판상의 자유 체류 물의 영향 때문에 생기는 불안정한 평형 상태에 의해 배가 비틀거려 배의 경사는 커지지만, 불워크 탑(상부)으로부터 갑판상의 체류 물이 바다로 유출되면 $i \cdot \gamma / W$가 작아지고 정적으로는 불안정한 평형 상태가 사라진다. 게다가 불워크에 설치된 방수구 및 배수구가 작동하여 갑판상의 체류 물이 배출되면 배는 직립 상태로 복원한다.

그러나 파도 중에서 발생하는 갑판 위로 들이치는 해수를 예측하는 것은 매우 어렵고 그 양에 대해서는 더군다나 알 수가 없다. 다만 불워크에 설치된 방수구 및 배수구가 막혀 있다고 가정하면 파도 중에서 동요하고 있는 배의 갑판 위의 체류 물은 동적으로는 배의 동요에 따라 항상 갑판 위에서 흔들리고 있고 이 흔들림이 배의 동요에 큰 영향을 미친다. 때로는 감요 수조(anti-rolling tank)처럼 배의 동요와는 역위상(位相)으로 움직여서 배의 동요를 줄일 수도 있고, 배의 동요와 동위상으로 움직여서 배의 동요를 더 크게 할 때도 있다. 가장 위험한 상태는 갑판 위의 체류 물의 흔들림이 배의 횡동요와 거의 같은 위상의 흔들림으로, 게다가 파도가 입사하여 오는 쪽으로 배가 횡동요했을 때 체류 물도 같은 방향으로 이동하고 거의 동시에 갑판 위로 대량의 해수가 들이쳐 올라오면 배는 전복될 위험이 매우 높아진다.

특히 작은 어선의 경우 그림 13.14로도 예상할 수 있는 바와 같이 어떠한 원인에 의해 방수구가 막히면 과적재 상태라도 불워크만으로 복원성을 유지하고 있을 때가 있으며, 이때 갑판 위로 해수가 들이쳐 올라오거나 유입이 발생하면 단번에 전복될 우려가 있다.

따라서 갑판 위로 들이친 해수가 갑판 위에서 체류 물이 되어 배의 옆 경사에 악영향을 미치지 않도록 하기 위해서는 불워크에 설치된 방수구 및 배수구가 항상 기능하도록 확인하고 어떠한 일이 있어도 막지 말아야 한다.

불워크에 설치된 방수구 및 배수구를 항상 기능하는 상태로 유지하는 것은 배의 복원성 및 안전성을 확보하기 위한 가장 초보적이고 합리적이며 중요한 사항이다.

Capsizing and **Stability** of the **Ship**

제 15 장

복원성의 감소에 따른 전복

이 장에서는 "배의 전복"에 대하여 배의 복원성 이론과 관련하여 정역학적인 관점에서 더 고찰해 보기로 한다. 배의 항해 중 또는 조업 중의 옆 안전성을 확보하기 위해 선박 설계 및 건조 시에는 **"선박복원성규칙"**과 지금까지 축적된 경험 등이 고려된다. 그러나 건조된 배가 해상에 떠 있는 구조물이기 때문에 건조 또는 조종 시의 작은 실수가 전복이라는 큰 사고를 일으킬 수도 있다. 여기서는 조선학(造船学)에서 이론적으로는 이미 해결되고 있지만 배 운용 시의 실태와 이론이 나타내는 안전성에 대한 어긋남이 배의 전복의 요인이 되고 있는 점에 대해 설명한다.

15.1 무게중심 위치의 상승에 의한 전복

배 건조 시에 기본 설계가 되면 제7장에서 설명한 것처럼 정면 선도를 이용하여 복원지레 $GZ(\theta)$ 계산이 이루어진다. 이때 계산은 건조할 배의 무게중심이 미정이기 때문에 **가정 무게중심** G_A에 대한 것이다. 운항 또는 조업 시의 복원지레 또는 복원성곡선은 건조 후 조선소에서 실시하는 **경사 시험**(inclining experiment)에 의해 배 무게중심의 용골로부터의 높이(단지 **"무게중심 높이"**라 함) KG가 정해진 후 확정해야 한다. 그러나 계산 시 계산 실수와 경사 시험 시 측정 오차가 겹치면 계산(복원성곡선)상의 복원성(범위)과 실제의 복원성(범위)이 다르게 된다.

그림 15.1은 가정 무게중심 높이 KG_A에 대한 복원성곡선을 얻은 후 무게중심 높이 KG를 잘못 추정하여 얻어지는 복원성곡선으로부터 배의 전복으로 이어질 위험성을 보여주는 복원성곡선이다. 즉 가정 무게중심 높이 KG_A에 대하여 진정한 무게중심 높이 KG의 위치가 정확하게 구할 수 있었던 경우의 복원성곡선을 그림 15.1의 밑 그림에서 **실선**으로 나타내고 있다.

다음으로 무게중심 높이 KG를 구했지만 가정 무게중심 높이 KG_A보다 높고 진정한 무게중심 높이 KG보다 낮은 무게중심 높이 KG'의 잘못된 위치에 무게중심 위치를 추정하고

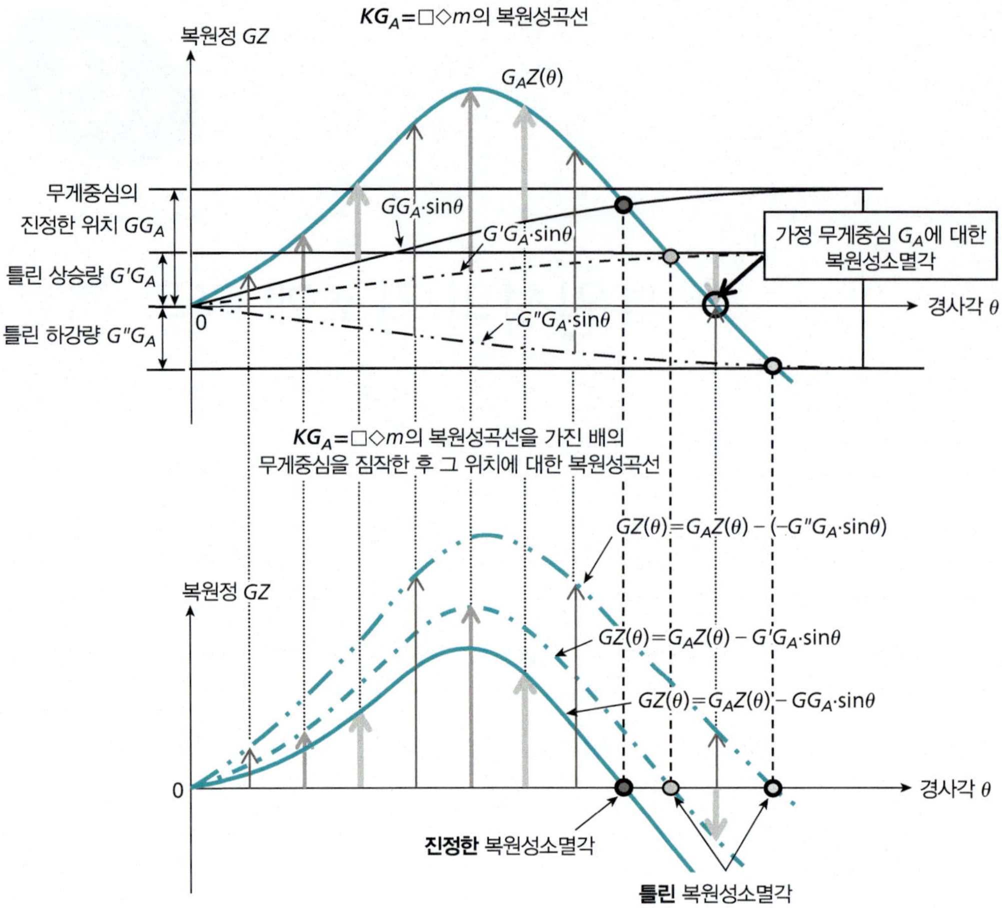

그림 15.1 가정 무게중심 G_A에 대한 복원성곡선과 무게중심 추정에 대한 복원성곡선.

복원성곡선을 구하면 **일점쇄선**과 같이 되고, 복원성소멸각이 진정한 무게중심 높이 KG에 대한 것보다 커지고 더 안정한 쪽으로 이동한다.

또한 구한 무게중심 높이 KG가 가정 무게중심 높이 KG_A보다 낮은 무게중심 높이 KG''의 잘못된 위치로 추정하여 복원성곡선을 구하면 **이점쇄선**과 같게 되고, 복원성소멸각이 **일점쇄선**의 복원성곡선의 경우보다 크고 더 안정한 쪽으로 이동한다.

이와 같이 얻어진 복원성곡선에 있어서 복원성소멸각이 실제 진정한 복원성소멸각보다도 큰 것으로 잘못 추정하면 배의 조종자는 조종하는 배의 복원성이 보다 안정한 복원성을 가지고 있다는 믿음으로 조종의 판단을 잘못할 수도 있고, 때로는 배를 불안정한 상태로 이르게 할 위험성도 있다.

이상의 결과는 가정 무게중심 높이 KG_A에 대하여 실제 진정한 무게중심 높이 KG의 위치를 추정할 때 생기는 사람의 실수에 의한 것이기 때문에 배의 건조 시의 계산 실수와 경사

시험 시의 측정 오차를 없애는 것이 가장 중요함을 보여주고 있다.

한편 일반 배의 경우 운항 또는 조업 시의 복원지레 또는 복원성곡선은 조선소에서 제출된 복원성곡선을 기준으로 실제 운항 또는 조업 시의 무게중심 높이 KG를 추정하여, 이 KG에 대한 복원성곡선으로 바꾸어 놓아야 하며, 이로써 배의 안정성을 판단해야 한다.

따라서 배의 조종자는 화물에 의한 무게중심의 상하 위치를 가능한 한 정확하게 추정하고, 그 무게중심 높이 KG로부터 얻어지는 복원성곡선의 변화를 주시하고, 그 변화에 대응하여 배의 안정성을 판단해야 한다.

특히 **작은 어선을 포함한 작은 배의 경우 화물의 상하 방향으로의 이동이 무게중심의 상하 방향으로의 이동에 큰 영향을 미치기 때문에 조종자는 화물의 이동에 의한 복원지레 또는 복원성곡선, 즉 복원성범위를 그때마다 파악할 필요가 있다.**

그러나 화물의 수직 분포 또는 상하 방향으로의 이동에 의한 배의 무게중심의 정확한 위치를 추정하는 것은 책상 위에서의 계산에서도 화물의 상세한 데이터가 주어지면 어떻게든 할 수 있지만, 작은 배를 조종 또는 조업 중에는 책상 위에서의 계산 조건과는 달리 그렇게 쉽게 정확하게 추정할 수 없다.

작은 배를 조종할 때 조종자는 어떠한 원인에 의한 배의 무게중심의 상하 방향으로의 이동이 옆 안정성에 큰 영향을 준다는 것을 중시하거나 숙지하고 있어야 하고, 특히 무게중심의 상승의 원인이 되는 화물 등의 적재 위치에 의해 배의 전복을 일으키는 원인이 된다는 점에 유의해야 한다.

따라서 작은 배에서는 무게중심의 상승을 초래할 수 있는 상갑판상에 대량의 화물을 싣거나 기관실 또는 조타실 지붕 등에 짐을 적재해서는 절대로 안된다.

여기에 어로 시 어선의 복원성이 악화되고 있음에도 불구하고 그 상황을 선상에서는 인식하기가 어려워 전복 사고를 일으킨 일례를 나타낸다.

그림 15.2는 1989년 2월에 전복 사고를 일으킨 일본의 어선 "H 마루"의 일반 배치도이다.

그림 15.2에서 보여주고 있는 어선의 복원성곡선은 일반적으로 제13장 그림 13.14와 같게 되지만 어선 "H 마루"의 전복 사고 당시의 상황을 추정한 경우의 복원성곡선은 그림 15.3과 같이 되어 있다.

그림 15.3에 있어서 **실선**은 상갑판을 수밀로 가정한 경우의 복원성곡선이고, **2점쇄선**은 불워크가 복원성에 기여하고 있다고 가정한 경우의 복원성곡선이다.

이 복원성곡선으로부터 추정할 수 있는 것은 전복 사고 당시에 어선 "H 마루"의 무게중심이 평소보다 상당히 높아지고 있었다는 것이다. 즉 일반적인 어선의 복원성 곡선은 제13장 그림 13.14와 같이 복원성소멸각이 불워크 탑으로부터의 해수 유입각보다 크지만, 어선 "H 마루"의 복원성곡선은 그림 15.3에서 복원성소멸각이 불워크 탑으로부터의 해수 유입각보다 작아지고 있기 때문에 진정한 무게중심 위치가 상당히 높아지고 있었음을 보여주고 있다.

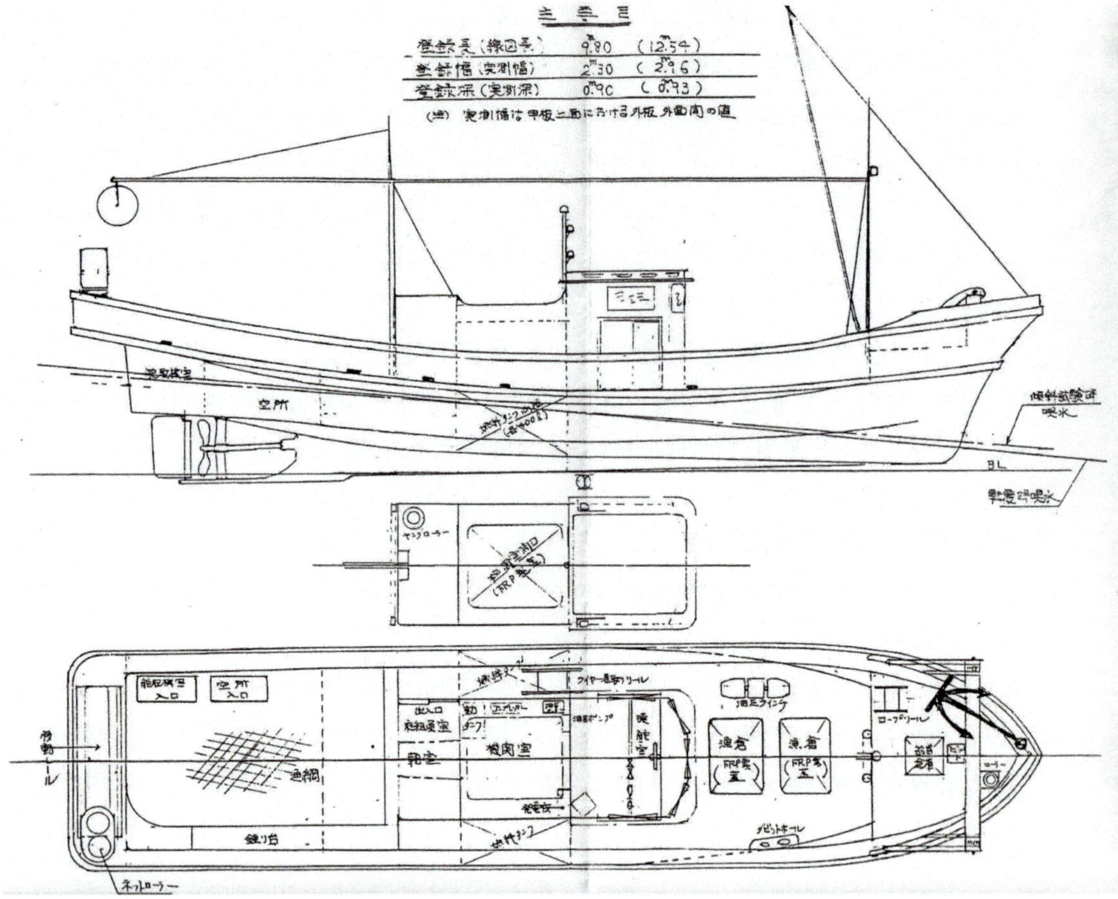

그림 15.2 어선 "*H* 마루"의 일반 배치도.

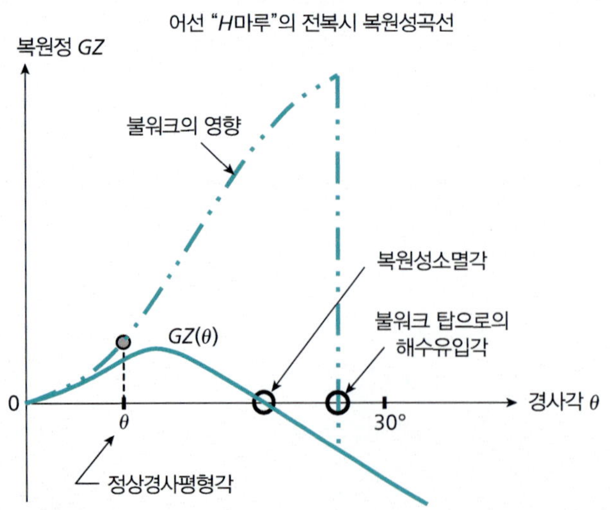

그림 15.3 어선 "H 마루"의 추정 복원성곡선.

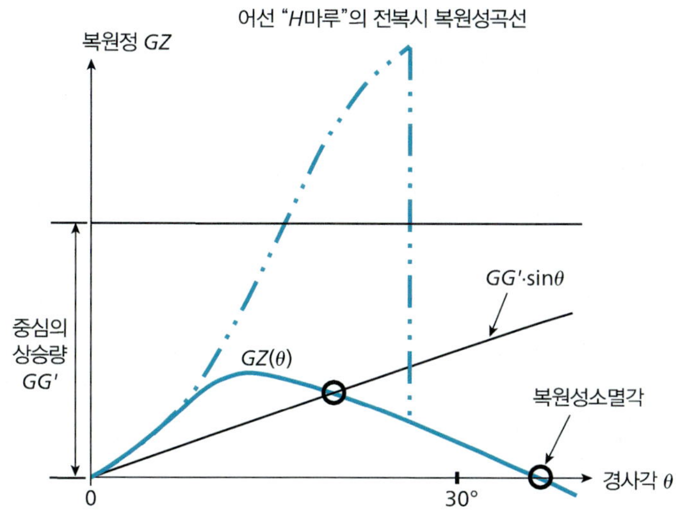

그림 15.4 어선 "H 마루"의 추정한 원래의 복원성곡선.

그림 15.3 상태에서 원래의 무게중심 위치에 대한 복원성곡선을 추정하면 그림 15.4와 같이 된다. 어선 "H 마루"가 그림 15.4와 같은 복원성을 가진 상태라면 비교적으로 안정하고 있었던 것으로 생각된다. 그러나 배의 조종자는 어로 시 어선의 상태가 어떠한 원인에 의해 무게중심이 GG'만 증가하고 그림 15.4에 나타낸 바와 같이 복원지레가 $GG' \cdot \sin\theta$만큼 감소함으로써 그림 15.3처럼 복원성이 악화되고 있는 상태임에도 불구하고, **2점쇄선**이 나타내는 불워크에 의한 복원성의 떠받침도 겹쳐 위험성을 모른 채 조업에 종사하고 있었던 것으로 생각된다.

게다가 전복 사고 당시에는 정상적인 어로 상태인 정상 경사 상태에서 조업을 하고 있던 것으로 보아 옆 경사각 θ의 정상 경사 상태로 되어 있었다. 이 상태에 있어서 그림 15.3에 표시한 정상 경사각 θ에서 평형하는 경사모멘트가 작용하고 있는 경우의 복원성곡선은 그림 15.5와 같이 된다.

그림 15.5에서 전복한 어선 "H 마루"의 전복 사고 당시의 복원성은 불워크만으로 유지되고 있었음을 알 수 있다. 그림 15.5와 같은 상태에서는 불워크의 방수구가 완전히 막혀 불워크에 의해 복원성을 유지하고 있었다고 해도 불워크 탑이 몰수할 만큼 경사하면 복원성은 순시에 소멸하고 쉽게 전복한다는 점을 알 수 있다.

따라서 어선 "H 마루"는 횡경사각 θ로 정상 경사하여 조업 상태에 있었을 때 경사한 쪽으로부터 비교적으로 작은 진폭의 파도가 불워크를 넘어 갑판 위로 들이쳐 올라왔기 때문에 불워크로 의해 유지되고 있던 복원성이 사라지고 쉽게 전복했다.

그러나 어선 "H 마루"와 같은 길이 24 m 미만의 배에 대해서는 일본에 있어서도 복원성에 대한 생각을 도입한 "선박복원성규칙"에 아무런 규제도 없다. 따라서 "선박복원성규

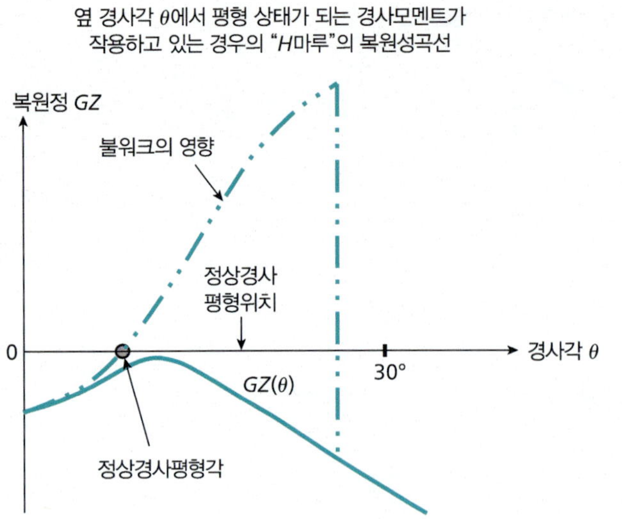

그림 15.5 어선 "H 마루"의 정상 경사 상태의 복원성곡선.

칙"의 적용 외의 작은 배에 대해서는 복원성의 계산 등을 하지 않는 경우가 많아 옆 안정성의 초보적인 검토도 하지 않고 있는 것이 현실이다.

15.2 배 안으로 해수 유입에 의한 전복

15.2.1 배 경사에 따라 배 안으로 해수가 유입하는 경우

일반적인 복원성곡선의 계산에서는 상부 구조물의 갑판실 등은 복원성에 기여하지 않는 것으로 취급하고 상갑판의 개구는 모두 수밀로 취급하고 있다. 그리고 **실제로 배에 적용할 경우에는 앞 장에 나타낸 바와 같이 배 안으로 해수 유입이 발생하는 개구까지의 경사 범위가 계산에서 구해지는 복원성범위로 된다.**

사진 15.1은 일본의 카페리 "아리아케"가 전복하기 전의 경사 상태를 보여주는 사진이다. 카 페리 "아리아케"는 여객선처럼 갑판의 양 현측이 수밀 구조의 선루를 갖는 구조로 되어 있으며, 사진 15.1의 상태에서 차량 갑판으로의 해수 유입구는 선미 우현측의 차량 갑판구 부근(사진 15.1에서 ○ 표시 부분)이다.

따라서 카 페리 "아리아케"의 복원성곡선은 그림 15.6과 같은 모양이 된다.

그림 15.6과 같이 배가 옆 경사하여 해수가 선미부의 차량 갑판 입구로부터 배 안으로 유입하는 경우의 경사각을 θ_{fd}라 하면 갑판상의 양 현측이 수밀 구조인 선루와 선루의 현창 밑 가장자리로부터 배 안으로 유입하는 경사각 θ_{fw}와는 관계없이 경사각 θ_{fd}가 해수 유입각이 된다. 따라서 실제 복원성곡선은 그림 15.6의 실선 부분이 된다. 여기서 θ_{fd}가 복원성소멸각, 그리고 0으로부터 θ_{fd}까지가 복원성범위로 된다. 여기서 **복원성소멸각 θ_{fd}가 전복각이다**

사진 15.1 전복하기 전의 경사 상태로 있는 카 페리 "아리아케".
(일본 해상보안청의 "「海上保安レポート2010」: 救難現場の最前線「座礁したフェリーありあけ」")

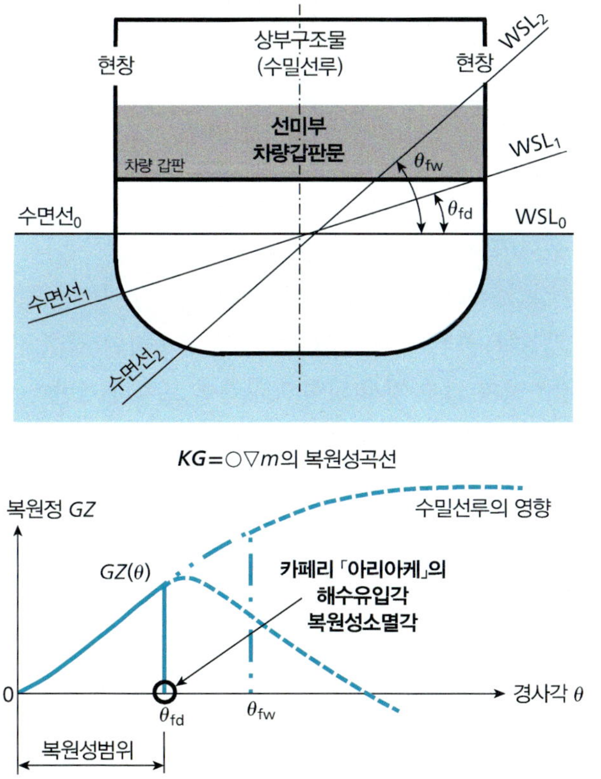

그림 15.6 카 페리 "아리아케"의 복원성범위.

라는 인식이 중요하다.

카 페리 "아리아케"의 전복에 대한 자세한 내용은 후에 설명하지만 그림 15.6에서 보듯이 배가 해수 유입각까지 옆 경사한 상태가 되어 해수가 배 안으로 유입하기 시작하면 자연히 원래의 직립 상태로 복원하지 않고 서서히 경사를 더해 가게 된다.

게다가 이런 상태가 장시간 지속되면 배 안으로의 해수 유입이 시간이 지남에 따라 점점 증가하기 때문에 배는 전복, 침몰하게 된다.

배의 조종자는 조종하는 배의 해수 유입구의 위치를 확인하고 그 해수 유입구가 몰수하는 횡경사각이 복원성소멸각이며 직립 상태로부터 복원성소멸각까지가 복원성범위임을 강하게 인식하고 이 경사각보다 크게 경사하면 배는 전복한다는 것을 중시해야 한다.

15.2.2 직립 상태에서의 개구부로부터 해수가 유입하는 경우

배 안으로 해수가 유입하여 체류하면 제11장 "**11.3절 배 안의 자유 액체**"와 "**11.4절 갑판상에 들이친 해수**"에서 나타낸 바와 같이 자유수의 영향으로 배의 무게중심이 상승하기 때문에 선박의 복원성에 나쁜 영향을 미치게 된다.

그림 15.7에 나타낸 바와 같이 배 안으로 유입한 해수가 그대로 체류하는 경우 체류하는 물은 자유 표면을 가지며, 그 자유수 폭이 배의 폭에 대한 비율이 커지면 제11장 (11.4)식으로 나타낸 자유 액체 표면의 면적 중심을 지나는 세로축 주위의 2차 모멘트 i가 매우 크고, 따라서 자유 액체의 무게중심 이동의 곡률 중심점 M이 매우 높은 위치에 올 수 있다.

대량의 유입 해수가 배의 무게중심 G보다 밑에 있는 갑판에 체류하는 경우 흘수는 증가하고 체류 물을 포함한 배 전체의 무게중심은 G'으로 이동한다. 그러나 체류 물의 폭과 배의 폭의 비율이 크기 때문에 $i \cdot \gamma/(W + w)$(γ: 해수의 비중량)가 $G'M$보다 커지면 무게중심 G'도 G'''으로 이동하여 제11장 (11.6)식에서 $G'''M < 0$ (소위 $-GM$)가 되어 **불안정한 평형**이 된다. 이 때문에 작은 외력으로 우현 또는 좌현 측으로 **비틀거리는 상태**로 된다.

이 경우 **상부 구조물이 없는 상갑판으로 들이쳐 올라온 해수의 체류 물과 근본적으로 다른 것은 상갑판의 체류 물은 크게 경사하면 불워크 탑으로부터 유출하여 감소하지만 배 안으로 유입한 해수의 체류 물은 감소하지 않고 경사 방향으로 흘러 모여 증가한다**는 것이다.

게다가 이러한 불안정한 경사 상태에 있어서 배 안으로 해수 유입이 계속 발생하면 그림 15.8로도 알 수 있듯이 배 안의 체류 물은 배가 기울어지는 방향으로 모여 증가하고, 그 증가하는 체류 물의 무게중심 위치는 배의 중심선 g_0으로부터 선측 방향인 g'으로 이동한다.

배의 무게중심 G는 유입 해수 w가 수평으로 있다고 가정한 경우의 무게중심 위치 G'에서 유입 해수 w의 무게중심이 g_0 으로부터 g'으로 이동하였기에 G''으로 이동한다. 그 이동량 $G'G''$은 다음 식으로 구할 수 있다.

$$G'G'' = \frac{w \times g_0g'}{W + w}$$

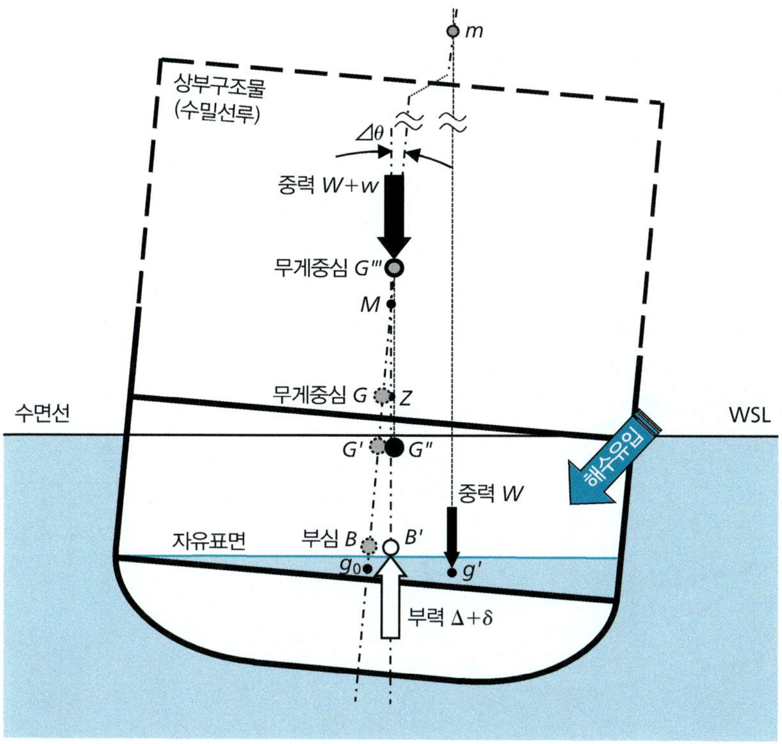

그림 15.7 배 안의 자유수의 영향에 의한 무게중심 이동.

그러나 체류 물이 자유 액체이기에 그 곡률 중심점이 m에 있으므로, 배의 겉보기 무게중심 위치는 G'와 m 점을 연결하는 선 위의 G'''이 된다.

또는 다음 식으로부터 G''에서 $G''G'''$만 위로 위치하고 있음을 알 수 있다.

$$G''G''' = \frac{w \times g'm}{W + w}$$

이 경우 그림 15.8과 같이 새로운 무게중심 위치 G'' 또는 자유 액체인 체류 물 w의 곡률 중심점 m의 영향에 의한 겉보기 무게중심 위치 G'''은 연직선상에 있으므로, 배에 작용하는 중력은 이 연직선상에서 밑으로 작용한다. 따라서 이 연직선상에 있는 무게중심 위치 G'' 또는 겉보기 무게중심 위치 G'''으로부터 부력 작용선으로 수선을 긋고 그 교점을 각각 Z'' 및 Z'''이라고 하면 $G''Z''$와 $G'''Z'''$은 같고 체류 물을 포함한 경사 상태에서의 복원지레이다.

체류 물을 가진 경사 상태에서 $G''Z''$(이른바 GZ) < 0이면 경사모멘트가 작용하여 최악의 경우 배는 전복한다.

사진 15.2는 지난날의 일본 세이칸 연락선 "도야 마루(青函連絡船洞爺丸)"이고, 사진 15.3은 일반 배치도의 선체 종단면도(원 도면에는 단순히 "도야 마루"의 단면도라고 표시됨)이다.

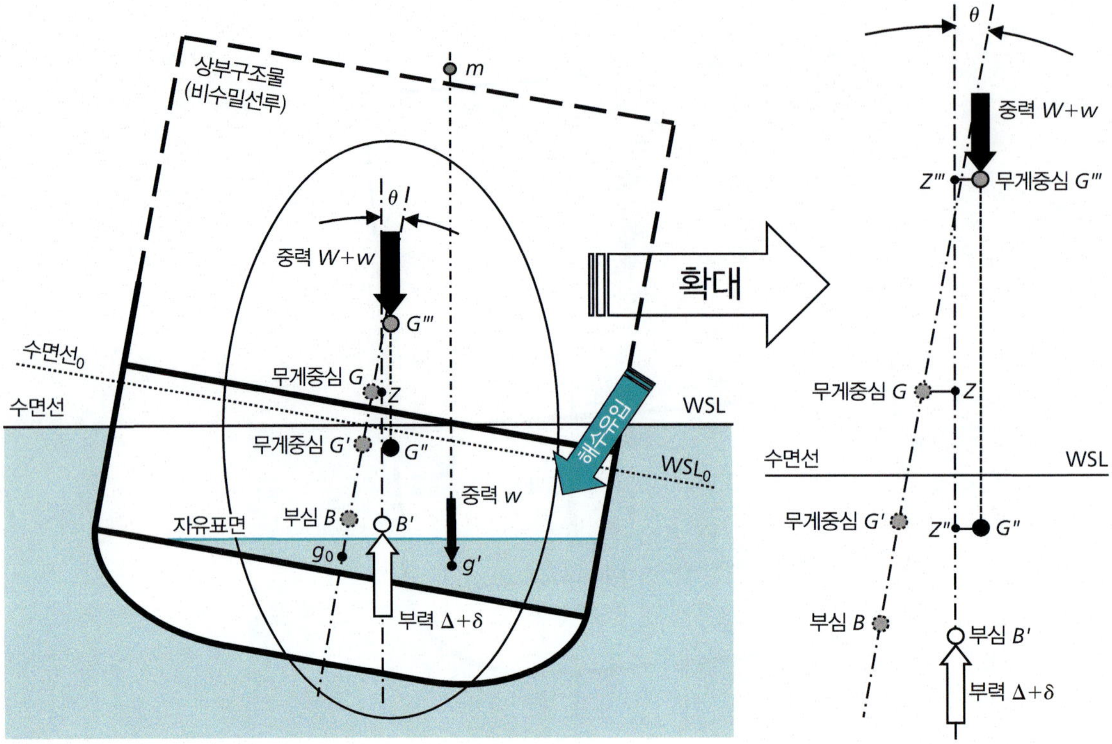

그림 15.8 배 안의 체류 물 증가 및 무게중심 위치의 변화.

사진 15.2 세이 칸 연락선 "도야 마루".

(https://ja.wikipedia.org/wiki/洞爺丸#/media/ファイル)

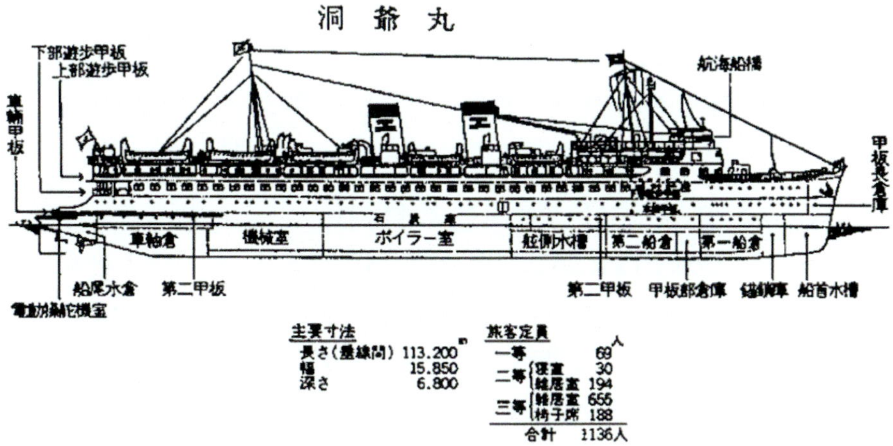

図 1　洞爺丸の断面図

사진 15.3 "도야 마루"의 선체 종단면도.
(www.shippai.org/fkd/mf/MA0000609_02.gif)

세이칸 연락선 "도야 마루"는 사진 15.4와 같이 1954년 9월 26일 밤에 태풍을 만나 홋카이도 하코다테 항(北海道函館港)에서 전복했다.

사진 15.4 홋카이도 하코다테 항에서 전복한 "도야 마루".
(https://ja.wikipedia.org/wiki/洞爺丸事故)

세이칸 연락선 "도야 마루"의 전복 사고에 대하여 일본의 해난 심판소는 홈페이지(https://www.mlit.go.jp/jmat/monoshiri/judai/20s/20s_toya.htm)에 일본의 중대한 해난으로서 그 조사심리 경위, 사고의 경위 및 결론을 상세하게 나타내고 있다. 사고의 경위 및 결론을 요약(굵은 글자는 원문대로 일부 삭제: 저자 번역)하면 다음과 같다.

- 汽船洞爺丸遭難事件(기선 도야 마루 조난사건)
  쇼와 29년(1954년) 9월 26일 야밤, 태풍 15호가 홋카이도 남단 부근에 도달하고, 이에 만난 총 톤수 4,337톤의 세이칸 연락선 도야 마루(승객, 승무원 등 1,314명 승선)가 홋카이도 하코다테 항에서 전복하고, 159명은 구조되었지만 승객 1,041명, 승무원 73명, 그 외 41명의 총 1,155명이 사망했다.
- 사고의 경위와 결론
  선체 종동요에 따라 선미의 차량 갑판에 해수를 떠올리게 되고, 해수가 그 갑판 위를 선수(船首) **쪽으로 흐르게 되었다. … 개구부의 폐쇄 장치의 현상이 좋지 않았기 때문에 이들을 완전히 밀폐하지 못하고 있는 가운데, 그후 파도는 증대하는 한편, 차량 갑판으로 급격히 유입하는 해수의 양이 끊임없이 증가하고, … 그 갑판상의 침수는 선수 측에서 0.3미터나 되고, 선미는 완전히 해수면 아래로 잠겨, 동 갑판의 양 현측에 있는 통로까지 수밀문의 간극에서 해수가 침입하게 되었다.**

  …

  이 배가 전복 침몰하게 이른 직접적인 원인은 … 바람과 파도에 의한 선체의 심한 동요와 흔들리고 회전함에 따라 선미의 대 개구로부터 차량 갑판에 파도가 급격히 유입하여 동 갑판의 여러 개구로부터 동 갑판 밑의 기계실과 캔 실 등에는 대량의 해수가 침입하는 것을 방지할 수 없었고, 그것 때문에 여러 기관들이 잇따라 운전 불능이 되어 조종의 자유가 완전히 빼앗기어 배수 능력이 심각하게 저하하고, 복원력을 감소하면서 닻이 달리고 흘러가고 있는 가운데, 후방 배 밑바닥이 해저에 접촉하고, 바람과 파도를 옆쪽으로 받게 되고, 또한 대량의 해수가 불워크로부터 침입하여, 결국 복원되지 못했기 때문이다.

"도야 마루"는 사진 15.3의 선미부에 있는 차량 갑판의 수면으로의 높이로 보아도 선미부 건현이 작은 구조로 되어 있었다는 것을 알 수 있지만, 사고 당시 **선미의 건현은 약 1.75 m밖에 없었다. 게다가 도야 마루는 차량 수송을 위하여 선미에 큰 개구가 있고 이에 파도를 막는 시설이 없고, 차량 갑판에 기계실 및 캔 실 등으로 통하는 다수의 여러 개구를 가지고, 그 폐쇄 장치는 운항의 실정에서 충분히 수밀로 할 수 없는 특수한 구조의 선박**이었다.

"도야 마루"가 전복하기 직전의 파고는 평균 약 6.0 m에 달하고 있었기 때문에 해수가 선미 개구부로부터 쉽게 차량 갑판에 유입하였다고 생각하는 것이 자연스럽다.

"도야 마루"의 경우 선미 입구로부터 차량 갑판에 해수가 유입하는 초기 단계에서 일정한 단계까지는 그림 15.7과 같이 체류 물의 자유 표면의 영향뿐으로 "**불안정한 평형**"이 되

사진 15.5 크루즈 페리 "에스토니아".
(https://chestnut375.com/estonia-chinbotsu-kainanjiko-3226)

어 "**비틀거리는 상태**"로 되었지만, 해수 유입의 양이 많아지고 차량 갑판과 함께 그 갑판 밑의 기계실 등에 대량의 해수가 체류함으로써 그림 15.8과 같은 상태에서 더 옆 경사가 증가하여 $G''Z''$(이른바 복원 지레 GZ) < 0이 되고 전복한 것으로 추측된다.

또한 배의 옆 경사가 커짐에 따라 차량 갑판에 있는 차량의 전도 등이 발생하였다고 생각할 수도 있기 때문에 이들이 발생하면 단번에 전복이 진행되었다고 생각할 수 있다.

"도야 마루" 전복 사고는 사망자 및 실종자가 1,155명에 달하는 일본에서 발생한 해난 역사상 최대의 해난 사고가 되었다. 재차 "도야 마루" 전복 사고 피해자 분들의 명복을 기원드린다.

사진 15.5는 북유럽 발트해 크루즈 페리 "에스토니아(Estonia)"이다. 이 "에스토니아"는 사진 15.6처럼 선수 부분에 차량 탑재 상륙을 위한 램프 웨이(rampway)를 보호하는 바우 바이저(bow visor)를 갖춘 총 톤수 15,566톤, 재화 중량 2,800톤 및 여객 정원 2,000명의 여객 페리였으나, 1994년 9월 28일에 발트해에서 전복하여 승객과 승무원은 989명이었지만 사망자 및 행방불명자를 합하여 852명이 희생자가 되었다.

"에스토니아"는 발트해의 투르쿠 제도 근해를 항해 중에 유의 파고(有義波高) 4 m의 파도에 의해 바우 바이저가 손상 탈락하고 연동하여 램프 문이 열려 차량 갑판에 해수가 급격하게 유입함으로써 배가 크게 경사하고, 30분 정도의 짧은 시간에 전복했다.

사진 15.6에서도 알 수 있듯이 바우 바이저를 개방했을 때의 선수부 건현은 작고, 바우 바이저 손상 탈락이 항해 중 파도의 충격에 의한 것으로 되어 있기 때문에 바우 바이저 탈락 후에도 유의 파고 4 m의 파도 속을 항해하고 있었다고 하면, 차량 갑판으로 해수 유입이 쉽게 발생하였다고 생각할 수 있다.

사진 15.6 "에스토니아"의 바우 바이저.
(https://chestnut375.com/estonia-chinbotsu-kainanjiko-3226)

"에스토니아"의 경우에도 짧은 시간에 차량 갑판 및 하부 선내로 해수 유입이 발생했기 때문에 해수 유입에 의한 그림 15.7과 같은 체류 물의 자유 표면의 영향으로 **불안정한 평형**이 되었지만, 해수 유입의 양이 많아 선내에 대량의 해수가 체류하여 그림 15.8과 같은 상태에서 옆 경사가 더욱 증가하고, 이에 따라 탑재 차량의 옆 이동 등이 겹치는 것으로 $G''Z''$(이른바 복원 지레 GZ) < 0이 되어 전복하였다고 생각할 수 있다.

"에스토니아" 전복 사고에서 사망자 및 행방불명자를 합하여 852명이 희생자가 되었다. 재차 "에스토니아" 전복 사고 피해자 분들의 명복을 기원 드린다.

사진 15.2의 "도야 마루" 전복 사고에서는 선미 개구부에서 사진 15.5의 "에스토니아" 전복 사고에서는 선수 개구부에서 차량 갑판에 대량의 해수가 단시간에 유입함으로써 전복하였다는 점이 유사하다고 볼 수 있다.

두 전복 사고에 대하여 고찰하면 다음과 같은 과정을 거쳐 전복한 것으로 짐작할 수 있다.

"도야 마루" 전복 사고와 "에스토니아" 전복 사고에 있어서 전복에 이르렀던 가장 위험한 공통점은 건현이 낮은 개구부의 폐쇄 장치가 작동하지 않고 거기에서 대량의 해수가 유입한 것이다.

그림 15.9와 같이 건현이 낮은 입구에서 차량 갑판에 대량의 해수 유입이 발생하면 배수량이 증가한 것 같은 상태가 된다. 배수량이 증가하면 대부분의 경우 그림 15.10에 표시된 **파선**처럼 복원지레 GZ는 감소하고 복원성소멸각도 감소한다. 이 경우의 복원성소멸각은 경사에 의한 해수 유입각 θ_{fd}이다.

이때 차량 갑판에 있는 대량의 체류 물로 인해 배의 무게중심은 G에서 G'으로 내려간다. 그러나 체류 물의 자유 표면의 영향으로 무게중심은 겉보기 G'''으로 올라가고 복원지레

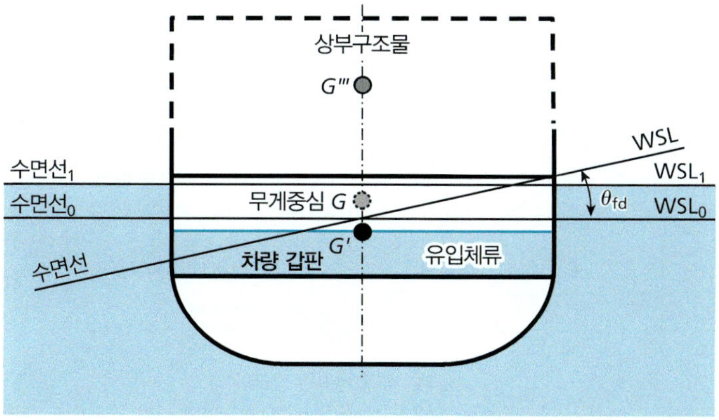

그림 15.9 차량 갑판의 체류 물에 의한 배수량의 증가와 무게중심 이동.

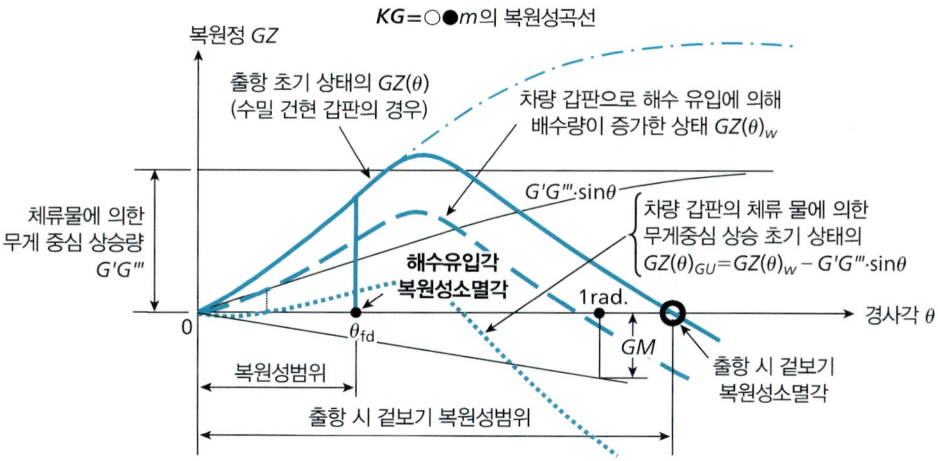

그림 15.10 차량 갑판으로 해수 유입에 의한 복원성곡선의 변화.

GZ는 $G'G'''\cdot\sin\theta$만큼 감소한다. 이것은 초기 경사 시만이고 그 결과 그림 15.10에 표시된 **점선**같은 복원성곡선이 된다. 이 상태에서는 메타센터 높이 GM이 음$(-)$으로 되어 $-GM$로 되기 때문에 배는 **불안정한 상태**가 된다. 배가 크게 경사하면 그림 15.8에 나타낸 바와 같이 체류 물의 영향에 의한 무게중심 G'''도 크게 변화하므로 그림 15.10에서 나타낸 $GZ(\theta)_{GU} = GZ(\theta)_W - G'G'''\cdot\sin\theta$는 초기 경사 시를 제외하고는 적용할 수 없다. 다만 복원지레 GZ는 크게 감소하고 그림 15.10의 점선과 같이 된다고 생각되지만 지금 놓여 있는 상태에서는 **복원성곡선의 의미를 가지지 않는다**.

불안정한 상태에 있는 배의 갑판상의 체류 물이 파도 등에 의한 배의 작은 경사에 따라 옆으로 이동하기 시작하면 배를 크게 경사시키는 원인이 되고, 갑판상에 적재하고 있는 차량

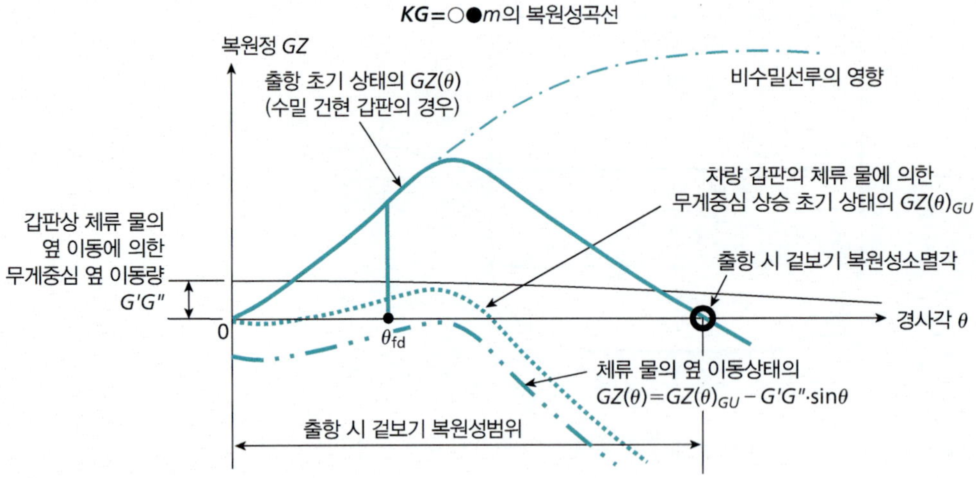

그림 15.11 갑판상의 체류 물에 의한 무게중심 이동과 복원성곡선.

등과 함께 단번에 옆으로 이동하면 그림 15.11과 같이 배의 무게중심은 G'에서 G''으로 옆 이동한다. 이 무게중심 옆 이동 $G'G''$에 의해 복원지레 GZ는 $G'G''\cdot\cos\theta$만큼 감소한다. 그 결과 그림 15.11에 표시된 점선이 나타낸 복원성곡선은 2점쇄선 같은 복원지레 $GZ < 0$의 복원성곡선이 되지만, 이 상태에서는 배의 복원에 아무런 효과도 없다. 따라서 배는 전복한다.

이상의 설명한 바와 같이 **해수가 배 안으로 유입하여 자유 표면을 갖는 체류 물이 되면 배의 복원성을 해치고 최악의 경우 배의 전복을 일으킨다. 따라서 어떠한 항해 및 조업 상태이라도 갑판 또는 배 안으로 해수 유입을 방지함으로써 그 배의 설계 및 건조 시의 복원성과 안정성을 확보할 수 있다.**

일반적으로 배 밖으로부터 해수 유입이 없다 해도 음료수나 기름을 만재하고 자유 표면이 없는 탱크가 있는 경우 배가 출항하여 그 소비가 커지면 그로 인해 자유 표면이 점차 커지는 경우도 있다.

또는 초기 미소 경사 시에는 자유 표면이 작아도 어느 정도 크게 경사하면 자유 표면이 커지는 경우도 있다. 이런 경우 초기 미소 경사 시의 자유 표면의 크기에 의한 겉보기 무게중심의 상승보다 배의 경사에 대한 자유 물에 의한 진정한 경사모멘트의 영향을 고려한 복원지레, 즉 그때의 진정한 복원성범위를 알 필요가 있다.

특히 활어나 액체 물질을 운반하는 배 등을 건조하는 조선 설계자는 그 누구보다도 액체 물질이 배의 복원성에 미치는 나쁜 영향에 대하여 숙지해야 하며, 배를 조종하는 사람도 자유 물의 복원성에 대한 악영향, 즉 위험성에 대한 충분한 지식이 필요하다. 따라서 조선(造船) 관계자 및 조종자들은 배 안의 자유 물 또는 액체 물질이 복원성에 대단한 악영향을 미친다는 내용에 대하여 충분한 지식을 가져야 한다.

15.3 갑판상으로 들이친 해수에 의한 전복

여기에 1994년 12월에 어항을 향해 항해 중 파도를 받고 갑판상에 대량의 체류 물이 발생하여 배수하지 못한 채 복원성이 소멸하고 전복한 일본의 어선 "GT 마루"의 예를 보인다.

일본의 요코하마 지방해난심판청(横浜地方海難審判庁)의 재결에 있어서 사고의 경위 및 결론을 요약(원문대로 일부 삭제: 저자 번역)하면 다음과 같다.

> … 어망이 물을 품어서 흘수가 깊어져 거의 건현이 없는 상태가 되어, 방수구에서 배수가 충분히 이루어지지 않아 드디어 갑판상으로 해수가 들이쳐 올라와 체류하게 되고, 배가 좌우 비대칭으로 그리고 체류 물의 영향으로 우현 측으로 경사하게 되었다. … 선수가 큰 파도에 박혀 들어가 이를 갑판상으로 떠올리기와 함께 배 속도가 늦어지고, 선수가 급격히 우현 측으로 돌려지게 되어 선체가 파도에 옆으로 됨과 동시에 급격히 유입한 해수와 체류 물이 한꺼번에 우현 측으로 밀려 배수하지 못한 채 우현 쪽으로 크게 기울어 … 계속하여 바람이 불어오는 쪽에서 큰 파도를 받아 복원력을 상실하고 … 우현 측에 전복했다.

전복한 어선 "GT 마루"는 전복 전에 그림 15.12와 같이 어망이 물을 품어서 흘수가 깊어지고 거의 건현이 없는 상태였다.

그림 15.12와 같은 건현이 없는 상태의 배의 복원지레 GZ는 그림 15.13의 **실선**처럼 되고, 불워크가 없으면 복원성은 매우 작다. 따라서 매우 작은 경사모멘트의 작용으로 전복한다.

전복한 어선 "GT 마루"는 **2점쇄선**으로 나타내는 불워크의 영향으로 마치 복원성이 충분한 듯한 상태였기 때문에 그대로 항해하고 있었지만, 해수가 갑판상으로 들이쳐 올라와서 체류하게 되어 그 영향으로 우현 측으로 경사했다.

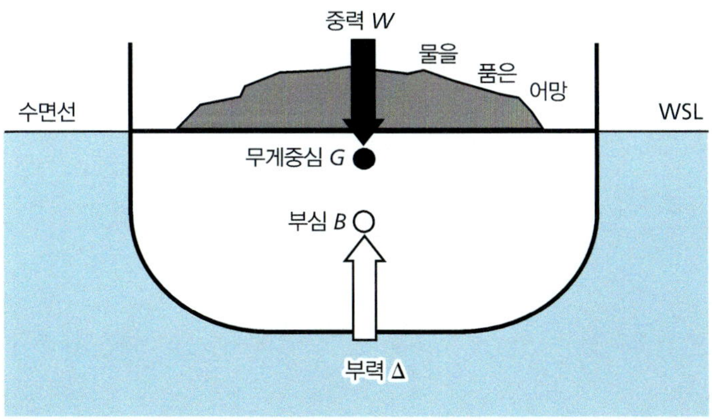

그림 15.12 어선 "GT 마루"의 건현이 없는 상태.

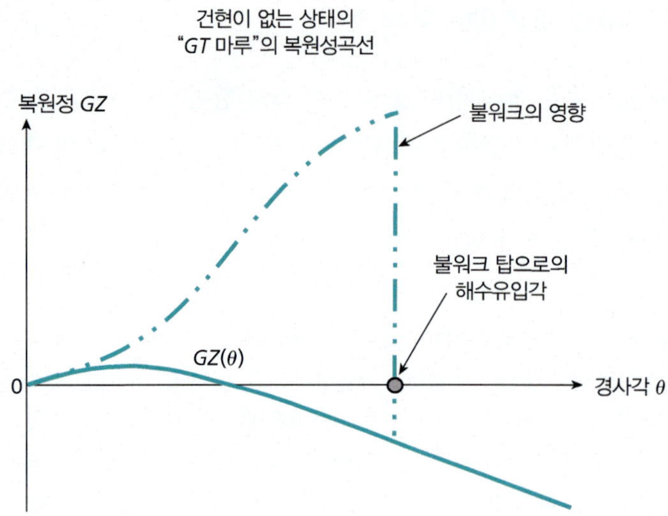

그림 15.13 건현이 없는 상태의 복원성곡선.

이 경사 상태에서 그림 15.13의 **실선**, 즉 복원지레 GZ는 매우 작게 되어 있었거나 아니면 음(−)이 되어 $GZ < 0$의 상태(그림 15.5와 같은 상태)로 되어 있었지만 **2점쇄선**으로 나타낸 불워크의 영향으로 경사 상태를 유지하고 있었다.

그러한 상황에서 갑판상으로 해수가 들이쳐 체류 물과 함께 배의 우현 측 경사를 더욱 증대시키고, 그 결과 우현 불워크 탑의 위치가 매우 낮아졌다. 그렇게 크게 경사한 상태의 배 우현 측에서 더욱 큰 파도가 들이쳐 그에 의한 큰 경사모멘트에 대하여 매우 작아지고 있었던 복원성으로서는 견디지 못하여 전복했다.

어선 "GT 마루"의 전복 사고로 승무원 20명 중 2명은 구조되었으나 18명이 사망 및 행방불명되었다. 어선 "GT 마루" 전복 사고 피해자 분들의 명복을 기원 드린다.

제 16 장

인위적인 요인에 의한 전복

풍파 중의 해양을 항행하는 배나 해상에서 조업하는 배를 조종하는 것이 사람인 이상 배의 전복 요인의 하나로서 인위적인 요인에 대해서도 생각해 보아야 한다. 이 장에서는 배의 조종자가 어느 정도 위험은 인식하면서도 충분한 안전 점검을 게을리하여 배의 안정성 확보를 확인하지 않은 채 항행이나 조업하다가 전복하는 인위적 요인에 대해 생각해 보기로 한다.

16.1 과적재

만재흘수선 및 적재량에 대하여 운항상 거의 검사를 받지 않는 소형 어선의 경우 화물의 적재는 조종자의 판단에 의한 것이 크고 과적재 상태로 운항하고 있는 경우가 많이 있다. 과적재(過積載) 상태에서는 배수량의 증가 및 건현의 감소에 의해 복원성이 악화될 뿐만 아니라, 과적재에 의한 무게중심 위치가 상승하여 복원성을 더욱 작게 한다. 이에 바람과 파도의 외력이 더 커지면 선박의 안전을 확보하는 것은 어려워진다.

그림 16.1은 적재량이 과적재 상태이고 배의 무게중심 G보다 위쪽에 적재한 경우의 일례를 나타내었다.

이 과적재 및 무게중심 상승의 위험에 대해서는 제15장 **"15.1절 무게중심위치의 상승에 의한 전복"** 및 **"15.3절 갑판상으로 들이친 해수에 의한 전복"**에서도 구체적인 관련 사항으로 설명하고 있지만 다시 그 생각을 정리해 두기로 한다.

우선 소형 어선의 경우 만재 흘수선 등이 없기 때문에 적재량이 과적재 상태인지 아닌지에 대해 항상 주의를 기울여야 한다. 일반적으로 배가 과적재 상태가 되면 배수량의 증가 및 건현의 감소에 따라 복원성은 악화한다[그림 16.1의 $GZ_w(\theta)$곡선]. 게다가 무게중심이 G로부터 G'으로 상승하면 복원성은 더욱 악화한다. 즉 배의 조종자는 과적재 상태와 무게중심이 상승한 상태에서는 배가 정상적인 상태처럼 느껴지더라도 정상적인 경우와는 달리 복원성이 악화되고 전복할 가능성이 있음을 항상 인식하고 있어야 한다. 특히 어장에서 적재량

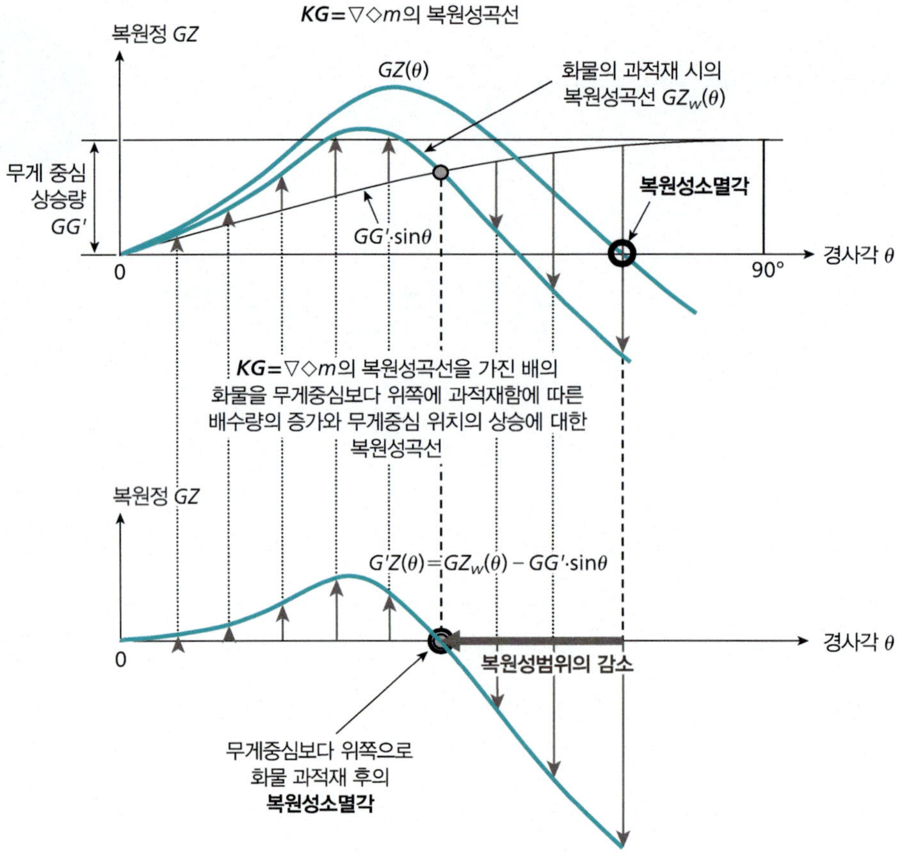

그림 16.1 배수량의 증가 및 건현의 감소에 의한 복원성곡선.

을 초과하는 어획량이 얻어진 경우처럼 모르는 사이에 적재량을 넘는 과적재 상태로 귀항할 수도 있다. 이때 어선의 복원성은 매우 악화되어 있으며 다른 악조건과 겹치면 전복할 가능성이 높기 때문에 주의할 필요가 있다.

유어선이나 나룻배의 경우 만재흘수선은 없고 승선 정원만 표시하고 있고, 이용객의 어구 및 낚시도구 등의 무게는 고려하고 있지 않다. 최근 어구 및 낚시도구 등의 무게를 보면 사람의 평균 체중의 1/3에 가깝거나 혹은 그 이상의 것도 있고, 정원대로 승객을 태웠다고 해도 한 사람당 한 개의 어구 및 낚시도구 등을 지참하는 경우 상당히 과적재 상태가 됨을 알 수 있다. 또한 이러한 어구 및 낚시도구 등이 기관실이나 갑판실 위의 높은 위치에 실려 있으면 배 무게중심의 상승은 피할 수 없고 그것만으로도 복원성을 악화시키고 위험한 상태가 된다. 따라서 유어선이나 나룻배의 조종자는 법정 정원뿐만 아니라 승객이 지참하는 어구 및 낚시도구 등의 무게와 실을 위치 등에 대해서도 최선의 주의를 기울여야 한다. 이것으로 보아도 정원을 넘는 승객을 태우는 것은 그 시점에서 이미 전복의 주요 요인을 스스로 끌어들이는 것이 되므로, 선장은 그 위험성을 충분히 인식하고 있어야 한다.

16.2 화물 고정 불충분

배를 건조할 경우의 **복원성곡선(복원지레곡선, *GZ* 곡선이라고도 함)은 어디까지나 배의 화물이 모두 고정되고 배의 무게중심 G (설계 시 가정 무게중심 G_A)는 정해진 위치에 있어 어떠한 경사 상태에서도 움직이지 않는다고 정하여 구한다.** 따라서 배를 운항할 때 배 안의 지정된 화물이 모두 고정되어 있지 않으면 그 배는 설계 초기 복원성을 유지할 수 없다. 화물의 이동은 단순히 배의 옆 경사를 초래할 뿐만 아니라 복원성 범위를 감소시킨다. 더욱 크게 옆 경사하면 적하물이 허물어져 무너지는 원인이 되어 전복의 큰 요인이 된다.

현재 내항 페리는 자동차 등의 고정을 거의 하지 않고 있는 것이 현실이다. 이것은 파도에 의한 배의 횡동요나 옆 경사 등이 작은 편이기 때문에 탑재하고 있는 자동차 등의 옆 이동이 없고 아무런 문제도 일어나지 않을 것으로 판단하고 있기 때문일 것이다. 그러나 고정되지 않은 자동차가 어떠한 원인으로 옆 이동하기 시작하면 연동하여 대부분의 자동차가 옆 이동할 것이며, 그런 경우에는 대형 페리도 단번에 전복한다.

그 실례가 2009년 11월 13일에 카 페리 "아리아케"가 일본 구마노 나다(熊野灘)에서 전복한 사건이다(사진 16.1 참고).

사진 16.1에서처럼 정상 운행 중이던 카 페리 "아리아케"가 일본의 미에현 미하마쵸(三重県御浜町)의 해안에서 우현 측으로 쓰러져 전복한 것은 **"구마노 나다(熊野灘)에서 좌현 선미 쪽으로부터 높은 파고의 선미사파를 받으면서 서행 중에 갑자기 우현 측으로 크게 경사하고 적재화물이 허물어 무너져 배의 옆 경사가 복원되지 못했기 때문에 발생한 것이다.** "(2011년 일본의 해심 제7호 "카 페리 아리아케 조난 사건(원인의 고찰)"의 전문 주요부 발췌; 저자 번역)

사진 16.2(a) 또는 제10장의 사진 10.1은 높은 파고의 선미사파를 받은 후 경사에 의한 초기에 적재화물이 허물어 무너져 경사한 채 항해 중인 카 페리 "아리아케"를 보여주고 있

카 페리 아리아케

전 길이	166.86 m
전 너비	22.00 m
흘수	5.90 m
총 톤수	7,910.0 ton

사진 16.1 정상 운행 시의 카 페리 아리아케.

일본 海上保安庁撮影
マルエーフェリー「あり
あけ」横転事故에서

일본 海上保安庁
「海上保安レポート2010」에서

일본 海上保安庁
「平成21年度海難の
現況と対策について」에서

(a) (b) (c)

사진 16.2 경사 상태에서 전복 상태로 이행하고 있는 "아리아케"

다. 이 두 장의 사진으로는 **이븐 키일(동 흘수) 상태인 채 경사**져 있는 것처럼 보이지만 제15장 사진 15.1에서는 선미 갑판의 우현 측에서 해수 유입에 위해 선미 트림 상태인 채 경사하고 있음을 알 수 있다. 이때의 옆 경사 상태를 표시하면 그림 16.2처럼 된다.

시계열적으로 살펴보면 그림 16.2에 있어서 ① 선미사파에 의해 배가 옆 경사함과 함께, ② 이 초기 경사에 의해 차량 등의 화물이 옆으로 이동하여, ③ 배의 무게중심 G도 G'으로 옆 이동하지만 경사에 따라 부심이 옆 방향으로 이동하고 중력과 평형하는 위치에서 경사 상태가 된다. 그러나 이때 사진 15.1에서 볼 수 있듯이 선미 갑판의 우현 측에서, ④ 해수가 유입하여, ⑤ 선내의 체류 물이 되고 그 양이 늘어가기 때문에 선미 트림 상태의 경사가 된다.

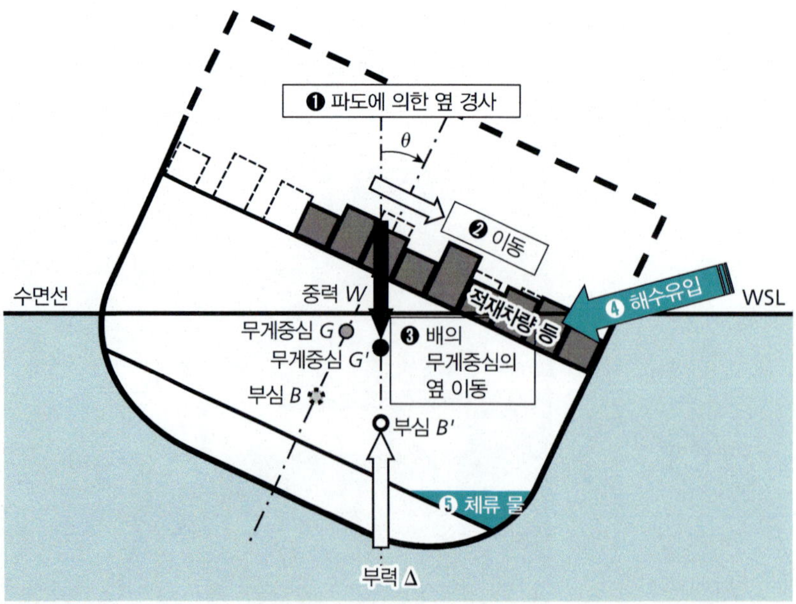

그림 16.2 선미사파에 의한 경사 상태 및 선내에서 발생하는 여러 현상.

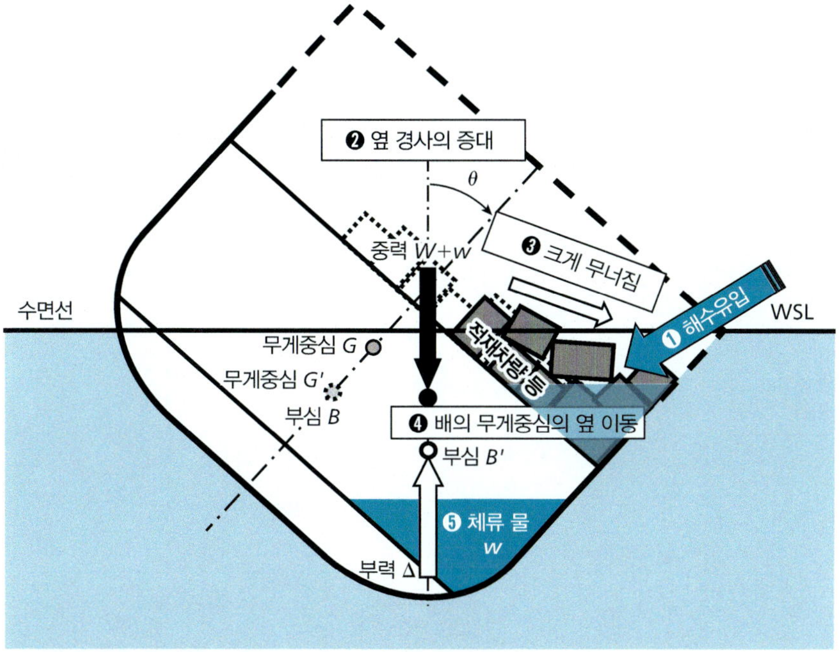

그림 16.3 선내에서 발생하는 여러 현상에 의한 대 경사 상태.

사진 16.2(b)는 선미 갑판으로부터 해수 유입이 증가하여 배의 옆 경사가 커지고 계속 발생한 적재화물의 허물어 무너짐과 40°를 넘는 대 경사로 인한 항해 불가능 상태를 보여주고 있다. 이 상태를 표시하면 그림 16.3처럼 된다.

그림 16.3에서는 그림 16.2의 상태가 계속됨으로써 ① 해수 유입에 의한 체류 물이 증가하고, ② 배의 옆 경사가 커져, ③ 더 큰 경사에 따라 차량 등의 화물이 허물어 무너지고, ④ 배의 무게중심 G도 G'으로 옆 이동하지만 경사에 따라 부심이 옆 방향으로 이동하고 중력과 평형하는 위치에서 경사 상태가 된다.

이처럼 해수 유입에 의한 체류 물의 증가와 그에 따른 대 경사 그리고 대 경사로 인해 발생하는 추가적인 짐들의 무너짐 또한 이에 따른 배의 무게중심 이동 등 시간과 함께 배의 경사가 증가해가며, 그 과정의 순간을 보여주고 있는 것이 사진 16.2(b)이다.

그리고 사진 16.2(c)는 그 후 구마노 나다의 모래사장에 올라앉아 옆으로 넘어진 상태의 사진을 보여준다.

여기서 옆으로 넘어진 상태가 원래의 직립 상태로 복원하지 않고 안정된 상태이기 때문에 **제14장의 전복의 정의에 따르면 전복한 상태이다**고 말할 수 있다.

이상의 상태를 그림 16.4에 표시된 복원성곡선을 이용하여 고찰하면 다음과 같다.

사진 16.2(a)는 카 페리 "아리아케"가 높은 파고의 선미사파를 받고 옆 경사했을 때 초기의 적재화물 옆 이동이 발생하고, 그림 16.4의 "초기 화물의 옆 이동에 의한 옆 경사의 평형각"으로 기울어진 채 항행하고 있는 상태를 나타내고 있다. 이때 **카 페리 "아리아케"는 이**

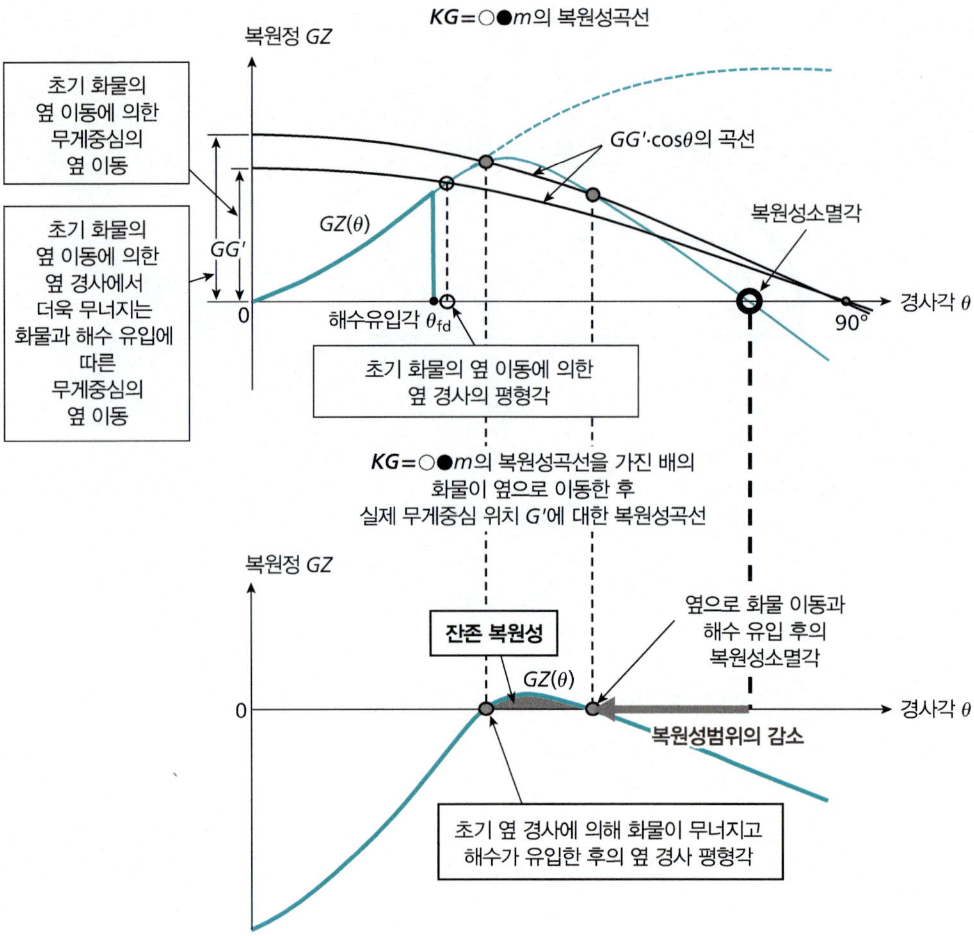

그림 16.4 배 안에서 발생하는 여러 현상에 의한 복원성곡선의 변화

미 해수 유입각 θ_{fd}을 넘어 경사하고 있으며 배를 복원시킬 방법은 없다.

그 후 초기 화물의 옆 이동에 의한 옆 경사 때문에 해수 유입이 발생하고, 이에 의해 체류 물의 증가와 그에 따라 옆 경사가 더 커지고, 계속하여 적재화물이 허물어 무너지고, 이에 따라 그림 16.4의 "초기 옆 경사에 의해 화물이 무너지고 해수가 유입한 후의 옆 경사 평형각"으로 경사하여 사진 16.2(b)와 같이 된다.

여기서는 유입 해수가 배의 무게중심 G보다 낮은 위치의 기관실 등에 체류하면 배의 무게중심이 낮아지고 차량 갑판 등에 체류하면 무게중심이 상승하는 것도 생각할 수 있지만, 이 상태에서는 무게중심의 상하 방향의 변동보다 옆 방향으로의 이동의 크기가 복원성에 크게 영향을 주고 있기 때문에 무게중심의 상하 방향으로의 변화에 대한 영향에 대해서는 생략한다.

이 상태에서는 그림 16.4에서 보이는 바와 같이 해수 유입각 θ_{fd}을 고려하지 않고 "잔존 복원성"만에 착안하여도 복원성이 매우 작아지고, 게다가 복원성범위도 크게 감소하기 때문에 옆으로 이동한 화물을 제거하거나 원래 자리로 되돌려 놓지 않는 한 무게중심의 옆 이동을 원래의 위치로 되돌려 놓을 방법은 없고 큰 경사 상태가 계속된다.

사진 16.2(c)는 "잔존 복원성"이 작기 때문에 그 후에 적재화물이 허물어 무너져 그림 16.4에 표시된 "옆으로 화물 이동과 해수 유입 후의 복원성소멸각"보다도 크게 경사하여 옆으로 기울어진 상태, 즉 전복하고 있는 카 페리 "아리아케"을 나타내고 있다.

그림 16.4와 같이 화물의 옆 이동에 따른 배 무게중심의 옆 이동은 복원성곡선을 감소시키고, 경우에 따라서는 "잔존 복원성"을 매우 감소시킬 뿐만 아니라 결과적으로 배를 전복시키는 요인이 되기도 한다. 따라서 배의 조종자는 어떤 경우에도 "잔존 복원성"이 작아지지 않도록 세심한 주의를 기울일 필요가 있으며, 그러기 위해서라도 **화물을 고정하는 것은 "배의 복원성"을 보장하기 위한 필요 충분 조건**이라고 할 수 있다.

그러나 카 페리 "아리아케"의 전복 사고에 있어서는 배가 크게 기울어가는 위기적인 상황에서 해상 보안청에 구조를 요청하여 승객과 승무원의 일부를 헬리콥터로 구조하고, 배를 지켜보는 요원으로 남은 승무원이 기관을 정지시켜 구명떼로 배를 퇴출하고 해상 보안청 순시선에 의해 구조됨으로써, 전복이라는 최악의 사고에도 불구하고 승객과 승무원 전원이 구출된 것은 유일하게 밝은 소식이었다.

어선의 경우는 어망 등이 움직이지 않도록 고정하는 데 주의를 기울여야 한다. 어망 고정 불충분은 전복의 직접적인 원인이 되지 않더라도 큰 동요 등에 의해 어망이 옆으로 이동하고 이 옆 이동이 경사모멘트로 되며, 옆 이동이 큰 경우에는 배의 큰 경사와 전복의 주요 원인이 될 수 있다.

일반적으로 불규칙한 해양파에는 수백 파, 수천 파 또는 수만 파에 1파 나타나는 유의파고(有義波高)의 몇배가 되는 높은 파고의 파도가 존재한다. 어선이 정상적인 항해 중이거나 조업 중에 이 파도를 만나게 되면 뜻밖의 큰 각도로 횡(橫)동요하거나 옆 경사를 하게 되고, 이에 따라 고정되지 않은 어망 등의 옆 이동을 일으키는 원인이 되어, 이것이 또한 배를 크게 경사시킨다. 따라서 어망 등의 옆 이동은 어선의 복원성을 악화시키는 직접적인 주요 요인이 될 중요한 문제라고 할 수 있다.

배의 전복 사고는 보통의 횡동요나 옆 경사를 했을 때라도 예상치 않은 외력이 배에 작용하면 횡동요나 옆 경사가 더 커짐으로써 발생하므로, 어망 등을 고정하는 것은 어떠한 경우에도 어선의 안전을 확보하는 가장 초보적이고 중요한 작업이다.

1993년 2월에 전복 사고가 있었던 일본의 어선 "E 마루"의 예를 살펴보자. 어선 "E 마루"는 바람과 파도를 우현 후방으로부터 받고 횡동요를 반복하면서 어항을 향해 귀항 중 우현 측으로 한층 더 크게 기울어졌을 때 선미 어망 갑판의 어망이 크게 무너지고, 따라서 배가 더 크게 대 경사하여 복원성이 소멸하고 직립 상태로 돌아오지 않은 채 우현 측으로 전복되었다. 그림 16.5는 어선 "E 마루"의 일반 배치도이다.

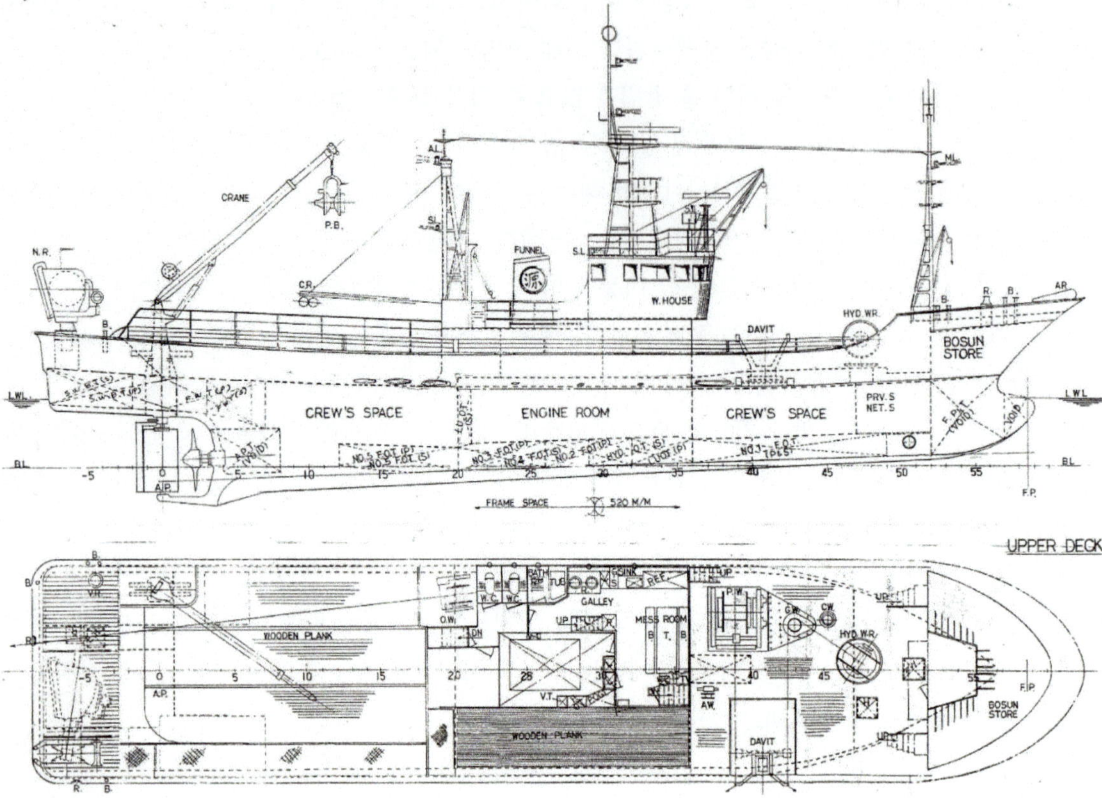

그림 16.5 어선 "E 마루"의 일반 배치도.

어선 "E 마루"에 대하여 1993년 長審 제36호 전복 사건의 기록(굵은 글자는 원문 또는 자료를 인용함; 저자 번역)에 의하면, 준공 시 **만재 출항 상태에서의 배수량이 282.75톤, G_0M이 1.49 m, 해수 유입각 θ_{cf}가 약 44°, 불워크 탑이 수면과 접하는 각 θ_{cfB}가 25° 및 복원성소멸각이 약 62.5°**로서, 복원성곡선은 그림 16.6(a)의 준공 시 만재 출항 상태의 $GZ(\theta)$처럼 된다.

그런데 일본의 고토렛도(五島列島) 서쪽 해안의 동중국해 어장을 향한 **어항 출항 상태에서는 배수량이 311.22톤, G_0M이 1.40 m, 해수 유입각 θ_f가 약 39°, 불워크 탑이 수면과 접하는 각 θ_{fB}가 약 22° 및 복원성소멸각이 45°**로서, 복원성곡선은 그림 16.6(a)의 어항 출항 상태의 $GZ(\theta)$처럼 된다. 이것은 배수량의 증가와 그에 따른 건현의 감소에 의한 것으로 그림에서도 복원성이 크게 악화되고 있는 것이 분명하다.

이런 상태에서 어장 부근 해상의 파고가 2미터 가까이에 달했기에 귀항하게 되었다. 그리하여 황천 준비 작업이 시작되고, **갑판 위의 로프 등의 정리가 진행된 후, 하이 파워 크레인의 붐을 어망 처리기와 함께 어구 위에 덮어 놓아 어망을 위에서 눌러 놓았지만, 어망은 고정**

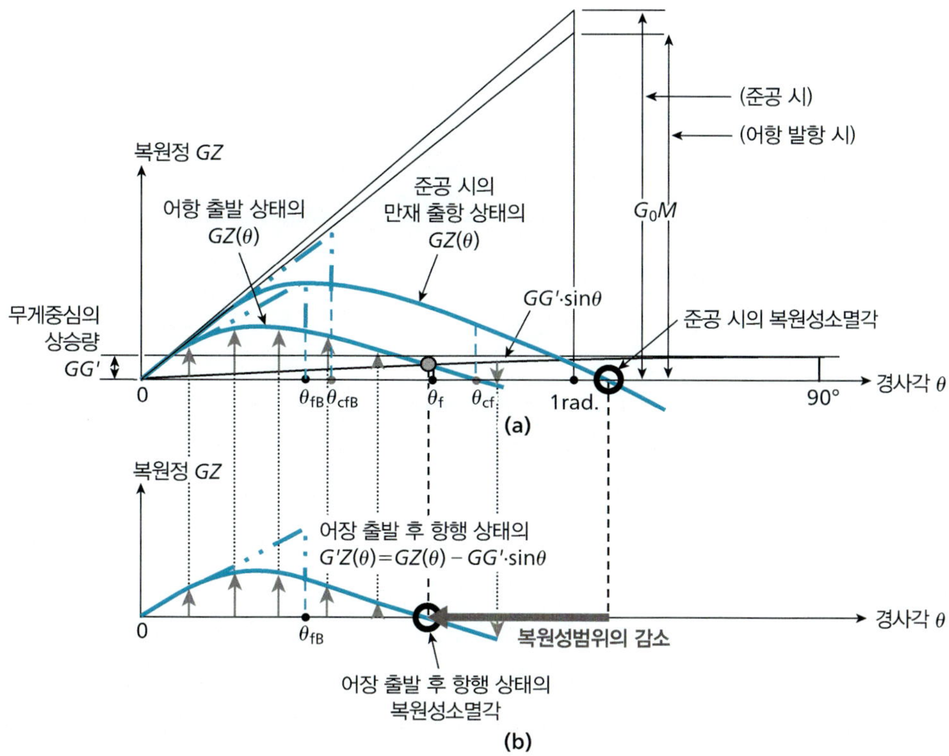

그림 16.6 어선 "E 마루"의 복원성곡선.

하지 않고 갑판실 뒤쪽의 수밀 문을 폐쇄하지 않은 채 작업을 마치고 돌아오는 길에 올랐다.

귀항 중이던 어선 "E 마루"는 **상갑판으로 자주 해수가 들이쳐 올라와 우현 측으로 기울어질 때는 때때로 해수가 불워크를 넘는 상황이었고, … 선미 갑판에서는 방수구가 어망으로 막혀 있어서 해수가 체류하기 시작했으며, 어망과 부속 로프 등이 해수를 흡수하였기에 그 중량의 증가가 선체 무게중심의 상승을 초래하였다. 가끔 선체가 20도 정도 횡동요하여 어망이 경사한 현측으로 무너지기 쉬운 상태로 되어 있었다.**

배의 무게중심 G는 어망 등이 해수를 흡수하여 **약 32톤으로 증량**되고, 게다가 어망 자체가 갑판 위로 들이친 해수의 체류 물을 그물코에 품어서 유동성을 구속함으로써 GG'만 상승하였다. 어망과 체류 물 증량에 의한 무게중심의 상승량 GG'을 고려하면 어장 출발 후 항해 상태에서의 복원성곡선은 그림 16.6(b)의 $G'Z(\theta)$처럼 된다.

갑판으로 들이친 해수에 의한 갑판상의 체류 물 증가와 그에 따른 그물코의 체류 물 증가 그리고 어망 등의 해수 흡수에 의해, 선미 어망 갑판의 어망에 체류 물에 의한 부력이 작용하고 있어서 어항 출항 상태보다 어망이 무너지기 쉬운 상태였다. 어망이 무너진 상태를 표시하면 그림 16.7처럼 된다. 그림 16.7에서는 어망의 옆 이동에 의하여 배의 무게중심이 G'에서 G''으로 이동하고 있지만, $G''Z$ (소위 GZ) > 0인 경우를 나타내고 있다.

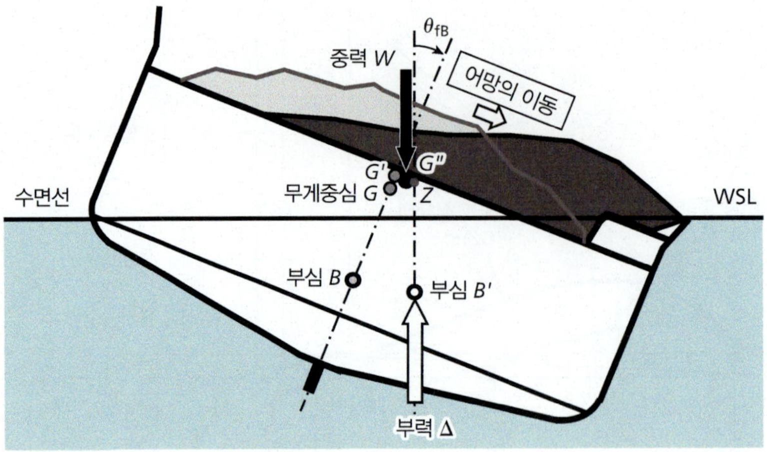

그림 16.7 어망 옆 이동의 개념도.

이 어망 옆 이동에 의해 배의 무게중심이 $G'G''$만 옆 이동한 경우의 복원성곡선은 그림 16.8과 같고 "잔존 복원성"은 매우 작아진다.

배의 무게중심이 $G'G''$만 옆 이동하여 배가 옆 경사한 경우 직립 상태로 복원되지는 않으며, "잔존 복원성"이 매우 작기 때문에 매우 위험한 경사 상태인 것을 알 수 있다. 이런 작은 "잔존 복원성"에 초기 경사가 있고 선미 어망 갑판의 어망이 무너지기 쉬운 상태일 때 갑

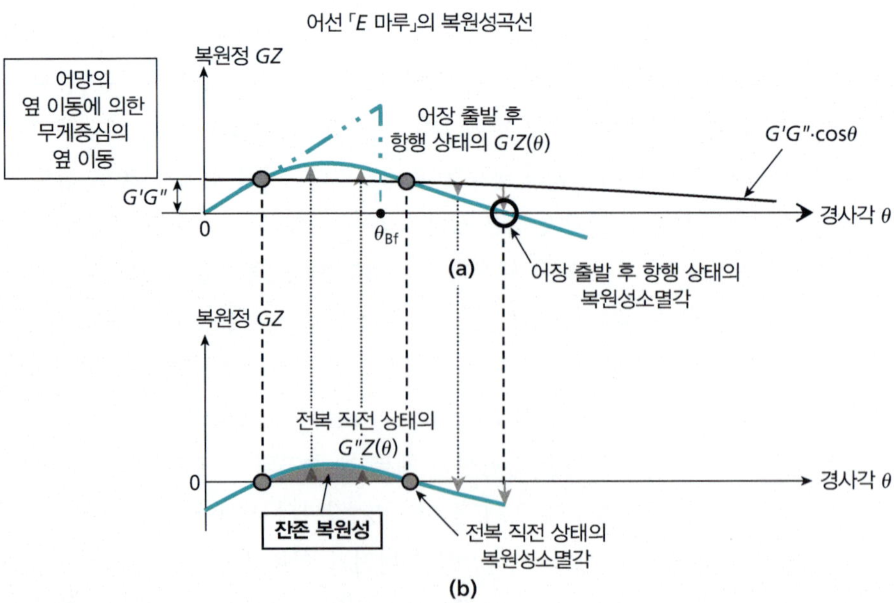

그림 16.8 전복 직전의 잔존 복원성.

판 위로 해수가 더 들이쳐 올라와 배가 크게 횡동요하고 계속하여 더 크게 어망이 무너지면 배는 전복한다.

어선 “E 마루”의 전복 사고로 승무원 20명 중 1명은 구조됐으나 19명이 행방불명되었다. 어선 “E 마루” 전복 사고의 희생자 분들의 명복을 기원 드린다.

“배의 복원성”은 항상 “배의 무게중심 G는 정점에 있고 움직이지 않는다”는 것을 전제로 하여, 그 양부의 평가와 판정이 이루어진다. 따라서 이 전제를 무너뜨리는 “화물 고정 불충분”에 의한 화물의 옆 이동은 배의 무게중심을 옆 이동시키며 결과적으로 배의 옆 경사의 원인이며 복원성을 악화시키고 최악의 경우 배의 전복을 유발한다.

칼럼 *유의파고란?*

해상의 어느 해역에서 발생하는 파도를 계속하여 관측했을 때 관측한 파도 속에서 파고가 높은 순서로 전체의 1/3의 파도(예를 들면 20분 사이에 90개의 파도가 관측되면, 파고가 높은 쪽으로부터 30개의 파도) 수를 선택하고 그 진폭과 파도 주기를 평균한 파도를 유의파[유의파고(有義波高), 유의파 주기(有義波周期)]라고 한다.

또한 실제 해수면에 발생하는 파도는 큰 파도와 작은 파도가 혼재하는 불규칙 파도이며, 이 불규칙 파도를 목시로 관찰할 경우, 그 파고는 유의파고에 가깝다. 따라서 일반적으로 어떤 해역의 파고는 그 해역의 유의파고를 말한다.

16.3 위험한 변침에 의한 경사와 화물 고정 불충분

배는 진행 방향을 바꾸기 위해 반드시 변침(또는 전타)한다. 변침에 의해 방향타에는 전진 방향과 직각인 방향으로 양력(이후 방향타 양력이라고 함)이 작용하고 배는 선회(旋回)를 시작한다. 배가 선회하면 배에는 방향타 양력과 선회에 의한 원심력이 작용한다. 그리고 방향타 양력은 내방 경사 방향의 경사모멘트를 원심력은 외방 경사 방향의 경사모멘트를 발생시킨다.

이때 일반 상선의 경우 원심력에 의한 경사모멘트가 더 크고 배가 외방 경사하지만 초기 경사에 따라 복원모멘트가 발생한다. 이 선회 초기의 초기 복원모멘트의 크기는 메타센터 높이 GM의 크기에 비례한다. 같은 배가 같은 변침을 하여도 배의 무게중심이 낮은 경우, 즉 GM이 큰 경우는 초기 복원모멘트가 크므로 배의 경사는 작고, 따라서 특별히 문제는 없다.

따라서 보통의 정상적인 변침에 의한 선회 시의 정상 경사 상태에서는 옆 경사는 그다지 크지 않으며, 복원모멘트도 크기 때문에 전복으로 이어질 요인은 보이지 않는다.

그러나 짧은 시간 사이에 급속한 변침은 방향타에 급격한 방향타 양력의 변화를 발생시키고, 이에 따라 급속한 선회를 일으킨다. 일반 상선의 경우 급속한 선회는 큰 원심력을 발생시키고, 이 원심력에 의한 경사모멘트도 또한 커진다. 이때 배의 무게중심 G가 어떠한 원인에 의해 상승하고 메타센터 높이 GM이 평소보다 작아져 있으면, 초기 복원모멘트는 작아지고 보통 때 횡(옆) 경사보다 큰 경사를 일으키게 된다.

세월호

전 길이	146.61 m
전 너비	22.20 m
흘수	6.26 m
총 톤수	6,825.0 ton

사진 16.3 대형 여객선 "세월호". (대한민국해양경찰청)

배의 무게중심 G의 상승과 급속한 변침으로 일어나는 원인에 의한 큰 경사는 고정 불충분한 화물의 옆 이동을 유발하고, 이에 따라 최악의 경우 배는 전복한다.

그 실례가 2014년 4월 16일에 전라남도 진도군의 병풍도 근처 해상에서 전복·침몰한 대형 여객선 "세월호"이다(사진 16.3 참고).

대형 여객선 "세월호"의 전복과 침몰 경위는 한국 해양 수산부의 항적 자료에 근거한 연합 뉴스(https://www.yna.co.kr/view/AKR20140421170451003)에 표시된 "세월호 출항부터 침몰까지 전체 항적"을 참조하고, 항적에 대해서는 "세월호 사고 지점 비교 — Google My Maps"를 참조하여 사진 16.4에 나타내었다. 이것과 동아일보의 "세월호 침몰/사고 상황 재구성(http://www.donga.com/news/article/all/20140423/62974403/1)"을 참고로 시계열적으로 살펴보면 대략 다음과 같이 된다.

"세월호"는 오전 8시 49분경까지 사진 16.4①처럼 한국 서남부에 있는 진도의 서쪽 동거차도 등으로 이루어진 거차군도와 맹골도 등으로 이루어진 맹골군도 사이의 맹골 수도를 남쪽을 향해 진행하고, 병풍도와 관매도 사이쯤을 항해하고 있었다.

오전 8시 49분 13초 무렵 "세월호"는 갑자기 오른쪽으로 선회를 시작하고, 그럼으로써 좌현 측으로 경사하기 시작한다. 이때 우현으로 선회하는 상황을 표시하면 그림 16.9와 같이 좌현 측으로 외방 경사한다(선회에 의한 경사에 대해서는 제5장 5.4절 배의 선회에 의한 경사모멘트 참조) .

이 외방 경사의 크기는 원심력이 같다고 가정하면 그림 16.9에 나타낸 무게중심 G의 상하 위치에 크게 좌우된다. 즉 무게중심 G가 위쪽으로 이동하고 있으면 복원지레 GZ가 감소하고 복원모멘트가 작아진다. 그와 함께 수면 밑 물의 저항과 원심력의 작용점의 거리가 커져 경사모멘트가 증가하기 때문에 외방 경사는 더 커진다.

오전 8시 49분 13초 이후, "세월호"는 외방 경사 상태에서 선회하지만, 이때의 외방 경사각이 그림 16.10(b)에 나타낸 "선회 시의 경사각 θ_t"이다. 이 "선회 시의 경사각 θ_t"로 평형 상태에 있는 "세월호"의 복원성은 그림 16.10(c)로 표시되고 있는 잔존 복원성만이다.

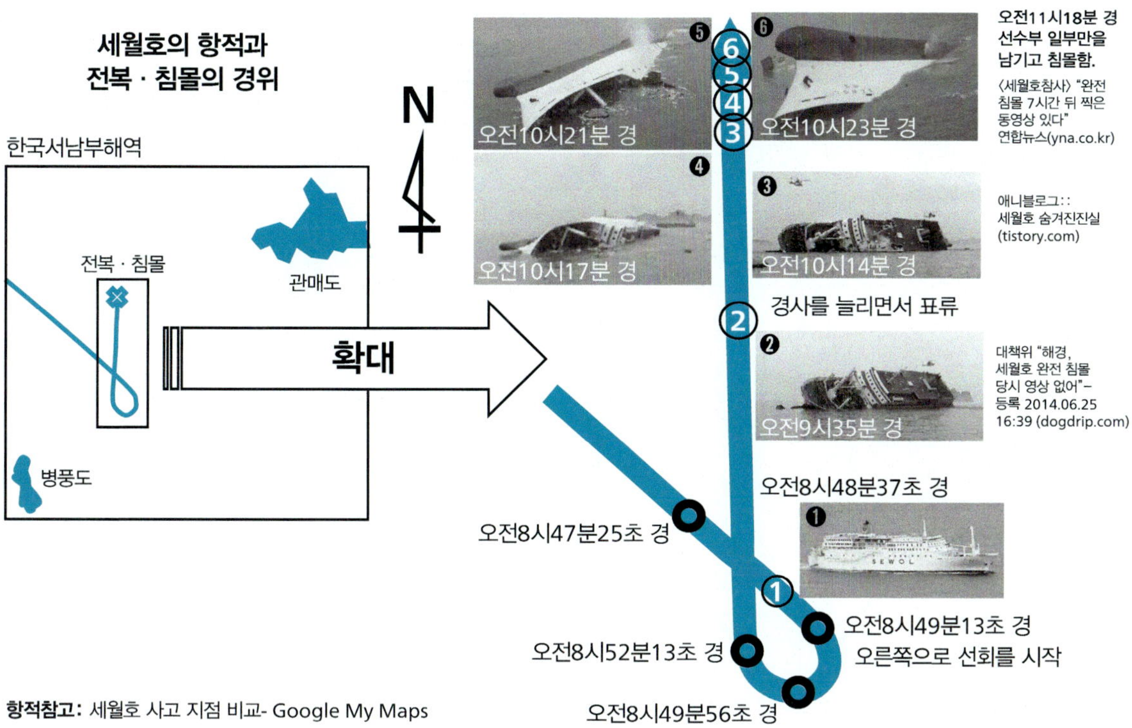

사진 16.4 대형 여객선 "세월호"의 전복과 침몰의 경위. (대한민국해양경찰청)

또한 오전 8시 49분 56초부터 52분 13초 동안에도 "세월호"는 우현 쪽으로 선회하면서 외부 방향으로, 즉 좌현 쪽으로 경사도 커진다. 이때 고정 불충분한 컨테이너 등이 좌현 측으로 허물어 무너지고, 배 안의 차량 갑판에서는 자동차들의 옆 이동 등이 발생한다. 이렇게

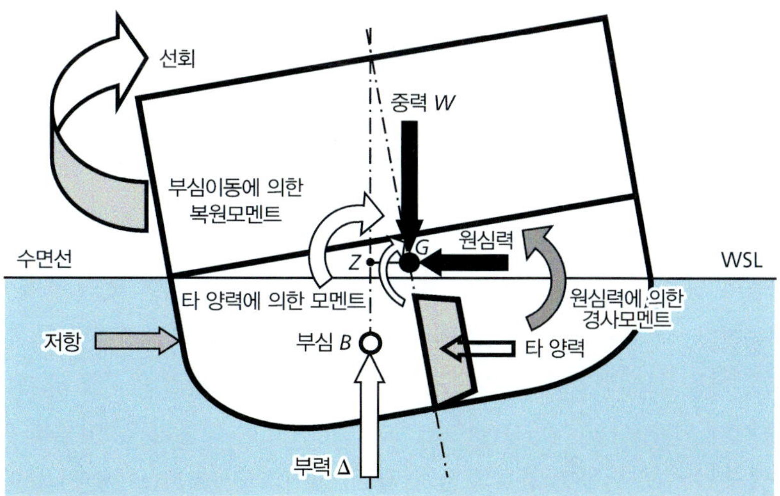

그림 16.9 "세월호"가 우현 쪽으로 선회하는 상황.

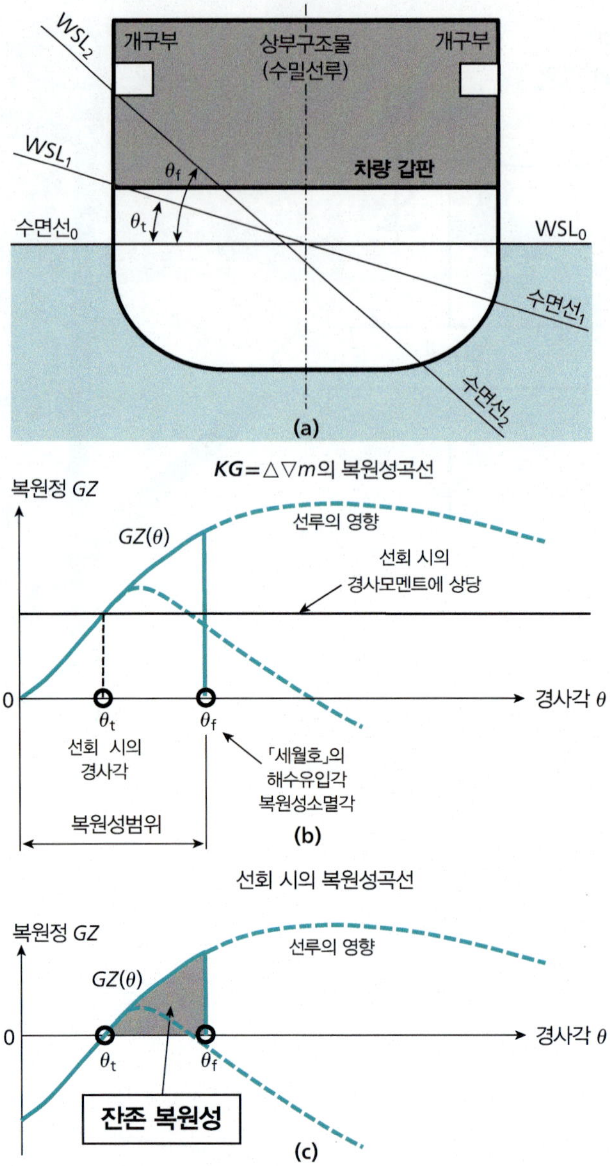

그림 16.10 "세월호" 선회 시의 잔존 복원성

화물이 허물어 무너져서 옆 이동하면 그림 16.11(a)와 같이 배의 무게중심은 G에서 G'으로 이동한다. 배의 옆 경사가 커짐에 따라 화물의 옆 이동이 많아지면 무게중심 G 도 새로운 G'으로 이동하고 그 거리 GG'도 커진다. 이 경우의 복원성 곡선도 크게 변화하여 그림 16.12와 같이 된다. 다만 그림 16.12(a) 또는 (b)의 θ_s는 화물의 옆 이동에 의해 배의 무게중심이 G에서 G'으로 이동한 경우의 옆 경사 평형각[그림 16.11(a) 상태]을 나타내고 있다. 이때의 잔존 복원성은 그림 16.12에서 알아볼 수 있듯이 아주 작아진다.

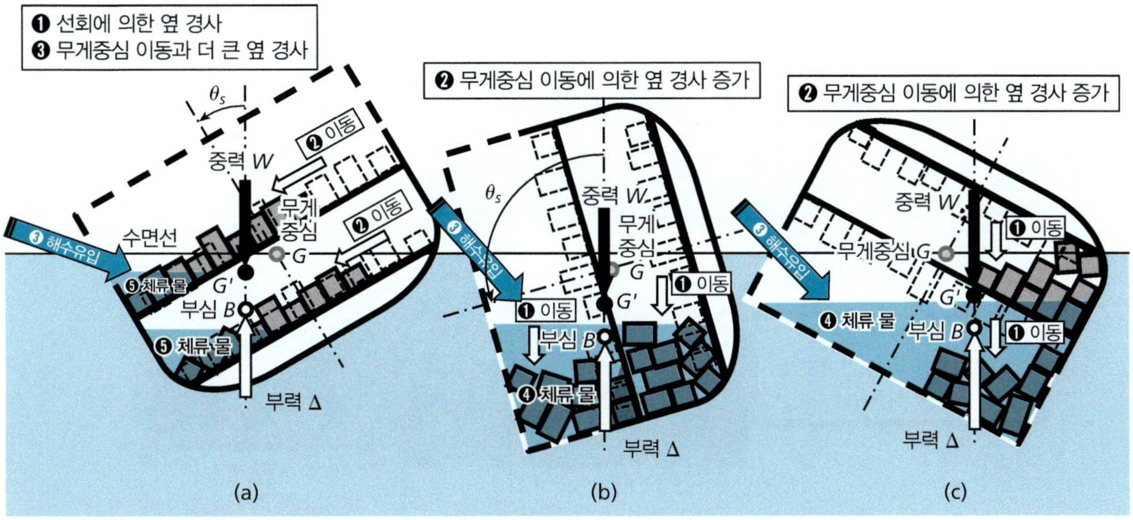

그림 16.11 배 안에서 발생하는 여러 현상에 의한 "세월호"의 전복 과정.

"세월호"는 오전 8시 52분 13초부터 10시 8분 22초 동안 동력을 잃고, 사진 16.4②처럼 경사 상태로 조류에 타서 북쪽으로 흘러가지만 사진 16.5에서 알아볼 수 있듯이 컨테이

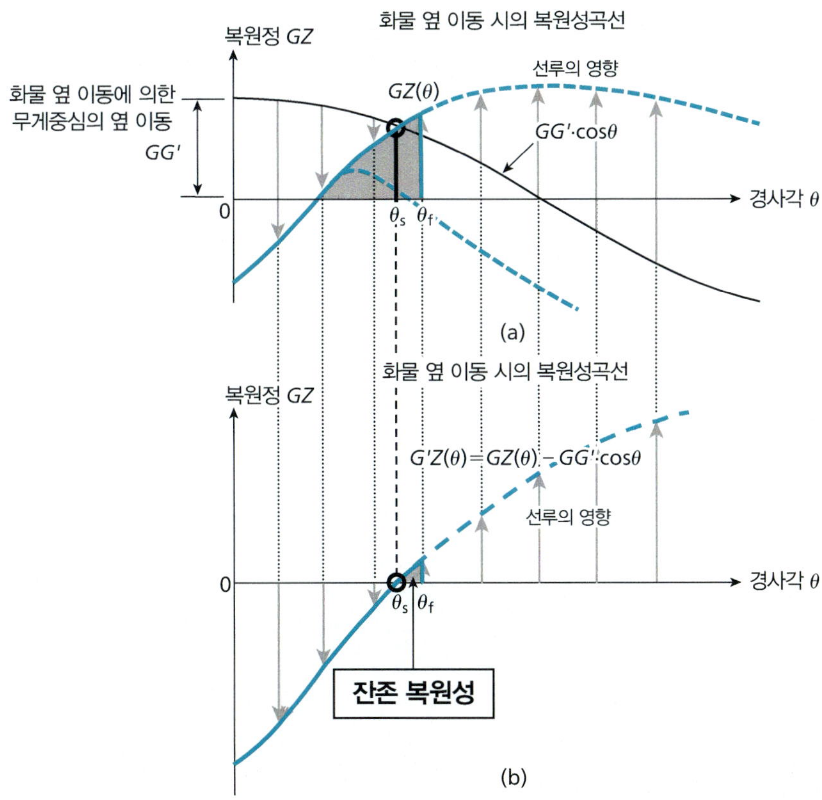

그림 16.12 "세월호"의 복원성 감소.

사진 16.5 "세월호"의 경사와 컨테이너의 옆 이동.

너와 적재 화물이 더욱 허물어 무너지는 등이 겹쳐 좌현 측으로 경사가 더욱 증가한다. 배의 무게중심 G'은 화물의 옆 이동으로 보다 경사 측(좌현 측)으로 이동한다. 그렇게 되면 그림 16.12(a) 또는 (b)의 옆 경사의 평형각 θ_s는 그림의 오른쪽, 즉 경사가 커지는 측(좌현 측)으로 이동한다.

또한 옆 경사가 커지고 사진 16.6 [출처: 일요신문(https://ilyo.co.kr/?ac=article_view&entry_id=239671)]에서 알아볼 수 있듯이 수면이 선미 개구부에 달하면 잔존 복원

사진 16.6 "세월호"의 선미부 개구부.

성은 소멸 상태이고, 전통선루에 의한 복원성만이 작용하고 있는 경사 상태였다고도 짐작할 수 있다.

오전 10시 넘어 실제로는 사진 16.4③처럼 된다. 이때 "세월호"의 옆 경사 평형각 θ_s는 그림 16.12의 해수 유입각 θ_f와 $\theta_s \geq \theta_f$ 상태이고, **카 페리 "아리아케"**의 경우와 마찬가지로, 사진 16.6의 선미 ○ 부분의 개구부와 선루의 현창 등으로부터 선내로 해수 유입이 시작된다.

이 유입 해수는 그림 16.11의 배 안의 체류 물이 되어 계속 증가한다. 이러한 상황 속에서 오전 10시 10분이 넘자 사진 16.4③과 ④처럼 경사가 커져 간다. 이때 경사를 도시하면 대략 그림 16.11(b)처럼 된다.

유입 해수에 의해 배수량과 배의 무게중심이 시시각각 변화하기 때문에 직립 상태에 대하여 얻어진 복원성곡선은 배의 안전을 판단하는 데 아무런 도움도 되지 않는다. 즉 그림 16.12(b)의 잔존 복원성마저 사라지고 완전한 복원성 소멸이다.

"세월호"는 직립 상태로 보면 100° 이상의 큰 경사 상태로서 표류해가지만 배 안으로 해수 유입이 끊임없이 이어 체류 물이 증가하고 화물이 더욱 허물어 무너져서 실제로는 사진 16.4⑤처럼 된다. 이를 도시하면 대략 그림 16.11(c)와 같다.

그리고 오전 10시 23분경 사진 16.4⑥처럼 선수의 일부를 남겨 전복 상태로 된다. 그후 오전 11시 18분경 선수의 일부를 남겨 침몰 상태로 된다(대한변호사협회 세월호 참사 피해자 지원 및 진상 조사 특별위원회 "4.16 세월호 참사 백서").

"세월호"는 결국 사진 16.4⑥의 상태로부터 오전 11시 20분경을 지나면서 180° 전복 상태로 되어 완전히 침몰했다.

"세월호"의 전복 및 침몰 사고에서는 사망자와 행방불명자를 합하여 304명이 희생자가 되었다. "세월호"의 전복 및 침몰 사고에서 특히 기록해 두어야 할 것은 피해자의 대부분이 장래성 있는 고등학생들이었으며, 또한 선실에 남아 있으라는 선내 방송의 지시에 따른 고등학생들이 선실에 남아 있었던 것이 시간이 지나면서 전복 및 침몰해 가는 배에서 탈출하지 못하고 희생자가 된 사실이다. 이 사실을 기록해 남김으로써 희생자에 대한 추모의 뜻을 표하는 동시에 "세월호" 참사를 기억하고 교훈으로 삼고 싶다. 재차 "세월호" 전복 및 침몰 사고의 모든 희생자 분들의 명복을 기원 드린다.

16.4 무리한 운항(조종)

기상청은 선박의 이용에 적합한 해상 예보 및 바다 날씨를 발표하고 있다. 이러한 해상 예보 및 바다 날씨에 대하여 배의 조종자가 충분한 정보를 입수하지 않고 적절히 운항(조종)하지 않으면 악천후에 만날 가능성이 커지고 최악의 경우에는 배가 전복하게 된다.

16.5 복원성에 관한 정보 부족

여기서는 배를 안전하게 조종하는 데 조종자 자신이 잘 알아 두어야 할 복원성에 관한 정보의 부족과 배의 전복과의 관계를 알기 쉽게 논의한다.

▶ 16.5.1 정적 복원성에 대한 정보 부족

해상에 있는 배의 옆 복원성을 평가하는 데 일반적으로는 정적 복원성곡선을 사용한다. 이 **정적 복원성곡선은 어떤 무게중심 위치에 대한 복원성을 나타내고 있으므로 그 무게중심 위치가 바뀌면 당연히 복원성도 바뀐다. 따라서 항행 또는 조업 중인 배의 복원성은 변화하지 않고 일정한 것(불변)이 아니라 배의 무게중심 위치의 변화에 따라 항상 변화하고 있다는 것에 주의해야 한다.** 특히 갑판 위로 해수가 들이쳐 오거나 화물 등이 옆으로 이동하면 그에 따른 경사모멘트에 의해 배는 옆 경사를 일으킨다.

또한 강한 옆 바람을 받으면 풍압 면적이 크거나 초기 복원성이 작은 배는 풍압에 의한 경사모멘트에 의해 큰 옆 경사를 일으킨다. 이러한 옆 경사는 단순히 옆 경사만이 아니라 옆 복원성의 감소를 일으키고 전복의 위험성을 증가시키고 있다는 것에 주의해야 한다.

조종자는 배의 정적 복원성을 그대로 평가하는 것이 아니라 어떠한 상황에서도 항상 복원성에 관한 정보를 파악하고 그에 대처해야 하며 그렇지 않으면 배는 전복의 위험성에서 벗어날 수 없다. 또한 정적 복원성곡선 등이 없는 소형 어선의 경우 조종자는 지금까지의 경험을 토대로 옆 복원성에 대하여 판단하고 어떠한 상태에서 어느 정도 복원성이 감소하는지 또는 그 상태가 배의 옆 안정성과 어떠한 관계가 있는지 등의 정보를 충분히 알고 있어야 한다.

이와 같이 **조종하는 배의 복원성에 관한 정보에 대하여 조종자가 항상 잘 알고 있어야 하는 것은 필수이며, 이것이 조종하는 배의 복원성과 안전성을 확보하고 전복을 방지하는 가장 초보적이고 기본적인 대책이기도 하다.**

▶ 16.5.2 잔존 복원성에 대한 정보 부족

위에서 언급한 바와 같이 갑판상으로 해수가 들이쳐 올라오거나 화물의 옆 이동 또는 강한 풍압에 의한 경사모멘트에 의하여 배는 옆 경사를 일으킨다. 이런 옆 경사가 생겼을 경우 조종자가 직립 상태의 복원성곡선에서 얻은 복원성범위를 그대로 유효하다고 생각한다면 그것은 큰 착각이다.

또한 이와 같은 배의 경사가 **최대 복원성각(도)**(angle of maximum stability) θ_m 근처(빌지 부분이 수면에 나오는 경사각 부근)이라면 잔존 복원성은 약간밖에 남지 않고 매우 작은 경사 모멘트라도 원인이 되어 배는 전복한다.

따라서 **조종자는 어떠한 원인으로 배가 경사하면 그만큼 복원성이 감소하고 선박의 "잔존 복원성"이 작아지고 있다는 것에 주의를 기울여야 한다.** 배가 기울어진 상태에 있어서의 "잔존 복원성"에 대한 인식과 정보가 불충분하면 아무렇지도 않은 원인이라도 배의 전복 원인이 될 수 있다. 특히 **소형 어선의 경우 갑판상으로 들이친 해수가 한쪽 현에 체류하거나 또는 승무원이 모두 한쪽 현측에서 어망을 올리거나 작업을 하면 이에 의한 옆 경사 등은 복원성을 크게 감소시키고, 즉 "잔존 복원성"을 작게 한다. 또한 소형 어선의 경우 정적 복원성곡선도 없는 경우가 있으므로 "잔존 복원성"에는 주의해야 한다.**

16.5.3 복원성에 관한 자료 및 설명서 등의 부족

배의 옆 안정성에 대하여 조선학(造船学)에서는 정역학적인 평형 상태에서 배의 정적 복원성곡선이 구해지고 이와 선체 운동 이론을 결합하여 논의되고 있다. 현재 이와 같이 하여 얻어진 성과 등의 일부는 "선박복원성규칙"에 반영되어 있고, 이 규칙의 적용을 받는 배는 이 규칙에 적합하게 건조되어야 하며 조종 시에도 그 내용과 복원성에 대하여 잘 알고 있어야 한다.

그러나 이 규칙의 적용 외의 소형 배의 경우 건조자의 지금까지의 경험과 감각에 따라 건조되는 경우가 많이 있다. 따라서 조종자가 정적 복원성의 크기나 또는 복원성범위 등 초보적인 지식은 있어도 조종하는 배의 복원성에 관한 데이터가 없으면 모든 상황에서 배의 안전을 확보하기가 곤란하다.

또한 조종자 자신이 조종하는 배의 정적 복원성이나 또는 복원성범위 등과 같은 사항을 파악하고 있지 않는 경우도 있다. 게다가 그 사항을 파악하고 이해하려고 해도 복원성 및 앞서 논의한 복원성을 저하시키는 요인 등에 관한 자료와 설명서 등이 부족한 경우도 있다.

이와 같이 조종자가 조종하는 배의 복원성에 대한 자료가 부족하거나 또는 없이 게다가 그 복원성을 감소시키는 요인을 모른 채 조종하고 있으면, 배가 전복할 만한 위험한 상태에 빠져도 그 상태에 대처할 수 없고 따라서 배는 전복할 수 있다.

따라서 "선박복원성규칙"의 적용 외의 소형 배에 대해서도 조종자들이 쉽게 습득할 수 있는 복원성에 관한 자료와 설명서 등의 정비가 필요하다.

16.6 심리적 요인

여기서는 유어선이나 나룻배의 전복 사고 등으로 조종자(선장)와 승선자(승객 등)의 심리 상태와 전복과의 관계에 대하여 생각해보기로 한다.

16.6.1 악천후 시의 운항과 결항에 대한 조종자 선장의 판단

유어선이나 나룻배의 지금까지의 전복 사고는 악천후시의 무리한 운항이 주요 요인이 되고 있다.

고객이 멀리서 찾아와서 유어나 낚시터로의 이동을 강하게 요청받으면 최악의 악천후가 아닌 이상 선장(대부분 선주)이 고객의 소원을 거절하고 결항을 결정하는 것은 이용객의 확보와 경제적인 면에서 큰 심리적 부담으로 된다.

게다가 조종자(선장)가 기상 해상의 갑작스러운 변화를 예측하는 것은 매우 어렵고, 변화하기 전의 기상 및 해상 상태에서 이용객의 강한 요청에 대한 의논만으로 운항을 실행할 때가 있다. 또한 기상 및 해상이 아직 온화한 때에 이용객을 낚시터로 운송해 준 후 짧은 시간 사이에 기상 및 해상이 급히 변하는 경우 선장은 낚시터로 운송해 준 이용객을 내버려둘 수는 없으며, 악천후에도 불구하고 맞이(구조)하러 가기 위한 무리한 운항을 결행해야 하는 경우가 있다. 소형 배가 기상 및 해상의 급격한 변화를 가져오는 악천후에 만나게 되면 최악의 경우 전복할 수도 있다.

이와 같이 기상 및 해상이 갑자기 변화하는 악천후와 만나도 조종자(선장)는 이용객의 안전을 확보하기 위해 위험한 것을 알면서도 운항을 결행하지만 큰 정신적인 스트레스를 가지게 된다. 이와 같은 악천후 운항의 결행에 의하여 전복된 사례도 있다.

또한 소형 어선의 경우 조업에 나설 여부의 판단은 항상 조종자(선장)가 하고 있다. 따라서 소형 배의 조종자(선장)는 항상 "**기상청이 발표하고 있는 바다날씨의 해상예보**" 등을 수집하여 분석하고 그 후에 운항 여부를 판단해야 한다. **항로 또는 조업 해역의 기상 및 해상에 따른 운항 여부의 판단이 악천후 속에서 소형 배의 전복을 사전에 방지하는 중요한 사항이다.**

16.6.2 최악의 해양 환경 극한 상태 속에서 조종자 선장과 승객의 판단

조선학(造船学)적으로는 배의 무게중심이 밑으로 낮아질수록 배의 옆 안정성은 커진다. 따라서 조선학적으로 보면 악천후 속에서는 될 수 있는 한 배의 무게중심을 낮추도록 선장이 지시 또는 노력하는 것은 당연하다.

그러나 유어선같은 작은 배가 전복할 수 있는 최악의 해양 환경 속에서 전복한다면, 자력으로 해상에 나오는 것이 거의 불가능한 선실에 틀어박혀 배의 중심을 낮추기 위해 그냥 가만히 있으라고 선장이 승객에게 지시할 수 있을까? 또한 선장이 그렇게 지시했다고 해도 최악의 해양 환경 속에서 승객이 선실에 틀어박혀 가만히 있을까?

어떤 선장 경험자의 이야기에 따르면 배가 전복할지 모르는 최악의 해양 환경 속에서 전복했을 때 선실에 있는 것보다도 바다에 뛰어들어 해상에 떠 있는 것이 구조되기 쉽기 때문에 선장은 갑판 아래 선실의 승객까지 갑판상으로 올라오도록 지시한다고 한다. 즉 선장 입장에서 승객의 안전 생존 또는 전복 후의 구조를 생각하여 내리는 지시가 때로는 조선학이 가리키는 안전 측이 아니라 위험 측으로 될 수 있다는 것이다.

낚시터로 운송해 준 낚시꾼을 악천후 때문에 마중(구조)하러 갔는데, 구조를 기다리는 사람이 많아 승선 정원을 넘어 승선시켜야 할 경우 선장은 정원이 넘는다고 자신의 손님이 아닌 사람을 그냥 그곳에 두고 올 수 있을까? 당연히 선장은 정원을 넘는 위험성을 알면서도 사람들을 구조하기 위한 마음으로 승선시켜 무리한 운항을 할 수밖에 없다.

악천후, 정원 초과, 무게중심의 상승 등 이 모든 것이 소형 배의 안전을 위협하고 전복으로 이어지는 아주 큰 요인이다. 이러한 상황을 미연에 방지하기 위해서도 앞 절에서 설명하는 바와 같이 **활동 해역의 기상 및 해상에 따른 운항 여부의 판단이 필수적이다.**

Capsizing and Stability of the Ship

제 17 장

배의 전복을 방지하고 사람의 생명을 지키기 위한 대책

지금까지 논의하고 설명해 온 바와 같이 전복의 원인과 그 과정은 어느 것도 같은 것이 없다고 할 만큼 모두 다르며, 지금까지 언급해 온 것이 전복을 일으키는 모든 요인도 아니다.

그러나 현재에 있어서 "배의 전복"을 미연에 방지하기 위해서는 지금까지 예시한 전복을 일으킨 요인의 일부이라도 완전히 제거할 수 있다면 지금보다 사람과 배의 안전을 확보할 수 있다고 확신한다.

배의 안전성을 확보하고 전복을 미연에 방지하며 승객과 승무원의 생명을 지키기 위해, 선장을 포함한 승무원은 다음 사항을 항상 확인하고 준수하는 것이 필수적이다.

1. 항상 만재 흘수선을 준수하고 있는가?
소형 배 및 작업선의 경우 충분한 건현을 확보하고 있는가?

2. 배 안으로 해수의 유입을 방지하는 수밀문 그리고 해치커버(hatch cover)는 항상 유효하게 기능하고 있는가?
(사람의 출입이 많은 수밀문이나 상갑판의 해치커버을 연 채 고정하고 있지 않는가?)

3. 출항 시 승선한 배의 해수 유입각, 즉 복원성 소멸각을 알고 있는가?
(수밀문이 닫혀 있는 경우와 열려 있는 경우)

4. 배의 무게중심 G는 제자리에 있어 상승하고 있지 않은가?
(즉, 메타센터 높이 GM이 감소하고 있지 않은가?)
(어선의 경우 갑판 위에 필요 이상의 화물을 적재하고 있지 않은가?)

5. 화물은 좌우 평형하게 실어져 있어 배의 무게중심 G의 옆 이동은 없는가?
(즉, 배가 옆 경사하고 있지 않은가?)

6. 모든 화물 고정을 충분히 하고 있는가?

(페리, RORO선의 안전 대책을 준수하고(마련하고) 있는가?)
(어선의 경우 어망 등의 고정을 충분히 하고 있는가?)

7. 불워크에 마련(설치)되어 있는 방수구 및 배수구는 항상 유효하게 기능하고 있는가? (어선의 경우 불워크에 마련(설치)되어 있는 방수구 및 배수구를 막고 있지 않은가?)
8. 항로 또는 조업 해역의 기상(気象) 및 해상(海象)을 파악하고 있는가? (항로 또는 조업 해역에서도 기상 및 해상을 파악할 수 있는가?)
9. 선장은 이상의 사항들에 대하여 출항 전까지 모두 파악하고 있는가?
10. 선장은 이상의 사항들에 대한 정보를 항상 승무원과 공유하고 있는가?

"배의 전복"이 해수 온도가 낮은 곳에서 발생하면 승객과 승무원이 전복 후 해상에서 구조를 기다린다 해도, 그것은 아주 짧은 시간 동안이며 오랜 시간 생명을 유지하는 것은 어렵다고 알려져 있다. 그 외의 해역에서 "배의 전복"이 발생하더라도 발생 자체가 거의 최악의 해양 환경에서 일어난 것이기 때문에 상당한 조건이 갖추어지지 않는 한 승객과 승무원을 구조하는 것은 매우 어려운 일이다. 따라서 대부분의 경우 배의 전복은 승선자에게 최악의 결과를 가져온다.

"배의 전복"이라는 최악의 결과를 방지하기 위해 앞서 확인한 사항을 항상 실행하는 것은 전복을 미연에 방지하는 가장 중요한 것이다.

참고 문헌

1. 上野喜一郎訳：米国造船造機学会編　基本造船学　上巻、天然社、昭和18年11月
2. 上野喜一郎　監修：船舶辞典、天然社、昭和38年8月
3. 池田　勝：小型船の設計と製図、海文堂、昭和39年 2月
4. 寺沢寛一　監修：新訂　物理学　上巻、裳華房、昭和40年4月
5. 矢野健太郎：微分積分学、裳華房、昭和40年12月
6. 杉原善義：理論運用学(船舶力学編)、海文堂、昭和41年 2月
7. 山口増人：新版　造船用語辞典、海文堂、昭和41年 2月
8. 岩佐英介：新訂　実用船舶算法、海文堂、昭和42年 3月
9. 元良誠三：船体運動力学、共立出版、昭和42年 5月
10. 造船協会編：改訂　船舶工学便覧(第1分冊)、コロナ社、昭和43年 1月
11. 漁船の荒天時安定性等に関する調査研究中間報告書、日本海難防止協会、1969年(昭和44年)
12. 漁船の荒天時安定性等に関する調査研究完了報告書、日本海難防止協会、1970(昭和45年)
13. 大串雅信：理論船舶工学(上巻)、海文堂、昭和47年11月
14. 張　三植　編著：實用中玉篇　集文堂　1976年3月
15. 慎　燦益、石井仙治、大野吉造、近藤公男、東條　毅：模型船重心測定の一方法について、長崎造船大学研究報告第17巻第2号、唱和52年2月
16. 松本次男：第II篇　海洋波浪の観測と予報、第2回耐航性に関するシンポジウム テキスト、啓文堂、昭和52年12月
17. 土屋　孟：第3章　漁船の復原性、第2回耐航性に関するシンポジウム テキスト、啓文堂、昭和52年12月
18. 編者　全国造船教育研究会：造船工学、海文堂、昭和56年 3月
19. 中村祐三、桑野　浩：海上のサバイバル技術、海文堂、昭和59年
20. 森田知治：船舶復原論-基礎と応用-、海文堂、昭和60年 4月
21. 社団法人日本造船学会編　船舶工学用語集、株式会社成山堂書店発行、昭和61年2月
22. 日本海事協会　復原性研究委員会：船舶の復原性に関する指針、昭和61年 4月
23. 読売新聞(長崎)：大学·最先端、昭和61年8月31日
24. 元良誠三、山越康行：船舶の安全性と非損傷時復原性規則の動向、日本造船学会運動性能研究委員会·第3回シンポジウム、1986年(昭和61年)10月
25. 慎　燦益、大楠　丹：横波中の船の安定性に及ぼす海水打ち込みの影響について、日本造船学会論文集、第161号、1987(昭和62年)
26. 新村　出編：広辞苑、第三版、岩波書店、1991年(平成3年)
27. 元良誠三　監修：船体と海洋構造物の運動学、成山堂書店、平成4年6月

28. NHK九州リポート「第七蛭子丸沈没事故」,1993, 2,27放映

29. 管　信、猿田俊彦、田口晴邦：斜め追波中の船の転覆について(第5報、転覆機構に関する比較模型実験)、日本造船学会論文集、第173号、1993年(平成5年)

30. 이 희수 감수 : 民衆 엣센스 국어사전 제4판, 辞書専門民衆書林, 1996년 3월

31. IMO基準の機能要件化に向けての非損傷時復原性評価(その3)の論文：日本造船海洋工学会講演会論文集、第3号、平成18年11月

32. 岡本　洋:エストニア沈没事件の考察、「海友フォーラム」第8回懇談会(2009.10.06)

33. 監修　公益社団法人日本船舶海洋工学会　能力開発センター　教科書編纂委員会：船舶海洋工学シリーズ①、④、成山堂書店：平成24年

34. 이승건 : 선박의 기초계산 및 복원성, GS인터비전, 2012년 1월

35. 대한조선학회편 : 선박해양공학개론, GS인터비전, 2012년 2월

36. 慎　燦益：造船幾何学「造船設計の基礎知識」、海文堂、2013年(平成25年)2月

37. 신찬익 : 조선기하학「선박설계의 기초지식」, 東明社, 2014년6월

38. 堀　勉：静水圧の圧力積分による船の浮心位置の決定　－浮心＝圧力中心の証明－、日本航海学会誌NAVIGATION、平成30年1月、第203号

39. 海上保安レポート2010

40. 대한변호사협회 세월호참사피해자지원및진상조사특별위원회「4.16 세월호참사백서」2015年 2月

41. KOREA COAST GUARD의 사진들

42. 본문 중의 컬럼에 기재하고 있는 각 규칙들

43. 본문 중에 기재하고 있는 "http"의 웹사이트 또는 "https"의 웹사이트

맺는 말

"배의 전복"에 대하여 조선학(造船学)에 있어서의 "배의 복원성"으로부터 나오는 요인과 그에 인위적인 요인을 관련시켜 논의해 왔지만 여기에 제시된 것은 극히 일부에 지나지 않는다. 과거에 발생한 "배의 전복"이 시사하는 요인에서 배우고, 같은 실수를 반복하지 않은 것이 승객과 승무원의 안전과 배라는 재산을 지키는 유일한 방법이다.

이전에 신문 기자에게 "배의 전복은 어떤 상태를 의미합니까?"라는 질문을 받은 적이 있었다. 단숨에 "배에 타고 있는 사람들의 생명이 위험에 빠지는 경사 상태로 되어 있는 것입니다."라고 대답을 했다. "배의 전복"은 배의 정역학적인 평형 상태나 학문적 정의를 떠나서 승객과 승무원에게는 가장 위험한 상태인 것은 확실한 사실이다.

지금도 "배의 전복"에 관한 뉴스를 듣거나 신문에서 보면 가장 먼저 승객과 승무원의 무사를 기도한다. 기도를 하는 이유는 대 자연의 넓은 바다에 비하면 배와 사람은 너무나 작고, 대부분의 경우 사고를 당한 사람들은 할 수 있는 일이 없기 때문이다.

그리고 "배의 전복"에 관한 뉴스는 귀담아듣고 신문의 기사는 아주 자세하게 살펴 읽는다. 그것은 "배의 복원성"과 "배의 전복"에 관한 연구자로서 전복의 요인으로 이어질 작은 것이라도 놓치지 않기 위해서이다.

"배의 전복" 사고로 돌아가신 많은 분들의 명복을 기원 드린다.

"배의 복원성"과 "배의 전복"에 대하여 정리한 이 책은 단지 시작에 불과하다. 앞으로도 "배의 전복"으로 이어지는 요인이 밝혀지면 계속해서 정리해 가고 싶다.

40여 년에 걸쳐 "조선(造船)"에 관한 교육과 연구의 자리 그리고 이 책을 출판할 계기가 된 "선체복원론"의 과목 담당을 마련하여 준 학교법인 長崎総合科学大学(나가사키종합과학대학교: 구 나가사키조선(造船)대학교)와 당시의 선박공학과 그리고 현재 "해양부체안정론"의 과목 담당을 마련하여 주고 있는 국립대학법인 長崎大学(나가사키대학교) 수산대학에 깊이 감사드린다.

저자의 아내 강순자는 50년 동안 나의 대학교에서의 교육과 연구를 가정에서 지원하고, 대학교 퇴직 후에는 유한회사 실용기술연구소 소장의 직무를 전면적으로 뒷받침하여 주고 있다. 심심한 사의를 담아 감사드린다.

찾아보기

ㅅ

ㅇ

ㅈ

ㅊ

ㅋ

ㅍ

ㅎ

기타

Capsizing and **Stability** of the **Ship**